新起点电脑教程

# Premiere CC 视频编辑基础教程
# (微课版)

文杰书院　编著

清華大學出版社
北　京

## 内 容 简 介

本书是“新起点电脑教程”系列丛书的一个分册，以通俗易懂的语言、精挑细选的实用技巧、翔实生动的操作案例，全面介绍 Premiere CC 的基础知识，主要内容包括数字视频编辑基础、Premiere Pro CC 的基本操作、素材的准备与编辑、视频剪辑、视频过渡效果、字幕的创建、音频的添加与编辑、应用动画与视频效果、调整视频色彩、合成与抠像、项目的渲染与输出等方面的知识、技巧及应用案例。

本书面向 Premiere Pro CC 的初级用户，适合无基础又想快速掌握 Premiere Pro CC 的读者学习使用，既可以作为广大视频剪辑爱好者及专业视频编辑人员的自学手册，也可以作为社会培训机构、高等院校相关专业的教学配套教材或者学习辅导书。



**图书在版编目(CIP)数据**

Premiere CC 视频编辑基础教程：微课版/文杰书院编著. —北京：清华大学出版社，2020.1（2021. 7重印）
新起点电脑教程
ISBN 978-7-302-54168-4

Ⅰ. ①P… Ⅱ. ①文… Ⅲ. ①视频编辑软件—教材 Ⅳ. ①TN94

中国版本图书馆 CIP 数据核字(2019)第 265418 号

**责任编辑**：魏 莹 杨作梅
**封面设计**：杨玉兰
**责任校对**：李玉茹
**责任印制**：丛怀宇
**出版发行**：清华大学出版社
网 址：http://www.tup.com.cn, http://www.wqbook.com
地 址：北京清华大学学研大厦 A 座 邮 编：100084
社 总 机：010-62770175 邮 购：010-62786544
投稿与读者服务：010-62776969, c-service@tup.tsinghua.edu.cn
质量反馈：010-62772015, zhiliang@tup.tsinghua.edu.cn
**印 刷 者**：北京富博印刷有限公司
**装 订 者**：北京市密云县京文制本装订厂
**经 销**：全国新华书店
**开 本**：185mm×260mm **印 张**：16.75 **字 数**：404 千字
**版 次**：2020 年 1 月第 1 版 **印 次**：2021 年 7 月第 3 次印刷
**定 价**：56.00 元

---

产品编号：083377-01

# 致 读 者

“全新的阅读与学习模式 + 微视频课堂 + 全程学习与工作指导”三位一体的互动教学模式，是我们为您量身定做的一套完美的学习方案，为您奉上的丰盛的学习盛宴!

创建一个微视频全景课堂学习模式，是我们一直以来的心愿，也是我们不懈追求的动力，愿我们奉献的图书和视频课程可以成为您步入神奇电脑世界的钥匙，并祝您在最短时间内能够学有所成、学以致用。

## 全新改版与升级行动

“新起点电脑教程”系列图书自 2011 年年初出版以来，其中有数十个图书分册多次加印，赢得来自国内各高校、培训机构以及各行各业读者的一致好评。

本次图书再度改版与升级，汲取了之前产品的成功经验，针对读者反馈信息中常见的需求，我们精心改版并升级了主要产品，以此弥补不足，希望通过我们的努力能不断满足读者的需求，不断提高我们的服务水平，进而达到与读者共同学习和共同提高的目的。

## 全新的阅读与学习模式

如果您是一位初学者，当您从书架上取下并翻开本书时，将获得一个从一名初学者快速晋级为电脑高手的学习机会，并将体验到前所未有的互动学习的感受。

我们秉承“打造最优秀的图书、制作最优秀的电脑学习课程、提供最完善的学习与工作指导”的原则，在本系列图书编写过程中，聘请电脑操作与教学经验丰富的老师和来自工作一线的技术骨干倾力合作编著，为您系统化地学习和掌握相关知识与技术奠定扎实的基础。

### 轻松快乐的学习模式

在图书的内容与知识点设计方面，我们更加注重学习习惯和实际学习感受，设计了更加贴近读者学习的教学模式，采用“基础知识讲解+实际工作应用+上机指导练习+课后小结与练习”的教学模式，帮助读者从初步了解与掌握到实际应用，循序渐进地成为电脑应用的高手与行业精英。“为您构建和谐、愉快、宽松、快乐的学习环境，是我们的目标！”

### 赏心悦目的视觉享受

为了更加便于读者学习和阅读本书，我们聘请专业的图书排版与设计师，根据读者的阅读习惯，精心设计了赏心悦目的版式。全书图案精美、布局美观，读者可以轻松完成整个学习过程。“使阅读和学习成为一种乐趣，是我们的追求！”

### 更加人文化、职业化的知识结构

作为一套专门为初、中级读者策划编著的系列丛书，在图书内容安排方面，我们尽量摒弃枯燥无味的基础理论，精选了更适合实际生活与工作的知识点，帮助读者快速学习、快速提高，从而达到学以致用的目的。

- 内容起点低，操作上手快，讲解言简意赅，读者不需要复杂的思考，即可快速掌握所学的知识与内容。
- 图书内容结构清晰，知识点分布由浅入深，符合读者循序渐进与逐步提高的学习习惯，从而使学习达到事半功倍的效果。
- 对于需要实践操作的内容，全部采用分步骤、分要点的讲解方式，图文并茂，使读者不但可以动手操作，还可以在大量的实践案例练习中，不断提高操作技能和经验。

### 精心设计的教学体例

在全书知识点逐步深入的基础上，根据知识点及各个知识板块的衔接，我们科学地划分章节，在每个章节中，采用了更加合理的教学体例，帮助读者充分掌握所学的知识。

- 本章要点：在每章的章首页，我们以言简意赅的语言，清晰地表述了本章即将介绍的知识点，读者可以有目的地学习与掌握相关知识。
- 知识精讲：对于软件功能和实际操作应用比较复杂的知识，或者难以理解的内容，进行更为详尽的讲解，帮助您拓展、提高与掌握更多的技巧。
- 实践案例与上机指导：读者通过阅读和学习此部分内容，可以边动手操作，边阅读书中所介绍的实例，一步一步地快速掌握和巩固所学知识。
- 思考与练习：通过此栏目内容，不但可以温习所学知识，还可以通过练习，达到巩固基础、提高操作能力的目的。

## 微视频课堂

本套丛书配套的在线多媒体视频讲解课程，旨在帮助读者完成“从入门到提高，从实践操作到职业化应用”的一站式学习与辅导过程。

- 图书每个章节均制作了配套视频教学课程，读者在阅读过程中，只需拿出手机扫一扫标题处的二维码，即可打开对应的知识点视频学习课程。
- 视频课程不但可以在线观看，还可以下载到手机或者电脑中观看，灵活的学习方式，可以帮助读者充分利用碎片时间，达到最佳的学习效果。
- 关注微信公众号“文杰书院”，还可以免费学习更多的电脑软、硬件操作技巧，我们会定期免费提供更多视频课程，供读者学习、拓展知识。

## 图书产品与读者对象

“新起点电脑教程”系列丛书涵盖电脑应用各个领域，为各类初、中级读者提供了全面的学习与交流平台，帮助读者轻松实现对电脑技能的了解、掌握和提高。本系列图书具体书目如下。

| 分　类 | 图　书 | 读者对象 |
| --- | --- | --- |
| 电脑操作基础入门 | 电脑入门基础教程(Windows 10+Office 2016 版)(微课版) | 适合刚刚接触电脑的初级读者，以及对电脑有一定的认识、需要进一步掌握电脑常用技能的电脑爱好者和工作人员，也可作为大中专院校、各类电脑培训班的教材 |
| | 五笔打字与排版基础教程(第 3 版)(微课版) | |
| | Office 2016 电脑办公基础教程(微课版) | |
| | Excel 2013 电子表格处理基础教程 | |
| | 计算机组装·维护与故障排除基础教程(第 3 版)(微课版) | |
| | 计算机常用工具软件基础教程(第 2 版)(微课版) | |
| | 电脑入门与应用(Windows 8+Office 2013 版) | |
| 电脑基本操作与应用 | 电脑维护·优化·安全设置与病毒防范 | 适合电脑的初、中级读者，以及对电脑有一定基础、需要进一步学习电脑办公技能的电脑爱好者与工作人员，也可作为大中专院校、各类电脑培训班的教材 |
| | 电脑系统安装·维护·备份与还原 | |
| | PowerPoint 2010 幻灯片设计与制作 | |
| | Excel 2013 公式·函数·图表与数据分析 | |
| | 电脑办公与高效应用 | |
| 图形图像与辅助设计 | Photoshop CC 中文版图像处理基础教程 | 适合对电脑基础操作比较熟练，在图形图像及设计类软件方面需要进一步提高的读者，适合图像编辑爱好者、准备从事图形设计类的工作人员，也可作为大中专院校、各类电脑培训班的教材 |
| | After Effects CC 影视特效制作案例教程(微课版) | |
| | 会声会影 X8 影片编辑与后期制作基础教程 | |
| | Premiere CC 视频编辑基础教程(微课版) | |
| | Adobe Audition CC 音频编辑基础教程(微课版) | |
| | AutoCAD 2016 中文版基础教程 | |

续表

| 分　类 | 图　书 | 读者对象 |
|---|---|---|
| 图形图像与辅助设计 | CorelDRAW X6 中文版平面创意与设计 | 适合对电脑基础操作比较熟练，在图形图像及设计类软件方面需要进一步提高的读者，适合图像编辑爱好者、准备从事图形设计类的工作人员，也可作为大中专院校、各类电脑培训班的教材 |
| | Flash CC 中文版动画制作基础教程 | |
| | Dreamweaver CC 中文版网页设计与制作基础教程 | |
| | Creo 2.0 中文版辅助设计入门与应用 | |
| | Illustrator CS6 中文版平面设计与制作基础教程 | |
| | UG NX 8.5 中文版基础教程 | |

## 全程学习与工作指导

为了帮助您顺利学习、高效就业，如果您在学习与工作中遇到疑难问题，欢迎来信与我们及时交流与沟通，我们将全程免费答疑。希望我们的工作能够让您更加满意，希望我们的指导能够为您带来更大的收获，希望我们可以成为志同道合的朋友！

最后，感谢您对本系列图书的支持，我们将再接再厉，努力为您奉献更加优秀的图书。衷心地祝愿您能早日成为电脑高手！

编　者

# 前　言

Premiere CC 是由 Adobe 公司推出的一款非线性视频编辑软件，现已广泛应用于广告制作和电视节目制作中。该软件拥有广泛的格式支持，强大的项目、序列和剪辑管理功能，并且可以与 Adobe 公司推出的其他软件相互协作，深受广大用户的青睐。为了帮助初学者快速地掌握 Premiere CC 软件，以便在日常的学习和工作中学以致用，我们编写了本书。

## 购买本书能学到什么

本书在编写过程中根据初学者的学习习惯，采用由浅入深、由易到难的方式讲解。全书结构清晰，内容丰富，主要包括以下 5 个方面的内容。

### 1. 数字视频编辑基础知识

本书第 1 章，介绍数字视频的基础知识、影视作品创作常识、数字音视频格式和数字视频编辑等方面的内容。

### 2. Premiere CC 软件入门和素材剪辑

本书第 2～4 章，介绍 Premiere CC 的基本操作、素材的准备与编辑以及视频剪辑与编辑方面的知识。

### 3. 添加视频效果和关键帧

本书第 5～10 章，介绍视频过渡效果、字幕的创建、音频的添加与编辑、动画与视频效果的应用、调整视频色彩与色调以及合成与抠像的相关知识。

### 4. 项目的渲染与输出

本书第 11 章，介绍输出设置、常见的视频格式输出参数、输出视频文件等方面的相关知识。

### 5. 综合案例

本书第 12 章介绍制作网络微视频的综合案例。

## 如何获取本书的学习资源

为帮助读者高效、快捷地学习本书的知识点，我们不但为读者准备了与本书知识点有关的配套素材文件，而且设计并制作了精品视频教学课程，还为教师准备了 PPT 课件资源。购买本书的读者，可以通过以下途径获取相关的配套学习资源。

### 1. 扫描书中二维码获取在线学习视频

读者在学习本书的过程中，可以使用微信的扫一扫功能，扫描本书标题左下角的二维码，在打开的视频播放页面中可以在线观看视频课程。这些课程读者也可以下载并保存到手机或电脑中离线观看。

### 2. 登录网站获取更多学习资源

本书配套素材和 PPT 课件资源，读者可登录网址 http://www.tup.com.cn(清华大学出版社官方网站)下载相关学习资料，也可关注“文杰书院”微信公众号获取更多的学习资源。

本书由文杰书院组织编写，参与本书编写工作的有李军、袁帅、文雪、李强、高桂华、蔺丹、张艳玲、李统财、安国英、贾亚军、蔺影、李伟、冯臣、宋艳辉等。

我们真切希望读者在阅读本书之后，可以开阔视野，增长实践操作技能，并从中学习和总结操作的经验和规律，达到灵活运用的水平。鉴于编者水平有限，书中纰漏和考虑不周之处在所难免，热忱欢迎读者予以批评、指正，以便我们日后能为您编写更好的图书。

编　者

新起点 电脑教程

# 目　录

新起点 电脑教程

# 第 1 章

## 视频剪辑与基础入门

### 本章要点

- 数字视频编辑的基本概念
- 创作影视作品的常识
- 常见的视频和音频格式
- 数字视频编辑

### 本章主要内容

本章主要介绍了数字视频编辑的基本概念、创作影视作品的常识，同时讲解了常见的视频和音频格式及数字视频编辑。在本章的最后还针对实际的工作需求，讲解了电视制式、影视编辑色彩和 Premiere 的应用领域及就业范围。通过本章的学习，读者可以掌握视频剪辑方面的知识，为深入学习 Premiere Pro CC 知识奠定基础。

# 1.1 数字视频编辑的基本概念

美国人 E.S.鲍特通过剪接、编排电影胶片的方式来编辑电影，从而成为运用交叉剪辑手法为电影增加戏剧效果的第一位导演，电影编辑的概念由此诞生。本章主要概述视频编辑与影视制作的基础知识。

↑ 扫码看视频

## 1.1.1 模拟信号与数字信号

现如今，数字技术正以异常迅猛的速度席卷全球的视频编辑领域，数字视频也逐步取代模拟视频，成为新一代视频应用的标准。本节将介绍模拟信号与数字信号的相关知识。

### 1. 模拟信号

模拟信号是指用连续变化的物理量所表达的信息，通常又称为连续信号。它在一定的时间范围内可以有无限多个不同的取值。实际生产及生活中的各种物理量，如摄像机摄下的图像、录音机录下的声音，以及车间控制室所记录的压力、转速、湿度等都是模拟信号，如图 1-1 所示。

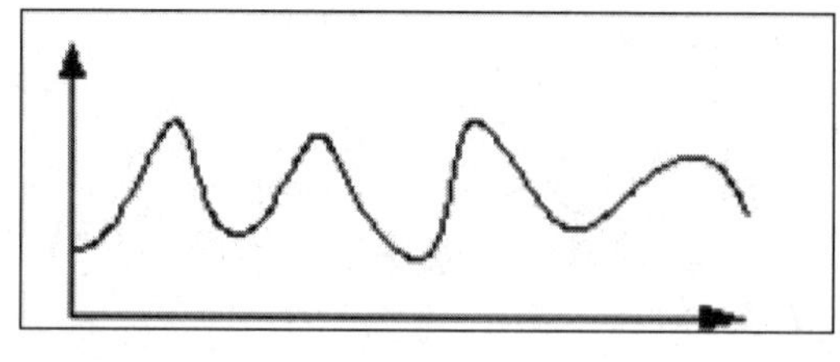

图 1-1

由于模拟信号的幅度、频率或相位都会随着时间和数值的变化而连续变化，因此任何干扰都会造成信号失真。

### 2. 数字信号

数字信号是指自变量是离散的、因变量也是离散的信号，这种信号的自变量用整数表示，因变量用有限数字中的一个数字来表示。在计算机中，数字信号的大小常用有限位的二进制数表示，如图 1-2 所示。

在数字电路中，由于数字信号只有 0、1 两个状态，它的值是通过中央值来判断的，在中央值以下规定为 0，以上规定为 1，所以即使混入了其他干扰信号，只要干扰信号的值不超过阈值范围，就可以再现原来的信号。即使因干扰信号的值超过阈值范围而出现了误码，只要采用一定的编码技术，也很容易将出错的信号检测出来并加以纠正。因此，与模拟信号相比，数字信号在传输过程中具有更强的抗干扰能力，更远的传输距离，且失真幅度小。

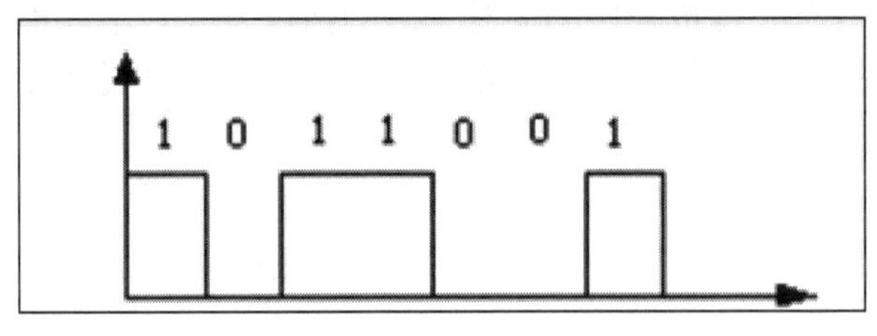


图 1-2

**知识精讲**

数字信号在传输过程中不仅具有较强的抗干扰性，还可以通过压缩，占用较少的带宽，实现在相同的带宽内传输更多、更高音频和视频等数字信号的效果。此外，数字信号还可用半导体存储器来存储，并可直接用于计算机处理。

## 1.1.2　帧、帧速率和场

帧、帧速率和场这些词汇都是视频编辑中经常会出现的专业术语，它们都与视频播放有关。下面将逐一对这些专业术语和与其相关的知识进行介绍。

### 1. 帧

帧就是影像动画中最小单位的影像画面，相当于电影胶片上的每一格镜头。 一帧就是一幅静止的画面，连续的帧就形成动画，如图 1-3 所示。

图 1-3

### 2. 帧速率

在播放视频的过程中，播放效果的流畅程度取决于静态图像在单位时间内的播放数量，即“帧速率”，其单位是 fps(帧/秒)。帧速率是指每秒钟刷新图片的帧数，也可以理解为图形处理器每秒钟能够刷新几次。对影片内容而言，帧速率是指每秒所显示的静止帧格数。要生成平滑连贯的动画效果，帧速率一般不小于 8fps，目前电影的帧速率为 24fps，而电视画面的帧速率则为 30fps 或 25fps。捕捉动态视频内容时，此数字越高越好。

### 3. 隔行扫描与逐行扫描

扫描方式是指电视机在播放视频画面时采用的播放方式。电视机的显像原理是通过电子枪发射高速电子来扫描显像管，并最终使显像管上的荧光粉发光显像。在这一过程中，电子枪扫描图像的方式分为两种：隔行扫描和逐行扫描。

隔行扫描是指电子枪首先扫描图像的奇数行或偶数行，当图像内所有的奇数行或偶数行全部扫描完成后，再使用相同的方法逐次扫描偶数行或奇数行，如图 1-4 所示。

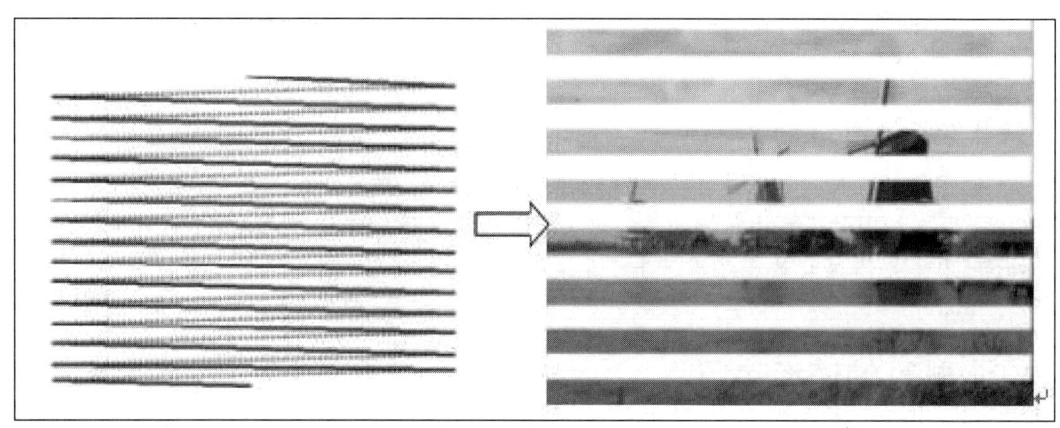

图 1-4

逐行扫描是在显示图像的过程中，采用依次扫描每行图像的方法来播放视频画面，如图 1-5 所示。

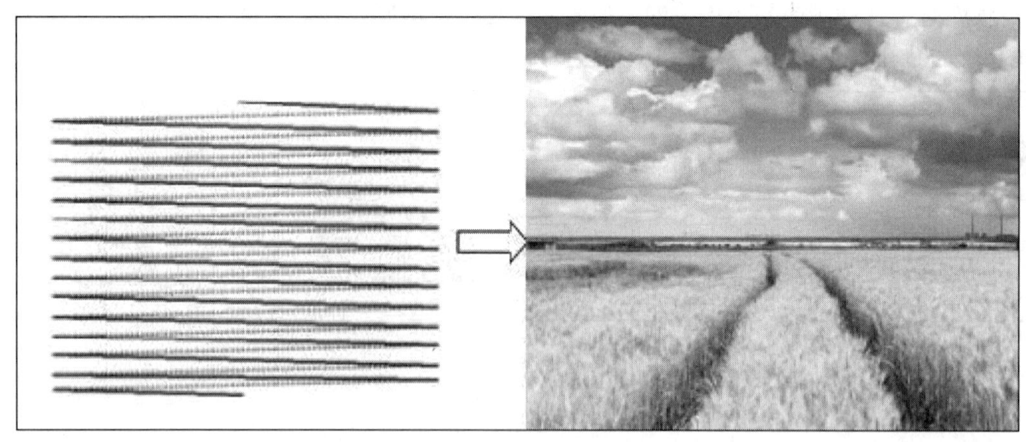

图 1-5

早期由于技术原因，逐行扫描整幅图像的时间要大于荧光粉从发光至衰减所消耗的时间，因此会造成人眼的视觉闪烁感。在不得已的情况下，只好采用一种折中办法，即隔行扫描。在视觉滞留现象的帮助下，人眼并不会注意到图像每次只显示一半，因此很好地解决了视频画面的闪烁问题。

智慧锦囊

随着显示技术的不断提高，逐行扫描引起的视觉不适问题已经解决。由于逐行扫描的显示质量优于隔行扫描，因此隔行扫描技术已被逐渐淘汰。

#### 4. 场

在采用隔行扫描方式进行播放的显示设备中，每一帧画面都会被拆分开进行显示，而拆分后得到的残缺画面即被称为“场”。也就是说，帧速率为 30fps 的显示设备，实质上每秒需要播放 60 场画面；而对于帧速率为 25fps 的显示设备来说，则每秒需要播放 50 场画面。

在这一过程中，一幅画面首先显示的场被称为“上场”，而紧随其后进行播放的、组成该画面的另一场则被称为“下场”。

知识精讲

“场”的概念仅适用于采用隔行扫描方式进行播放的显示设备（如电视机），对于采用胶片进行播放的显像设备（胶片放映机）来说，由于其显像原理与电视机类产品完全不同，因此不会出现任何与“场”有关的内容。

### 1.1.3　分辨率和像素宽高比

分辨率和像素都是影响视频质量的重要因素，与视频的播放效果有着密切联系。下面将详细介绍分辨率与像素方面的知识。

#### 1. 分辨率与像素

分辨率可以从显示分辨率与图像分辨率两个方向来分类。

显示分辨率(屏幕分辨率)指的是屏幕图像的精密度，是指显示器所能显示的像素有多少。由于屏幕上的点、线和面都是由像素组成的，显示器可显示的像素越多，画面就越精细，同样的屏幕区域内能显示的信息也越多，所以分辨率是一个非常重要的性能指标。可以把整个图像想象成是一个大型的棋盘，而分辨率就是所有经线和纬线交叉点的数目。在显示分辨率一定的情况下，显示屏越小图像越清晰；反之，显示屏大小固定时，显示分辨率越高图像越清晰。

图像分辨率则是单位英寸所包含的像素点数，其定义更趋近于分辨率本身的定义。中文全称为图像元素。像素只是分辨率的尺寸单位，而不是画质。

从定义上来看，像素是指基本原色素及其灰度的基本编码。像素是构成数码影像的基本单元，通常以像素每英寸 PPI(pixels per inch)为单位来表示影像分辨率的大小。例如 300×300 PPI 分辨率，即表示水平方向与垂直方向上每英寸长度的像素数都是 300，也可表示为一平方英寸内有 9 万像素。

2. 帧宽高比和像素长宽比

帧宽高比即视频画面的宽高比例，以前电视画面的宽高比通常为 4∶3，电影则为 16∶9，但随着技术的发展以及人们审美的提高，电视画面的宽高比也逐渐向 16∶9 靠拢。

像素长宽比，则是指视频画面内每像素的长宽比，具体比例由视频所采用的视频标准所决定。

由于不同的显示设备在播放视频画面时的像素宽高比也有所差别，因此当某一显示设备在播放与其像素宽高比不同的视频时，就必须对图像进行矫正，否则视频画面的播放效果便会较原效果产生一定的变形。

知识精讲

在实际应用中，视频画面的分辨率会受到录像设备和播放设备的限制。例如在传统电视机中，视频画面的垂直分辨率表现为每帧图像中水平扫描线的数量，即电子束穿越荧屏的次数。至于水平分辨率，则取决于录像设备、播放设备和显示设备。例如，老式 VHS 格式录像带的水平分辨率为 250 线，而 DVD 的水平分辨率则为 500 线。

# 1.2 常见的视频和音频格式

非线性编辑技术的出现，使得影像的数字化记录方法也更加多样化。音频格式是对声音文件进行数、模转换的一种表现形式。视频格式是视频播放软件为了能够播放视频文件而赋予视频文件的一种识别符号。

↑扫码看视频

## 1.2.1 视频格式

视频可以分为适合本地播放的本地影像视频和适合在网络中播放的网络流媒体影像视频两大类。尽管后者在播放的稳定性和播放画面质量上可能没有前者优秀，但网络流媒体影像视频的广泛传播性使之正被广泛应用于视频点播、网络演示、远程教育、网络视频广告等互联网信息服务领域。下面详细介绍几种常用的视频格式。

1. MPEG/MPG/DAT

MPEG(运动图像专家组)是 Motion Picture Experts Group 的缩写，这类格式包括 MPEG-1、MPEG-2 和 MPEG-4 在内的多种视频格式。MPEG 系列标准已成为国际上影响最大的多媒体技术标准，其中 MPEG-1 和 MPEG-2 是以相同原理为基础的预测编码、变换编码、熵编码及运动补偿的第一代数据压缩编码技术；MPEG-4(ISO/IEC 14496)则是基于第二代压缩编码技术制定的国际标准，它以视听媒体对象为基本单元，采用基于内容的压缩编码，以实现数字视音频、图形合成应用及交互式多媒体的集成。

### 2. AVI

AVI 是由微软公司所研发的视频格式，其优点是允许影像的视频部分和音频部分交错在一起同步播放，调用方便，图像质量好，缺点是文件体积过于庞大。

### 3. ASF

ASF(Advanced Streaming Format)的中文翻译为高级流格式。ASF 是微软为了和 Real Player 竞争而发展出来的一种可以直接在网上观看视频节目的文件压缩格式。因为 ASF 是一个可以在网上即时观赏的视频流格式，所以它的图像质量比 VCD 差一点，但比同是视频流格式的 RAM 格式要好。

### 4. WMV

WMV 是一种独立于编码方式的、在 Internet 上实时传播多媒体的技术标准。WMV 的主要优点在于可扩充的媒体类型、本地或网络回放、可伸缩的媒体类型、流的优先级化、多语言支持、扩展性等。

### 5. RMVB/RM

RMVB 的前身为 RM 格式，它们是 Real Networks 公司制定的音视频压缩规范，根据不同的网络传输速率，而制定出不同的压缩比率，从而实现在低速率的网络上进行影像数据实时传送和播放，具有体积小、画质也还不错的优点。

### 6. MKV

后缀为 MKV 的视频文件可在一个文件中集成多条不同类型的音轨和字幕轨，而且其视频编码的自由度也非常大，可以是常见的 DivX、3IVX，甚至可以是 RealVideo、QuickTime、WMV 这类流式视频。实际上，它是一种全称为 Matroska 的新型多媒体封装格式，这种先进的、开放的封装格式已经给我们展示出非常好的应用前景。

## 1.2.2　音频格式

音频格式最大带宽是 20kHz，速率为 40～50 kHz，采用线性脉冲编码调制 PCM，每一量化步长都具有相等的长度。下面将详细介绍几种常见的音频格式。

### 1. MP3

MP3 指的是 MPEG 标准中的音频部分，也就是 MPEG 音频层，根据压缩质量和编码处理的不同分为 3 层。需要注意的是，MPEG 音频文件的压缩是一种有损压缩，MPEG3 音频编码具有 10：1～12：1 的高压缩率，同时基本可以保持低音频部分不失真，但是牺牲了声音文件中 12～16kHz 高音频这部分的质量来减小文件的尺寸。由于其文件尺寸小、音质好，直到现在，这种格式还是很流行，作为主流音频格式的地位难以撼动。

#### 2. WAV

WAVE(*.WAV)是微软公司开发的一种声音文件格式，用于保存 Windows 平台的音频信息资源，被 Windows 平台及其应用程序所支持。*.WAV 格式支持多种压缩算法，并支持多种音频位数、采样频率和声道，是目前 PC 上广为流行的声音文件格式，几乎所有的音频编辑软件都可以识别 WAV 格式。

#### 3. WMA

WMA (Windows Media Audio) 格式也是来自于微软，音质要强于 MP3 格式，是以减少数据流量但保持音质的方法来达到比 MP3 压缩率更高的目的，WMA 的压缩率一般都可以达到 1∶18 左右，WMA 的另一个优点是内容提供商可以通过 DRM(Digital Rights Management)方案加入防拷贝保护。这种内置的版权保护技术可以限制播放时间和播放次数甚至播放的机器等，这对被盗版搅得焦头烂额的音乐公司来说是一个福音。

#### 4. MIDI

MIDI(Musical Instrument Digital Interface)格式经常被制作音乐的人使用，MIDI 允许数字合成器和其他设备交换数据。MIDI 文件并不是一段录制好的声音，而是记录声音的信息，然后告诉声卡如何再现音乐的一组指令。MIDI 文件每存 1 分钟的音乐只有大约 5～10KB。MIDI 文件主要用于原始乐器作品、流行歌曲的业余表演、游戏音轨以及电子贺卡等。*.mid 文件重放的效果完全依赖声卡的档次。MIDI 格式文件主要用于电脑作曲领域。

### 1.2.3 高清视频

现今视频主要有一般、标准、高清、超清几种。高清视频就是现在的 HDTV。

要解释 HDTV，首先要了解 DTV。DTV 是一种数字电视技术，是当下传统模拟电视技术的接班人。所谓的数字电视，是指从演播室到发射、传输、接收过程中的所有环节都是使用数字电视信号，或对该系统所有的信号传播都是通过由二进制数字所构成的数字流来完成的。数字信号的传播速率为每秒 19.39 兆字节，如此大的数据流传输速度保证了数字电视的高清晰度，克服了模拟电视的先天不足。同时，由于数字电视可以允许几种制式信号同时存在，因此每个数字频道下又可分为若干个子频道，能够满足以后频道不断增多的需求。HDTV 是 DTV 标准中最高的一种，即 High Definition TV，故而称为 HDTV。

HDTV 规定了视频必须至少具备 720 线非交错式(720p，p 代表逐行)或 1080 线交错式隔行(1080i，i 代表隔行)扫描，屏幕纵横比为 16∶9。音频输出为 5.1 声道(杜比数字格式)，同时能兼容接收其他较低格式的信号并进行数字化处理重放。

HDTV 常见的分辨率有三种，分别是 720P(1280×720，欧美国家有的电视台就是采用这种分辨率)、1080P(1920×1080，隔行扫描)、1080P(1920×1080，逐行扫描)，其中网络上较多使用 720P 和 1080P，480P 属于标清，480P 的效果就是市面上的 DVD 效果。

# 1.3 数字视频编辑

现阶段，人们在使用影像录制设备获取视频后，通常还要对其进行剪切、重新编排等一系列处理，然后才会将其用于播出。在上述过程中，对源视频进行的剪切、编排及其他操作统称为视频编辑操作，而当用户以数字方式来完成这一任务时，整个过程便称为数字视频编辑。

↑扫码看视频

## 1.3.1 线性编辑与非线性编辑

在影视的发展过程中，视频节目的制作先后经历了物理剪辑、电子剪辑和数字剪辑三个不同的发展阶段。编辑方式也先后出现了线性编辑和非线性编辑。

线性编辑是一种磁带的编辑方式，利用电子手段，根据节目内容的要求将素材连接成新的连续画面的技术。通常使用组合编辑将素材按照顺序编辑成新的连续画面，然后以插入编辑的方式对某一段进行同样长度的替换。要想删除、缩短、加长中间的某一段就不可能了，除非将那一段以后的画面抹去重录。

线性编辑的优点包括以下几点：

(1) 可以很好地保护原来的素材，能多次使用。

(2) 不损伤磁带，可以发挥磁带能随意录、随意抹去的特点，降低制作成本。

(3) 能保持同步与控制信号的连续性，组接平稳，不会出现信号不连续、图像跳闪的现象。

(4) 可以迅速而准确地找到最适当的编辑点，正式编辑前可预先检查，编辑后可立刻观看编辑效果，发现不妥可马上修改。

(5) 声音与图像可以做到完全吻合，还可各自分别进行修改。

线性编辑的缺点包括以下几点：

(1) 素材不可能做到随机存取。线性编辑系统是以磁带为记录载体，节目信号按时间线排列，在寻找素材时录像机需要进行卷带搜索，只能在一维的时间轴上按照镜头的顺序一段一段地搜索，不能跳跃进行，因此素材的选择很费时间，影响了编辑效率。另外，大量的搜索操作对录像机的机械伺服系统和磁头的磨损也较大。

(2) 模拟信号经多次复制，信号严重衰减，声画质量降低。节目制作中一个重要的问题就是母带的翻版磨损。线性编辑方式的实质是复制，是将源素材复制到另一盘磁带上的过程。而模拟视频信号在复制时存在着衰减，当我们在进行编辑及多代复制时，特别是在一个复杂系统中进行时，信号在传输和编辑过程中容易受到外部干扰，造成信号的损失，使图像的劣化更为明显。

(3) 线性的编辑难以对半成品进行随意的插入或删除等操作。因为线性编辑方式是以磁带的线性记录为基础的，一般只能按编辑顺序记录，虽然插入编辑方式允许替换已录磁带上的声音或图像，但是这种替换实际上只能是替掉旧的，它要求要替换的片段和磁带上被替换的片段时间一致，而不能进行增删，就是说不能改变节目的长度，这样对节目的修改就非常不方便。

(4) 所需设备较多，安装调试较为复杂。线性编辑系统连线复杂，有视频线、音频线、控制线、同步机，构成复杂，可靠性相对降低，经常出现不匹配的现象。

(5) 较为生硬的人机界面限制制作人员创造性的发挥。

## 1.3.2 非线性编辑系统的构成

非线性编辑系统最根本的特征就是借助于计算机软、硬件技术使视音频信号在数字化环境中进行制作合成，因此计算机软、硬件技术就成为非线性编辑系统的核心。

非线性编辑系统实质上是一个扩展的计算机系统，简单地说，一台高性能多媒体计算机，配以专用的视频图像压缩解压缩卡、IEEE1394 卡，以及其他专用板卡和外围设备就组成了一套完整的非线性编辑系统，如图 1-6 所示。

图 1-6

其中，视频卡用于采集和输出模拟视频，也就是担负着模拟信号与数字信号之间相互转换的功能，如图 1-7 所示。

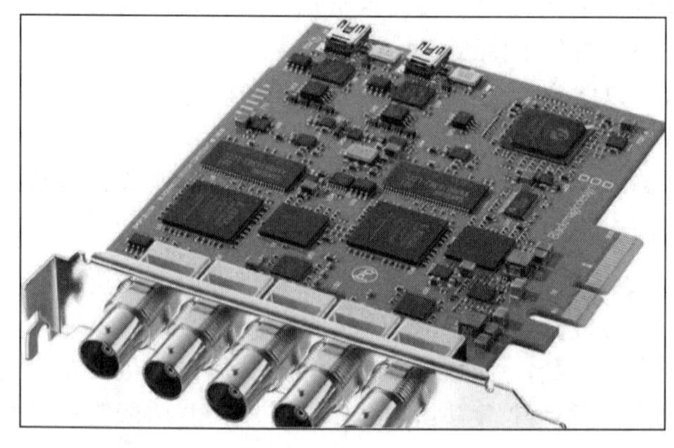

图 1-7

从软件上看，非线性编辑系统主要由非线性编辑软件、二维动画软件、三维动画软件、图像处理软件和音频处理软件等外围软件构成。

非线性编辑系统把录像机或其他信号源传送来的视频、音频信号，分别经过图像压缩解压缩卡、声音卡转换成数字信号，即 A/D 转换，再经过数字压缩形成数据流存储到高速硬盘中。然后按创作意图运用相应的编辑软件对高速硬盘中的数据流进行编辑和特技加工，再由高速硬盘将数据流送至相应的板卡进行数字解压，即 D/A 转换，形成模拟的视音频信号送入录像机录制下来。或者直接由数字接口板输入数字视音频信号，编辑后直接通过数字输出接口录制在数字录像机上，不必经过中间的 A/D、D/A 转换过程。

知识精讲

现如今，随着计算机硬件性能的提高，视频处理对专用硬件设备的依赖越来越小，而软件在非线性编辑过程中的作用日益突出。因此，熟练掌握一款像 Premiere Pro 之类的非线性编辑软件便显得尤为重要。

## 1.3.3　非线性编辑的工作流程

非线性编辑的工作流程可简单分为输入、编辑和输出三个步骤。下面将详细介绍非线性编辑的工作流程。

### 1. 素材采集与输入

素材是制作视频节目的基础，因此收集、整理素材后将其导入编辑系统，便成为正式编辑视频节目前的首要工作。利用 Premiere Pro CC 的素材采集功能，用户可以方便地将磁带或其他存储介质上的模拟音视频信号转换为数字信号存储在计算机中，并将其导入至编辑项目中，使其成为可以处理的素材。

### 2. 素材编辑

多数情况下，并不是素材中的所有部分都会出现在编辑完成的视频中。很多时候，视频编辑人员需要使用剪切、复制、粘贴等方法，选择素材内最合适的部分，然后按一定顺序将不同素材组接成一段完整的视频，而上述操作便是编辑素材的过程。

### 3. 特技处理

由于拍摄手段与技术及其他原因的限制，很多时候人们都无法直接得到所需要的画面效果。此时，视频编辑人员便需要通过特技处理向观众呈现此类难拍摄或根本无法拍摄到的画面效果。

### 4. 字幕添加

字幕是影视节目的重要组成部分，在该方面 Premiere Pro 拥有强大的字幕制作功能，操作也极其简便。

### 5. 影片输出

视频节目在编辑完成后，可以输出回录到录像带上。当然，根据需要也可以将其输出为视频文件，以便发布到网上，或者直接刻录成 VCD 光盘、DVD 光盘等。

## 1.4 实践案例与上机指导

通过本章的学习，读者基本可以掌握视频剪辑的基本知识以及一些常见的操作方法。下面通过练习操作，以达到巩固学习、拓展提高的目的。

↑扫码看视频

### 1.4.1 电视制式

世界上主要使用的电视广播制式有 PAL、NTSC、SECAM 三种，中国大部分地区使用 PAL 制式。PAL 和 NTSC 两种制式是不能互相兼容的，如果在 PAL 制式的电视上播放 NTSC 的影像，画面将变成黑白色，反之，在 NTSC 制式电视上播放 PAL 也是一样。

电视制式就是用来实现电视图像信号和伴音信号或其他信号传输的方法和电视图像显示格式所采用的技术标准。只有遵循一样的技术标准，才能够实现电视机正常接收电视信号和播放电视节目。

#### 1. NTSC 制式

NTSC(National Television Standards Committee)的中文翻译为正交平衡调幅制，采用这种制式的主要国家有美国、加拿大和日本等。这种制式的帧速率为 29.97fps(帧/秒)，每帧 525 行 262 线，标准分辨率为 720 像素×480 像素。

NTSC 制式的优点是电视接收机电路简单，缺点是容易产生偏色，因此 NTSC 制式的电视机都有一个色调手动控制电路，供用户选择使用。

#### 2. PAL 制式

PAL(Phase Alternation Line)的中文翻译为正交平衡调幅逐行倒相制，中国、德国、英国和其他一些西欧国家采用这种制式。这种制式的帧速率为 25fps，每帧 625 行 312 线，标准分辨率为 720 像素×576 像素。

PAL 制式可以克服 NTSC 制式容易偏色的缺点，但电视接收机电路复杂，要比 NTSC 制式电视接收机多一个一行延时线电路，并且图像容易产生彩色闪烁。

#### 3. SECAM 制式

SECAM 是法文的缩写，中文翻译为顺序传送彩色信号与存储恢复彩色信号制，是由法国在 1996 年指定的一种彩色电视制式。采用这种制式的有法国、俄罗斯和非洲一些国家。

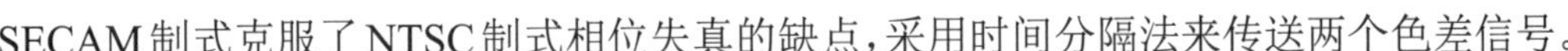

SECAM制式克服了NTSC制式相位失真的缺点，采用时间分隔法来传送两个色差信号。

### 1.4.2　影视编辑色彩

色彩本身没有情感，但它们会对人们的心理产生一定的影响。例如红、橙、黄等暖色调往往会使人联想到阳光、火焰等，从而给人炽热、向上的感觉；至于青、蓝、蓝绿、蓝紫等冷色调则会使人联想到水、冰、夜色等，给人以凉爽、宁静、平和的感觉，如图 1-8 所示。

在实际拍摄及编辑视频的过程中，尽管每个画面都可能包含多种不同色彩，但总会有一种色彩占据画面主导地位，成为画面色彩的基调。因此，在操作时应根据需要来突出或淡化、转移该色彩对表现效果的影响。

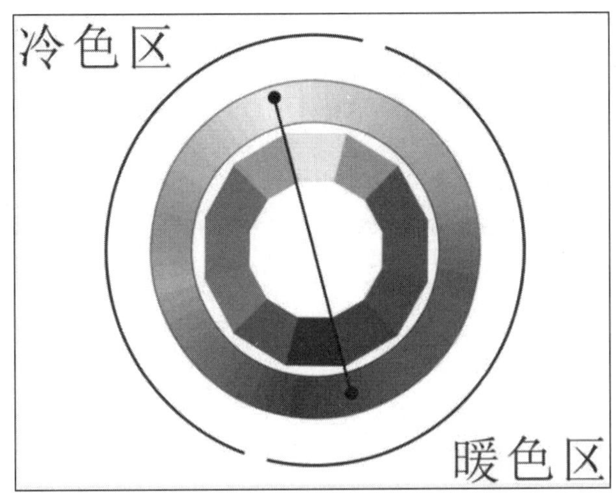


图 1-8

### 1.4.3　Premiere 的应用领域及就业范围

Premiere Pro CC 的应用范围包括：广告和电视节目的制作、专业视频数码处理、字幕制作、多媒体制作、视频短片编辑与输出、企业视频演示等，如图 1-9 和图 1-10 所示。

图 1-9

图 1-10

# 1.5　思考与练习

1. 填空题

(1) 非线性编辑的工作流程包括素材采集与输入、________、特技处理、________和影片输出。

(2) 世界上主要使用的电视广播制式有__________、NTSC、________三种，中国大部分地区使用__________制式。

2. 判断题

(1) MP3 是视频格式。　(　　)

(2) 像素是指基本原色素及其灰度的基本编码。　(　　)

3. 思考题

(1) 从软件上看，非线性编辑系统主要由哪些软件构成？

(2) 非线性编辑系统由哪些部分构成？

# 第 2 章

## Premiere CC 的基本操作

### 本章要点

- Premiere CC 的工作界面
- 功能面板
- 界面的布局
- 创建与配置项目
- 视频剪辑流程

### 本章主要内容

本章主要介绍 Premiere CC 的工作界面、功能面板、界面的布局和创建与配置项目方面的知识与技巧，同时讲解了视频剪辑流程，在本章的最后还针对实际的工作需求，讲解了重置界面布局、自定义工作区和创建名为“我们的地球”项目文件的方法。通过本章的学习，读者可以掌握 Premiere CC 基础操作方面的知识，为深入学习 Premiere CC 知识奠定基础。

# 2.1 Premiere CC 的工作界面

Premiere CC 是由 Adobe 公司开发的一款非线性视频编辑软件，在使用 Premiere CC 编辑视频时，对工作界面的认识是必不可少的，合理地设置 Premiere 的工作环境，可以更加快速地完成影片编辑工作。本节将详细介绍 Premiere 的工作界面。

↑ 扫码看视频

## 2.1.1 菜单栏

Premiere Pro CC 的菜单栏包括文件、编辑、剪辑、序列、标记、字幕、窗口和帮助 8 个菜单项，如图 2-1 所示。

图 2-1

## 2.1.2 【项目】面板

【项目】面板用于对素材进行导入、存放和管理，包括素材的缩略图、名称、类型、颜色标签、出入点等信息；在此面板中也可为素材分类、重命名素材、新建素材等，如图 2-2 所示。

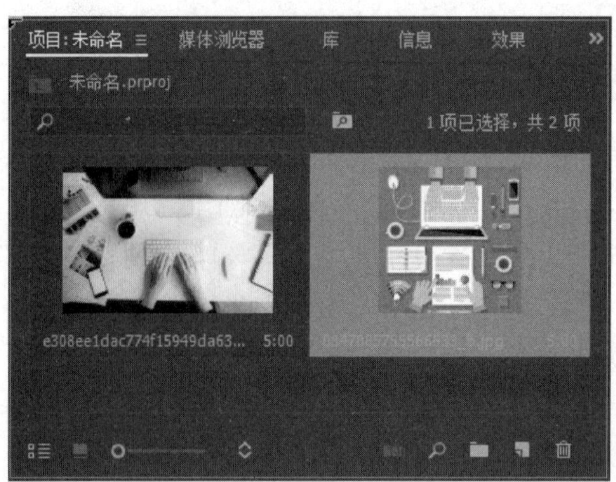


图 2-2

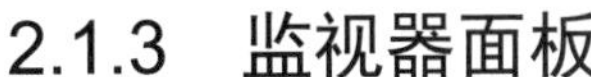

## 2.1.3 监视器面板

监视器面板用来显示音视频节目编辑合成后的最终效果，用户可通过预览最终效果来了解编辑的效果与质量，以便进一步调整和修改，如图 2-3 所示。

- 【提升】按钮、【提取】按钮：用来删除序列中选中的部分内容。
- 【导出帧】按钮：可以将序列导出为单帧图片。

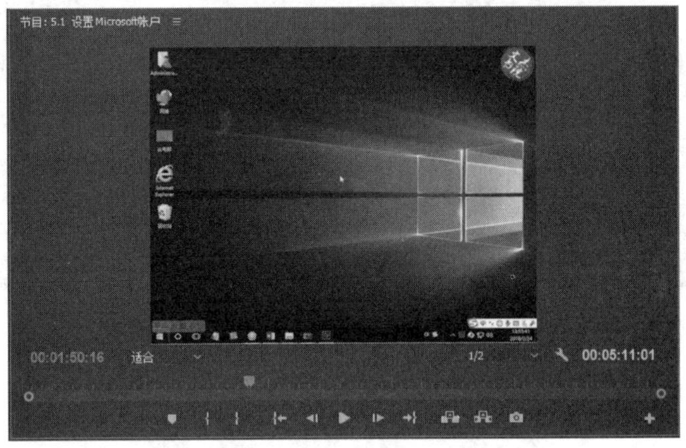


图 2-3

## 2.1.4 【时间轴】面板

【时间轴】面板是 Premiere 中最主要的编辑面板，在该面板中用户可以按照时间顺序排列和连接各种素材，可以剪辑片段、叠加图层、设置动画关键帧和合成效果等。时间轴还可多层嵌套，该功能对制作影视长片或者复杂特效十分有用，如图 2-4 所示。

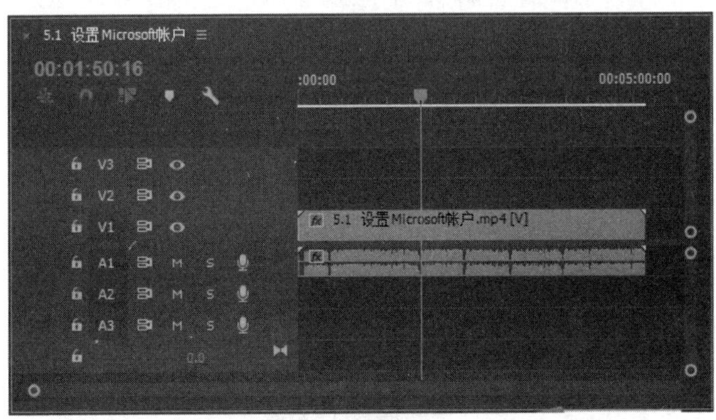


图 2-4

## 2.1.5 素材源监视器

素材源监视器的主要作用是预览和修剪素材，编辑影片时只需双击【项目】面板中的素材，即可通过素材源监视器预览效果。素材预览区的下方为时间标尺，底部则为播放控制区，如图 2-5 所示。

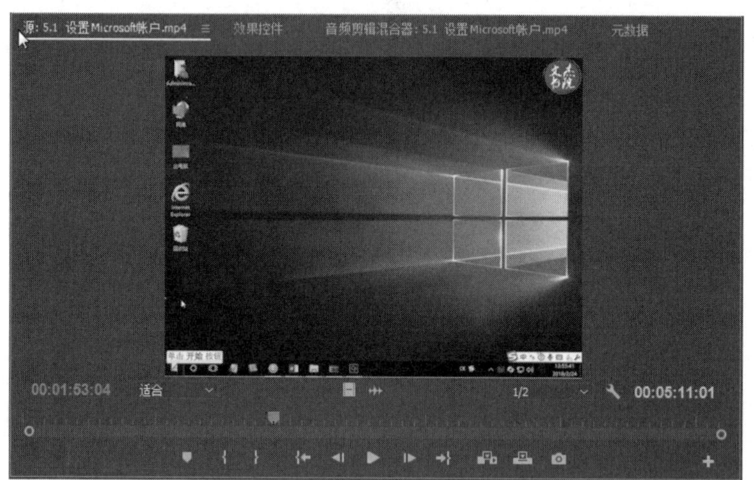


图 2-5

# 2.2 功能面板

Premiere Pro CC 采用了一种面板式的操作环境，整个用户界面由多个活动面板组成，数码视频的后期处理就是在各种面板中进行的，其中主要包括【工具】面板、【序列】面板、【效果】面板、【效果控件】面板、【历史记录】面板和【信息】面板等。本节将详细介绍功能面板的相关知识。

↑扫码看视频

## 2.2.1 【工具】面板

【工具】面板主要用于对时间轴上的素材进行剪辑、添加或移除关键帧等操作，如图 2-6 所示。

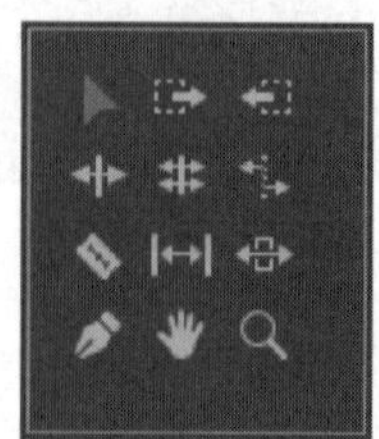

图 2-6

## 2.2.2　【效果】面板

【效果】面板的作用是提供多种视频过渡效果，在 Premiere Pro CC 中，系统共为用户提供了 70 多种视频过渡效果。在【项目】面板中单击【效果】标签，即可打开【效果】面板，如图 2-7 所示。

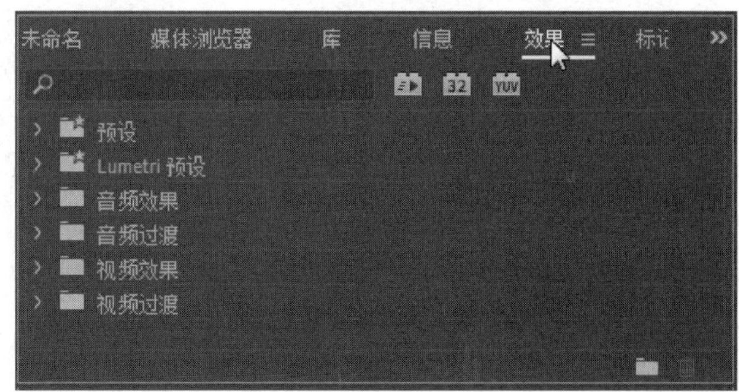


图 2-7

## 2.2.3　【效果控件】面板

要想修改视频过渡效果，可以在【效果控件】面板中进行设置。单击【窗口】主菜单，在弹出的菜单中选择【效果控件】选项，即可打开【效果控件】面板，如图 2-8 所示。

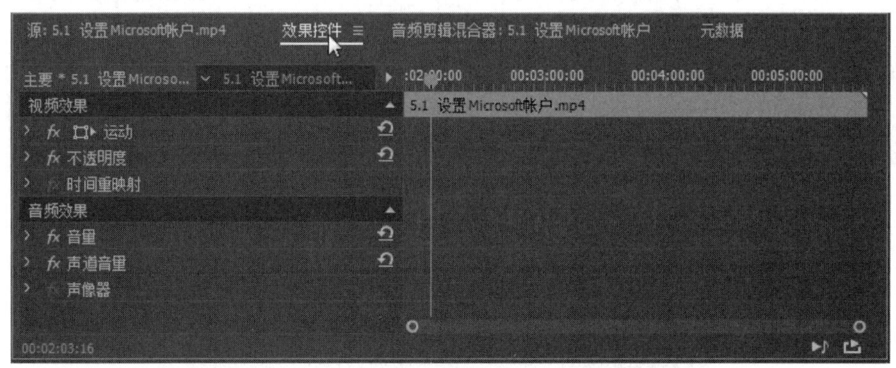


图 2-8

## 2.2.4　【字幕】面板

在 Premiere 中，所有字幕都是在【字幕】面板中创建完成的。在该面板中，不仅可以创建和编辑静态字幕，还可以制作出各种动态的字幕效果。单击【文件】主菜单，在弹出的菜单中选择【新建】选项，在弹出的子菜单中选择【字幕】选项，弹出【新建字幕】对话框，单击【确定】按钮，即可弹出【字幕】面板，如图 2-9 所示。

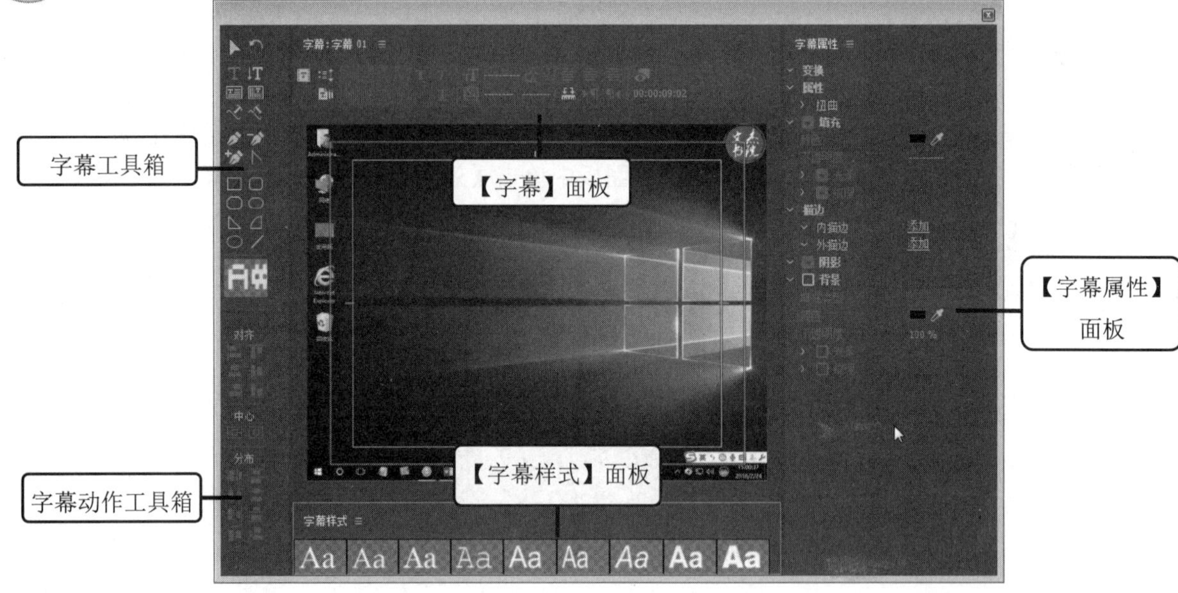


图 2-9

## 2.2.5 【音轨混合器】面板

音轨混合器是 Premiere Pro CC 为用户制作高质量音频所准备的多功能音频素材处理平台。利用 Premiere 音轨混合器，用户可以在现有音频素材的基础上创建复杂的音频效果。从【音轨混合器】面板中可以看出，音轨混合器由若干音频轨道控制器和播放控制器组成，而每个轨道的控制器又由对应轨道的控制按钮和音量控制器等控件组成，如图 2-10 所示。

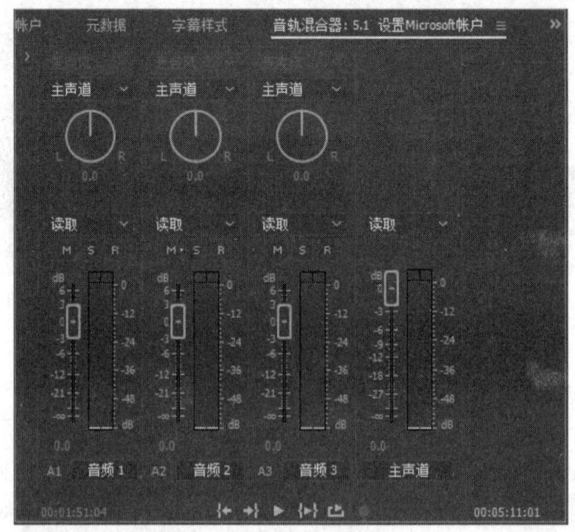


图 2-10

在音轨混合器中，可在听取音频轨道和查看视频轨道时调整设置。每条音频混合器轨道均对应于活动序列时间轴中的某个轨道，并会在音频控制台布局中显示时间轴音频轨道。

### 2.2.6　【历史记录】面板

【历史记录】面板中记录了所有用户曾经操作过的步骤，单击某一步骤名称即可返回到该步骤，便于用户修改操作，如图 2-11 所示。

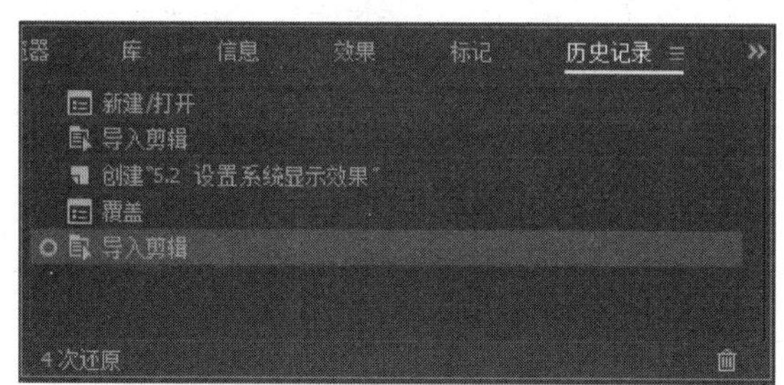


图 2-11

### 2.2.7　【信息】面板

在【信息】面板中可以查看当前素材源监视器中显示的素材信息，包括类型、入点、出点、持续时间、所在序列、当前所在时间点等信息，如图 2-12 所示。

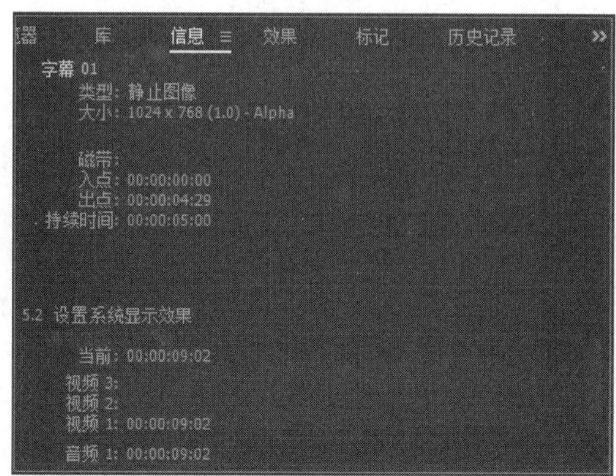


图 2-12

## 2.3　界面的布局

Premiere CC 提供了音频模式、颜色模式、效果模式、编辑模式以及组件模式等类型的工作界面。本节将介绍界面布局的知识。

↑扫码看视频

## 2.3.1 音频模式工作界面

Premiere Pro CC 为用户提供了多种模式的工作界面，用户可以根据需要进行选择。下面详细介绍进入音频模式工作界面的方法。

**第 1 步** 启动 Premiere CC 程序，1. 单击【窗口】主菜单，2. 在弹出的菜单中选择【工作区】选项，3. 在弹出的子菜单中选择【音频】选项，如图 2-13 所示。

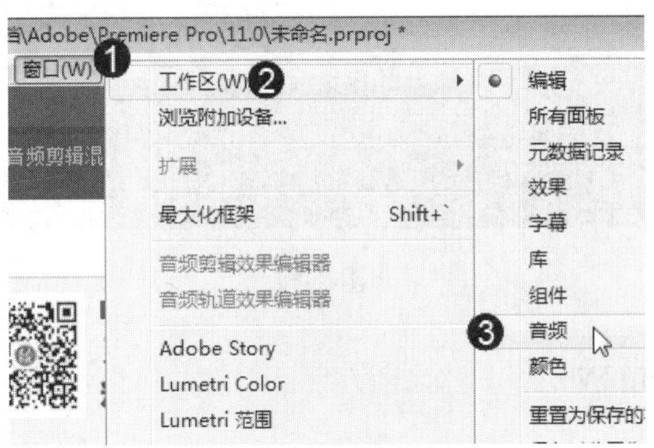


图 2-13

**第 2 步** 通过以上步骤即可完成进入音频模式工作界面的操作，如图 2-14 所示。

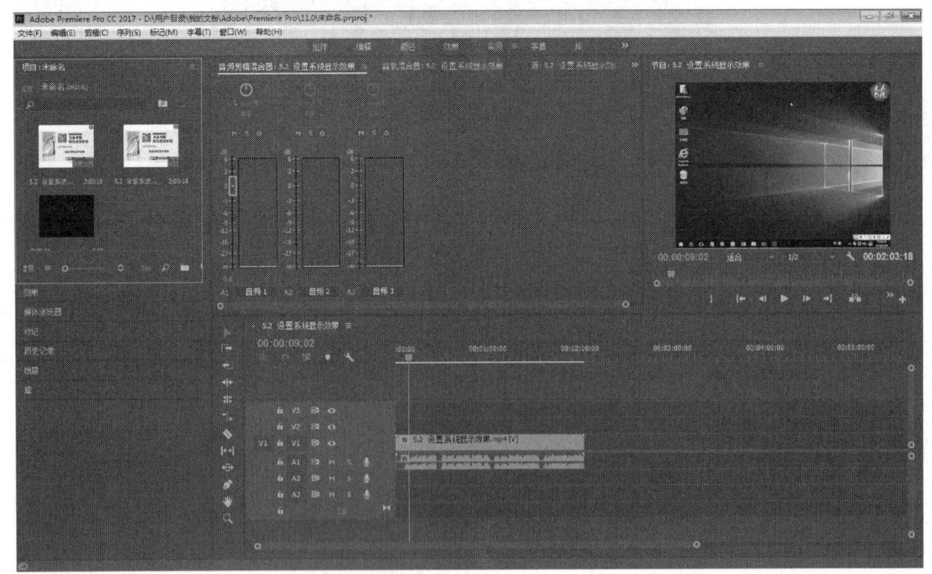

图 2-14

## 2.3.2 颜色模式工作界面

下面详细介绍进入颜色模式工作界面的方法。

**第 1 步** 启动 Premiere CC 程序，1. 单击【窗口】主菜单，2. 在弹出的菜单中选择【工作区】选项，3. 在弹出的子菜单中选择【颜色】选项，如图 2-15 所示。

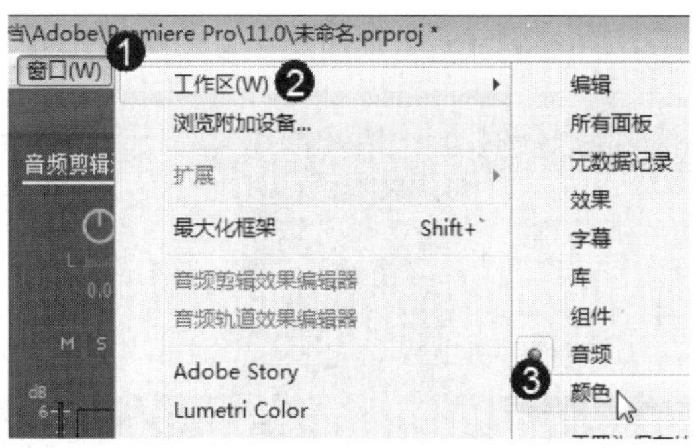


图 2-15

**第 2 步** 通过以上步骤即可完成进入颜色模式工作界面的操作，如图 2-16 所示。

图 2-16

## 2.3.3　编辑模式工作界面

下面详细介绍进入编辑模式工作界面的方法。

**第 1 步** 启动 Premiere CC 程序，**1.** 单击【窗口】主菜单，**2.** 在弹出的菜单中选择【工作区】选项，**3.** 在弹出的子菜单中选择【编辑】选项，如图 2-17 所示。

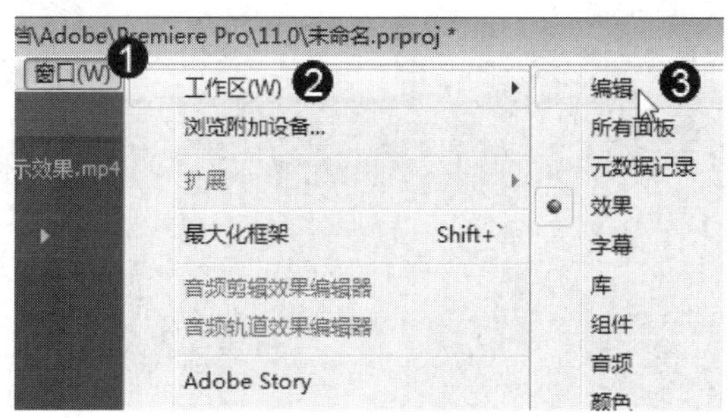


图 2-17

**第 2 步** 通过以上步骤即可完成进入编辑模式工作界面的操作，如图 2-18 所示。

图 2-18

## 2.3.4 效果模式工作界面

下面详细介绍进入效果模式工作界面的方法。

**第 1 步** 启动 Premiere CC 程序，**1.** 单击【窗口】主菜单，**2.** 在弹出的菜单中选择【工作区】选项，**3.** 在弹出的子菜单中选择【效果】选项，如图 2-19 所示。

图 2-19

**第 2 步** 通过以上步骤即可完成进入效果模式工作界面的操作，如图 2-20 所示。

图 2-20

# 2.4　创建与配置项目

在 Premiere Pro CC 中，项目是为获得某个视频剪辑而产生的任务集合，或者是为了对某个视频文件进行编辑处理而创建的框架。在制作影片时，由于所有操作都是围绕项目进行的，所以对 Premiere 项目的各项管理、配置工作就显得尤为重要。

↑扫码看视频

## 2.4.1　创建与设置项目

在 Premiere Pro CC 中，所有的影视编辑任务都以项目的形式呈现，因此创建项目文件是进行视频制作的首要工作。下面详细介绍创建与设置项目的方法。

**第 1 步** 启动 Premiere CC 程序，系统弹出开始界面，单击【新建项目】按钮，如图 2-21 所示。

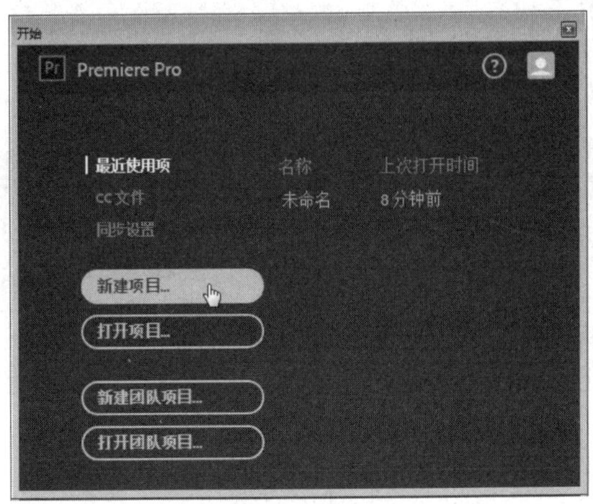


图 2-21

**第 2 步** 弹出【新建项目】对话框，选择【常规】选项卡，在其中可设置项目文件的渲染程序、视频和音频的显示格式以及捕捉格式等内容，如图 2-22 所示。

**第 3 步** 选择【暂存盘】选项卡，在其中可以设置采集到的视频素材、视频预览文件等的保存位置，单击【确定】按钮，如图 2-23 所示。

**第 4 步** 通过以上步骤即可完成创建与设置项目的操作，如图 2-24 所示。

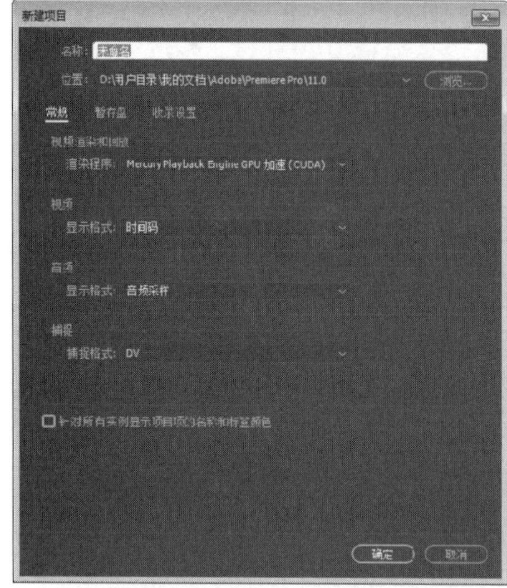


图 2-22

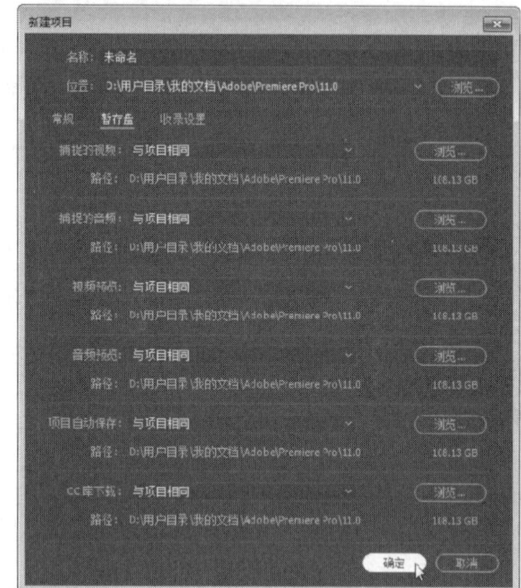


图 2-23

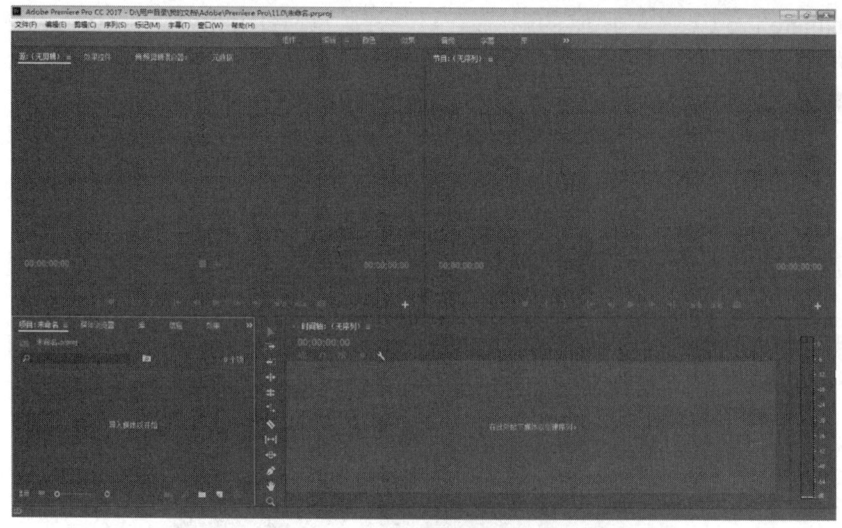

图 2-24

【常规】选项卡中各个选项的含义与功能介绍如下。

- 视频和音频的显示格式下拉列表框：在【视频】和【音频】选项组中，【显示格式】选项的作用都是设置素材文件在项目内的标尺单位。
- 【捕捉格式】下拉列表框：当需要从摄像机等设备内获取素材时，该选项的作用是要求 Premiere Pro CC 以规定的采集方式来获取素材内容。

## 知识精讲

在【暂存盘】选项卡中，由于各个临时文件夹的位置被记录在项目中，所以严禁在项目设置完成后更改所设临时文件夹的名称与保存位置，否则将造成项目所用文件的链接丢失，导致无法进行正常的项目编辑工作。

## 2.4.2　创建与设置序列

Premiere Pro CC 内所有组接在一起的素材，以及这些素材所应用的各种滤镜和自定义设置，都必须放置在一个被称为“序列”的 Premiere 项目元素内。序列对项目极其重要，因为只有当项目内拥有序列时，用户才可进行影片编辑操作。下面将详细介绍创建与设置序列的操作。

**第 1 步** 在 Premiere 中建立项目后，*1.* 单击【文件】主菜单，*2.* 在弹出的菜单中选择【新建】选项，*3.* 在弹出的子菜单中选择【序列】选项，如图 2-25 所示。

**第 2 步** 弹出【新建序列】对话框，在【序列预设】选项卡中列出了众多预设方案，选择某种方案后，在右侧列表框中可查看方案信息与部分参数，如图 2-26 所示。

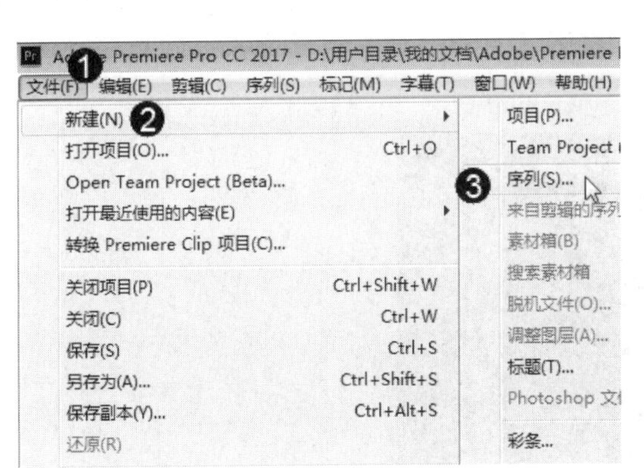


图 2-25

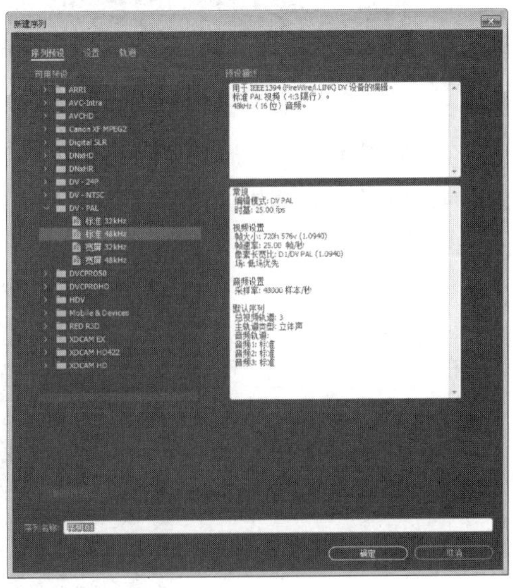

图 2-26

**第 3 步** 选择【暂存盘】选项卡，在其中可以设置编辑模式、时基、视频的帧大小、像素长宽比等内容，设置完成后单击【确定】按钮，如图 2-27 所示。

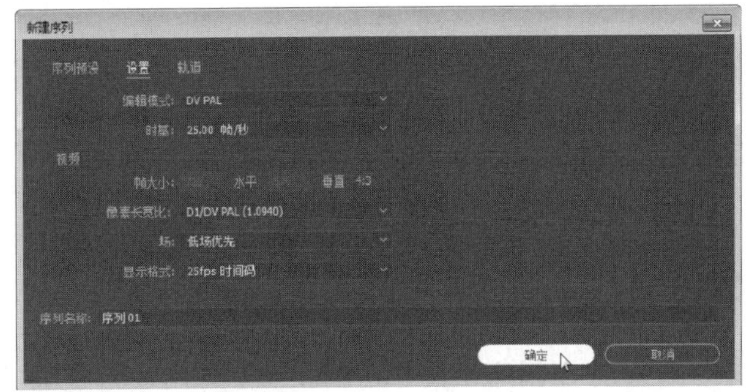


图 2-27

**第 4 步** 通过以上步骤即可完成创建与设置序列的操作，如图 2-28 所示。

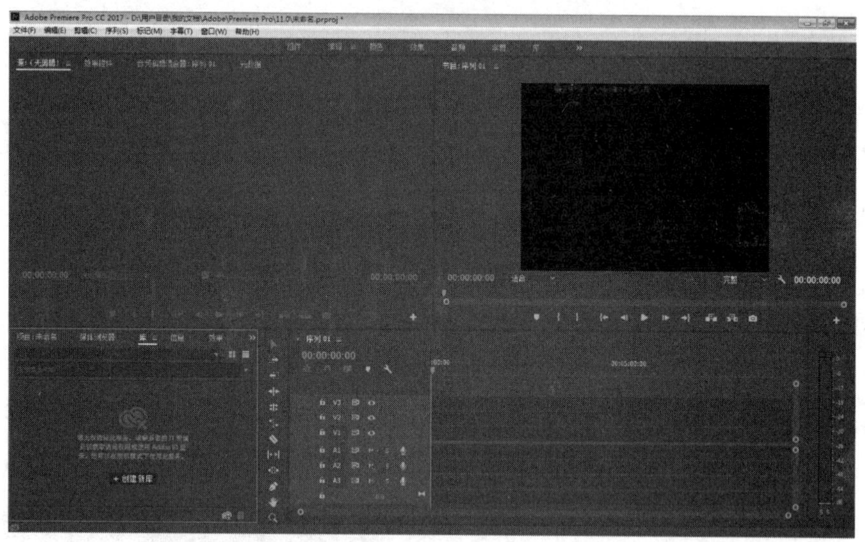

图 2-28

除了使用【新建】菜单来创建序列之外，用户还可以单击【序列】面板中的【新建项】按钮，在弹出的菜单中选择【序列】选项，打开【新建序列】对话框来创建新序列，如图 2-29 所示。

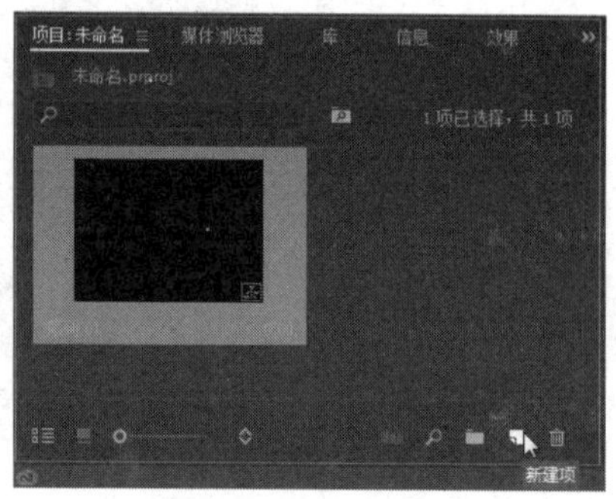


图 2-29

知识精讲

根据选项的不同，部分序列配置选项将呈现为灰色未激活状态(无效或不可更改)；如果需要自定义所有序列配置参数，则应在【设置】选项卡的【编辑模式】下拉列表中选择【自定义】选项。

## 2.4.3 保存项目文件

由于 Premiere Pro CC 软件在创建项目之初就已经要求用户设置项目的保存位置，所以在保存项目文件时无须再次设置文件保存路径。下面将详细介绍保存项目文件的操作。

**第 1 步** 在 Premiere 中建立项目，**1.** 单击【文件】主菜单，**2.** 在弹出的菜单中选择【保存】选项，如图 2-30 所示。

**第 2 步** 通过以上步骤即可完成保存 Premiere 项目文件的操作，如图 2-31 所示。

图 2-30

图 2-31

**知识精讲**

在编辑影片的过程中，如果需要阶段性保存项目文件，用户可以选择【保存副本】选项。除了【保存副本】选项外，选择【另存为】选项也可以起到生成项目副本的目的。两者之间的差别在于，使用【保存副本】选项生成项目后，Premiere 中的当前项目仍然是源项目；而使用【另存为】选项生成项目后，Premiere 将关闭源项目，并打开新生成的项目。

## 2.4.4　打开项目文件

打开项目文件的方法非常简单，下面将详细介绍使用菜单命令打开项目文件的操作。

**第 1 步** 启动 Premiere CC 程序，**1.** 单击【文件】主菜单，**2.** 在弹出的菜单中选择【打开项目】选项，如图 2-32 所示。

**第 2 步** 弹出【打开项目】对话框，**1.** 选择项目所在位置，**2.** 选中准备打开的项目，**3.** 单击【打开】按钮，如图 2-33 所示。

图 2-32

图 2-33

**第 3 步** 通过以上步骤即可完成打开项目文件的操作，如图 2-34 所示。

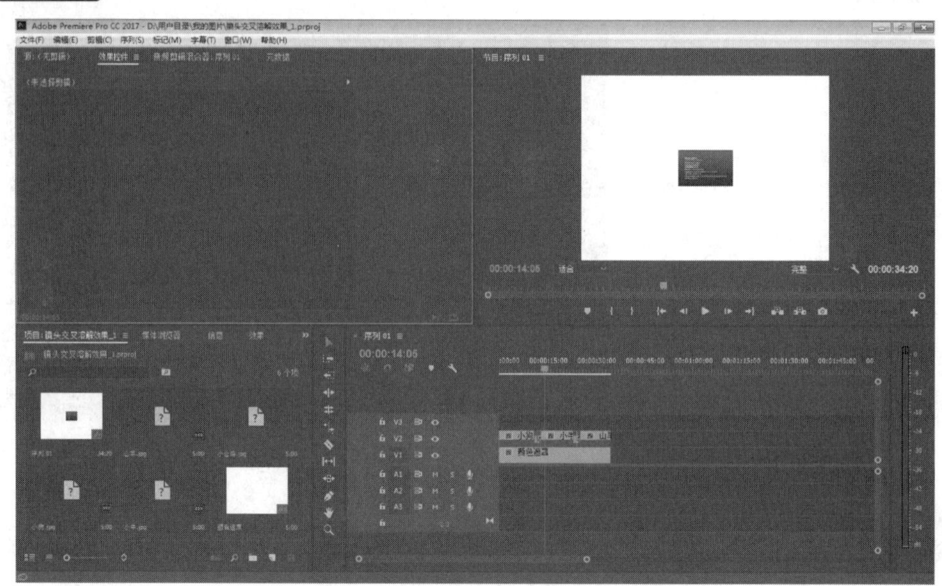

图 2-34

# 2.5 视频剪辑流程

视频剪辑的基本流程可大致分为前期准备、设置项目参数、导入素材、编辑素材和导出项目 5 个步骤。通过本节的学习，用户可以了解如何把零散的素材整理制作成完整的影片。本节将详细介绍视频剪辑的工作流程。

↑扫码看视频

## 2.5.1 前期准备

要制作一部完整的影片，首先要有一个优秀的创作构思将整个故事描述出来，确立故事的大纲。随后根据故事大纲做好详细的细节描述，以此作为影片制作的参考指导。脚本编写完成之后，按照影片情节的需要准备素材。素材的准备工作是一个复杂的过程，一般需要使用 DV 等摄像机拍摄大量的视频素材，另外也需要音频和图片等素材。

## 2.5.2 设置项目参数

要使用 Premiere Pro CC 编辑一部影片，首先应创建符合要求的项目文件。设置项目参数包括以下几点：一是在新建项目时，设置项目参数；二是在编辑项目时，单击【编辑】

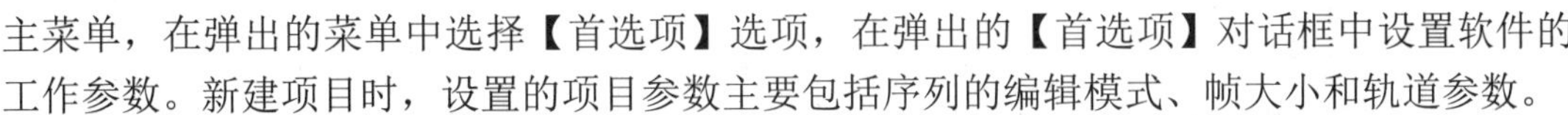

主菜单，在弹出的菜单中选择【首选项】选项，在弹出的【首选项】对话框中设置软件的工作参数。新建项目时，设置的项目参数主要包括序列的编辑模式、帧大小和轨道参数。

### 2.5.3　导入素材

新建项目之后，接下来需要做的是将待编辑的素材导入 Premiere 的【项目】面板中，为影片编辑做准备。一般的导入素材的方法是单击【文件】主菜单，在弹出的菜单中选择【导入】选项，弹出【导入】对话框，在其中选择准备导入的素材，单击【导入】按钮即可。实际操作中，直接在【项目】面板的空白处双击，也可以弹出【导入】对话框并导入素材。

### 2.5.4　编辑素材

导入素材之后，可以在【时间轴】面板中对素材进行编辑等操作。编辑素材是使用 Premiere 编辑影片的主要内容，包括设置素材的帧频、画面比例、素材的三点和四点插入法等。

### 2.5.5　导出项目

编辑完项目之后，就需要将编辑的项目导出，以便用其他编辑软件编辑。导出包括两种情况：导出媒体和导出项目。其中，导出媒体是将编辑完成的项目文件导出为视频文件，一般应该导出为有声视频文件，并根据实际需要为影片设置合理的压缩格式。导出项目包括导出到 Adobe Clip Tape、回录至录影带、导出到 EDL 和导出到 OMP 等。

## 2.6　实践案例与上机指导

通过本章的学习，读者基本可以掌握 Premiere CC 基本操作的知识，下面通过练习操作，以达到巩固学习、拓展提高的目的。

↑扫码看视频

### 2.6.1　重置工作布局

当调整后的界面布局并不适用于编辑需要时，用户可以将当前布局模式重置为默认的布局模式。下面将详细介绍重置当前工作布局的方法。

素材保存路径：无

素材文件名称：无

**第 1 步** 启动 Premiere CC 程序，*1.* 单击【窗口】主菜单，*2.* 在弹出的菜单中选择【工作区】选项，*3.* 在弹出的子菜单中选择【重置为保存的布局】选项，如图 2-35 所示。

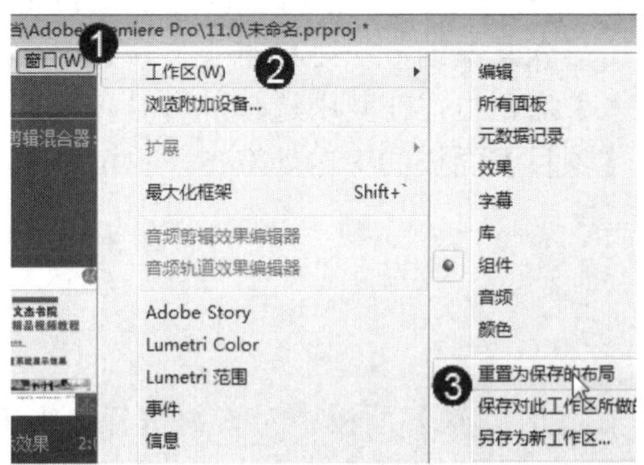


图 2-35

**第 2 步** 通过以上步骤即可完成重置工作布局的操作，如图 2-36 所示。

图 2-36

## 2.6.2 自定义工作区

布局模式是可以变化的，用户可以对当前的布局模式进行编辑，例如调整部分面板在操作界面中的位置，取消某些面板在操作界面中的显示等。在任意一个面板的右上角单击【扩展】按钮，在弹出的菜单中选择【浮动面板】选项，即可使当前面板脱离操作界面，如图 2-37 所示。

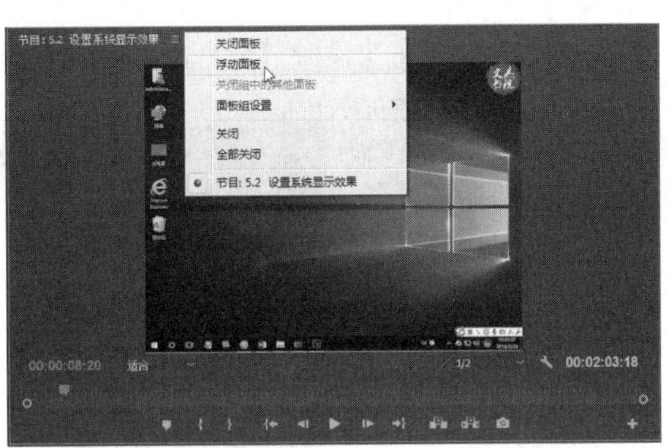

图 2-37

### 2.6.3 创建名为“我们的地球”项目文件

下面通过创建一个名为“我们的地球”的项目文件，并导入“地球”文件夹中的素材，达到巩固练习创建与设置项目的目的。

**素材保存路径：**配套素材\第 2 章

**素材文件名称：**我们的地球.prproj、草原.jpg、河流.jpg、大海.jpg、森林.jpg、沙漠.jpg、雪山.jpg

**第 1 步** 启动 Premiere CC 程序，1. 在【新建项目】对话框的【名称】文本框中输入名称，2. 单击【位置】下拉列表框右侧的【浏览】按钮，选择项目保存位置，3. 单击【确定】按钮，如图 2-38 所示。

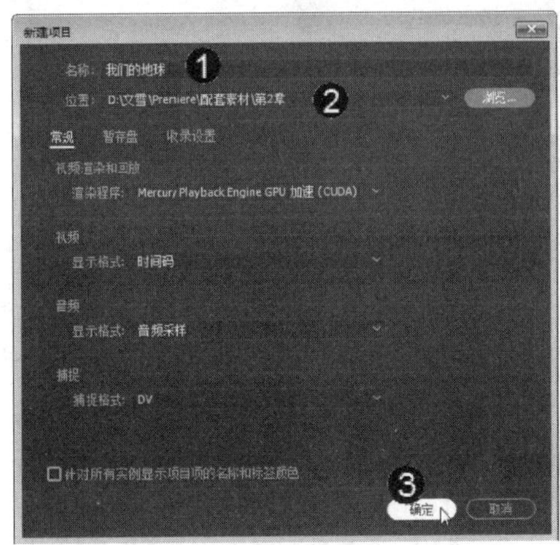

图 2-38

**第 2 步** 新建“我们的地球”项目后，1. 单击【文件】主菜单，2. 在弹出的菜单中选择【新建】选项，3. 在弹出的子菜单中选择【序列】选项，如图 2-39 所示。

**第 3 步** 弹出【新建序列】对话框，1. 在【序列预设】选项卡中选择一个预设标准，2. 在【序列名称】文本框中输入名称，3. 单击【确定】按钮，如图 2-40 所示。

**第 4 步** 在【项目】面板中可以看到已经创建了一个名为“序列 01”的序列，用鼠标右键单击面板空白处，在弹出的快捷菜单中选择【导入】选项，如图 2-41 所示。

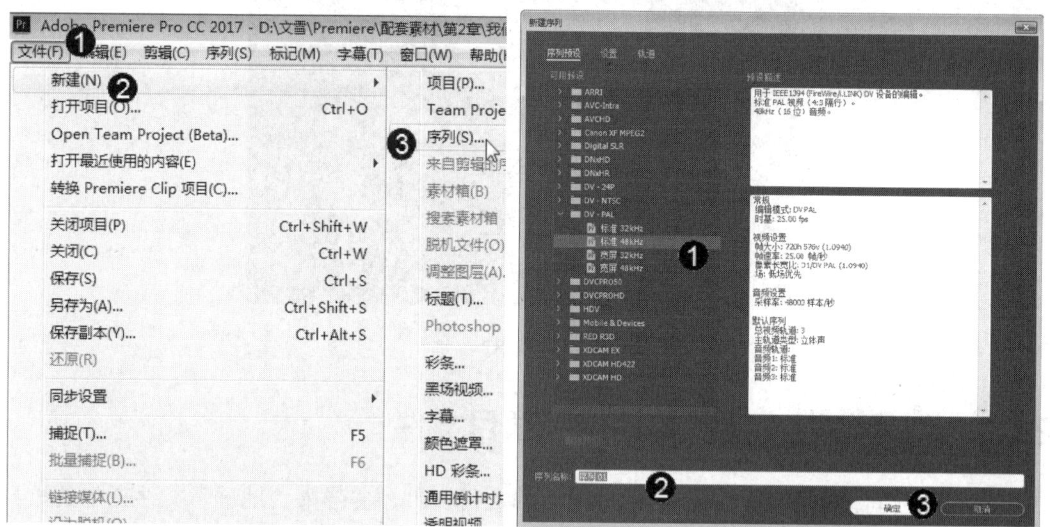


图 2-39　　　　图 2-40

**第 5 步** 弹出【导入】对话框，*1.* 选择文件所在位置，*2.* 选中准备导入的文件，*3.* 单击【打开】按钮，如图 2-42 所示。

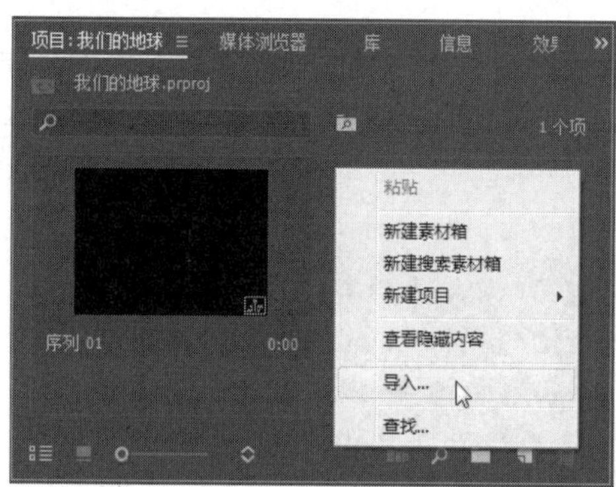


图 2-41

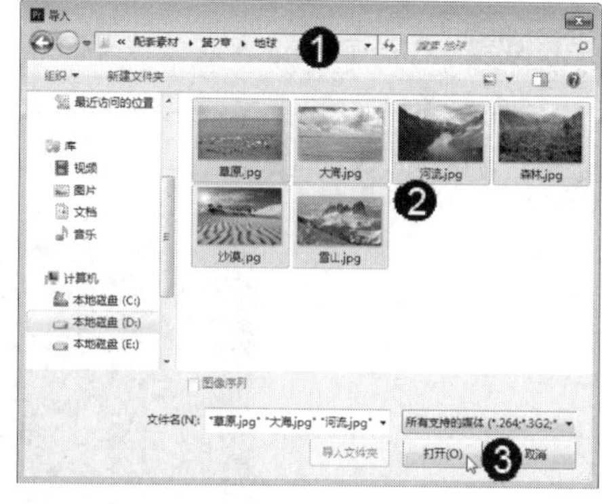


图 2-42

**第 6 步** 可以看到素材已经导入【项目】面板中，通过以上步骤即可完成创建名为“我们的地球”的项目文件并导入素材的操作，如图 2-43 所示。

图 2-43

# 2.7　思考与练习

## 1. 填空题

(1) Premiere Pro CC 的菜单栏包括________、编辑、______、序列、______、字幕、窗口和帮助 8 个菜单项。

(2) 视频剪辑的基本流程可大致分为前期准备、______、导入素材、______和导出项目 5 个步骤。

## 2. 判断题

(1) 【时间轴】面板是 Premiere 中最主要的编辑面板，在该面板中用户可以按照时间顺序排列和连接各种素材，可以剪辑片段、叠加图层、设置动画关键帧和合成效果等。（　）

(2) 【项目】面板的主要作用是预览和修剪素材，编辑影片时只需双击【项目】面板中的素材，即可通过素材源监视器预览效果。（　）

## 3. 思考题

(1) 如何进入色彩模式工作界面？

(2) 如何打开项目文件？

# 第 3 章

## 导入与编辑素材

### 本章要点

- 采集素材
- 导入素材
- 查看素材
- 编排与归类素材

### 本章主要内容

本章主要介绍采集素材、导入素材和查看素材方面的知识与技巧，同时讲解了如何编排与归类素材，在本章的最后还针对实际的工作需求，讲解了脱机文件、替换素材和使用项目管理器打包项目的方法。通过本章的学习，读者可以掌握导入与编辑素材方面的知识，为深入学习 Premiere CC 知识奠定基础。

# 3.1 采集素材

素材的来源有多种，有些用户的素材资源比较多，在制作影片时，可以大量使用这些现成素材，但即使是素材较多的用户，也必须掌握素材的采集知识。本节将详细介绍采集素材的相关知识。

↑ 扫码看视频

## 3.1.1 视频采集的分类

用摄影机采集视频素材分为两种情况：一种是采集数字视频，另一种是采集模拟视频。这两种方法采集视频的原理不同，使用的硬件要求也不一样。

数字视频是使用数码摄影机(DV)拍摄的数字信号，由于其本身就是采用二进制编码的数字信息，而计算机也是使用数字编码处理信息的，因此只需要将视频数字信号直接传输到计算机中保存即可。采集数字视频素材时除了需要摄影机以外，还需要计算机中安装有 1394 接口卡，才能将 DV 中的数字视频信号传输到计算机中。

模拟视频是使用模拟摄影机拍摄的模拟信息，该信息是一种电磁信号，在采集的时候通过播放解码图像，再将图像编码成数字信号保存到计算机中。相对于数字视频的采集过程，模拟视频的采集过程要复杂一些，对硬件要求更高。在采集模拟视频的过程中丢失信息是必然的，因此效果比数字视频差。由于模拟视频的这个缺点，它正逐渐被数字视频所取代。

## 3.1.2 采集数字视频

数字视频主要是指用数码摄影机采集的视频素材，在进行数字视频采集之前需要在 Premiere Pro CC 中对各种与采集相关的参数进行设置，才能保证采集工作的顺利进行，并保证视频素材的采集质量。

在采集视频素材之前，先要确保摄影机已经通过 1394 接口与计算机相连接，并且打开了摄影机的电源开关，设置摄影机为播放工作模式，然后开始采集视频素材。

## 3.1.3 采集模拟视频

采集模拟视频时，需要在计算机上安装一块带有 AV 复合输入端子或者 S 端子的视频采集卡。采集时，首先要在模拟设备中播放视频，模拟的视频信号通过 AV 复合输入端子或者 S 端子传输到采集卡，然后使用采集卡对该信号进行采集并转化为数字信号保存到计算机硬盘指定位置。一般在采集过程中均需要对采集的视频信号进行压缩解码，以节省计算机硬盘空间。

知识精讲

采集模拟视频一般需要安装一块带有 AV 复合输入端子或者 S 端子的非线性编辑卡，但是专业的非线性编辑卡价格昂贵，一般的家庭用户可以使用具有视频采集功能的电视卡代替，虽然画面效果较差，但价格便宜。

# 3.2 导入素材

Premiere CC 支持导入图像、视频、音频等多种类型和文件格式的素材，这些素材的导入方式基本相同。本节将详细介绍 3 种导入素材的操作方法，分别是利用菜单导入素材、通过面板导入素材和直接拖入外部素材。

↑扫码看视频

## 3.2.1 利用菜单导入素材

下面详细介绍利用菜单导入素材的方法。

**第 1 步** 启动 Premiere CC 程序，*1.* 单击【文件】主菜单，*2.* 在弹出的菜单中选择【导入】选项，如图 3-1 所示。

**第 2 步** 弹出【导入】对话框，*1.* 选择素材所在位置，*2.* 选中素材，*3.* 单击【打开】按钮，如图 3-2 所示。

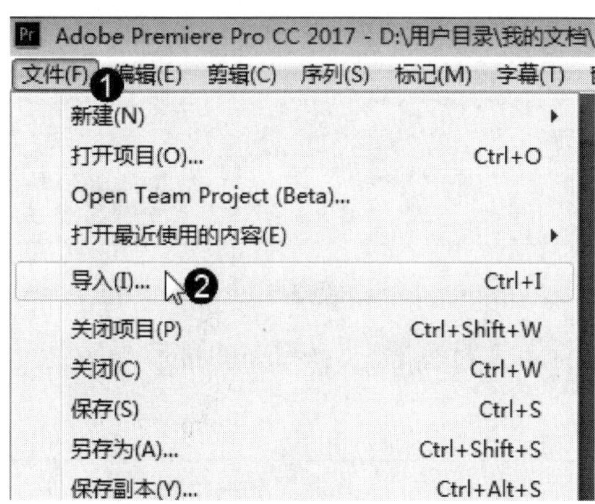


图 3-1

图 3-2

**第 3 步** 通过以上步骤即可完成利用菜单导入素材的操作，如图 3-3 所示。

图 3-3

## 3.2.2 通过面板导入素材

与使用菜单导入素材的方法相比，通过面板导入素材的优点是减少了烦琐的菜单操作，使操作变得更高效、更快捷。

下面详细介绍通过面板导入素材的操作方法。

**第 1 步** 在【项目】面板的空白处单击鼠标右键，在弹出的快捷菜单中选择【导入】命令，如图 3-4 所示。

**第 2 步** 弹出【导入】对话框，**1.** 选择素材所在位置，**2.** 选中素材，**3.** 单击【打开】按钮，如图 3-5 所示。

图 3-4

图 3-5

**第 3 步** 通过以上步骤即可完成通过面板导入素材的操作，如图 3-6 所示。

**智慧锦囊**

在【项目】面板的空白处单击鼠标右键，在弹出的快捷菜单中选择【导入】命令，弹出【导入】对话框后，将直接进入 Premiere Pro CC 软件上次访问的文件夹。

图 3-6

### 3.2.3　直接拖入外部素材

除了利用菜单导入素材、通过面板导入素材之外，用户还可以打开素材所在的文件夹，单击并拖动素材到【项目】面板，即可将素材导入 Premiere Pro CC 中。

考考您

请您根据上述方法直接将素材拖入【项目】面板中，测试一下您的学习效果。

## 3.3　查看素材

在编辑视频效果之前，首先要学会查看素材。不同格式的素材文件，其查看方式有所不同。本节将详细介绍查看素材的相关知识。

↑扫码看视频

### 3.3.1　显示方式

为了便于用户管理素材，Premiere Pro CC 提供了列表视图与图标视图两种不同的素材显示方式。默认情况下，素材将采用列表视图显示在【项目】面板中，此时用户可查看素材名称、帧速率、视频出入点、素材持续时间等信息，如图 3-7 所示。

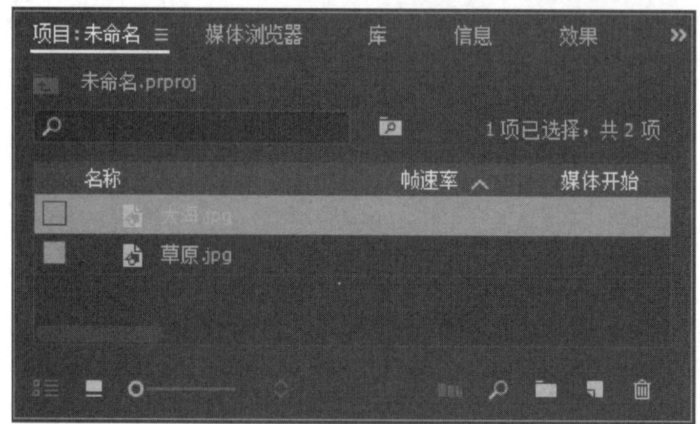


图 3-7

在【项目】面板底部单击【图标视图】按钮，即可切换为图标视图模式。此时，所有素材将以缩略图的方式显示在【项目】面板内，使得查看素材变得更为方便，如图 3-8 所示。

图 3-8

## 3.3.2 查看视频

在 Premiere Pro CC 中，视频文件不仅能够进行静态查看，还能够进行动态查看。在【项目】面板中的视频文件不被选中的情况下，将鼠标指向该视频文件，在视频文件缩略图范围内滑动鼠标，即可发现该视频被播放，如图 3-9 所示。

要想取消这一查看功能，单击【项目菜单】按钮，在弹出的菜单中选择【悬停划动】选项，禁用该选项即可，如图 3-10 所示。

图 3-9

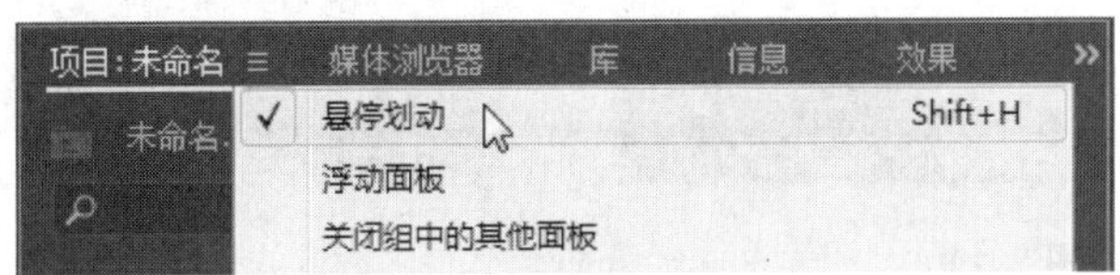


图 3-10

要想在禁用【悬停划动】选项的情况下查看视频的播放效果，可以按住 Shift 键不放，在视频缩略图范围内划动鼠标。

# 3.4　管理素材

通常情况下，Premiere 项目中的所有素材都直接显示在【项目】面板中，由于名称、类型等属性的不同，素材在面板中的排列往往比较杂乱，在一定程度上会影响工作效率，为此，必须对项目中的素材进行统一管理。

↑扫码看视频

## 3.4.1　解释素材

下面详细介绍解释素材的操作方法。

**第 1 步**　在【项目】面板中用鼠标右键单击素材，**1.** 在弹出的快捷菜单中选择【修改】选项，**2.** 在弹出的子菜单中选择【解释素材】选项，如图 3-11 所示。

**第 2 步**　弹出【修改剪辑】对话框，用户可以在其中进行设置，设置完成后单击【确定】按钮即可，如图 3-12 所示。

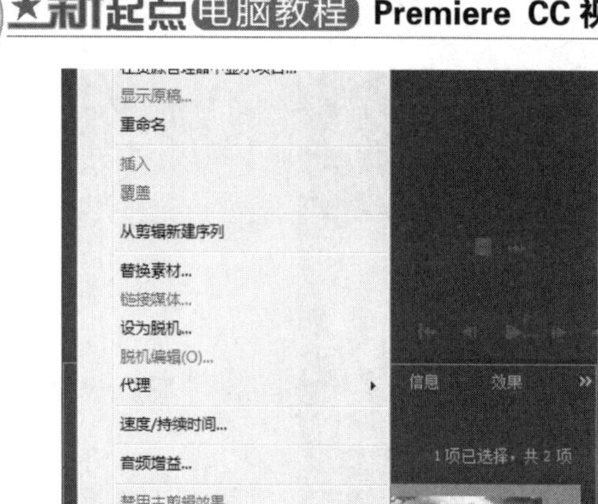


图 3-11

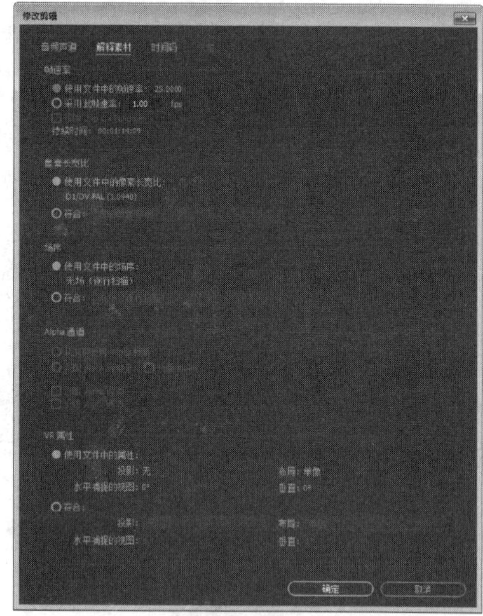

图 3-12

## 3.4.2 重命名素材

素材文件一旦导入【项目】面板中，就会和源文件建立链接关系。对【项目】面板中的素材文件进行重命名往往是为了方便在影视编辑操作过程中进行识别，但并不会改变源文件的名称。

在【项目】面板中双击素材名称，素材名称将处于可编辑状态。此时只需要输入新的素材名称，即可完成重命名的操作，如图 3-13 所示。

素材文件一旦添加到【时间轴】面板中，就成为一个素材剪辑，也会和【项目】面板中的素材文件建立链接关系。添加到【时间轴】面板中的素材剪辑，是以该素材在【项目】面板中的名称作为剪辑名称，但是不会随着【项目】面板中的素材文件重命名而随之更新名称。如果想要在【时间轴】面板中重命名素材剪辑，需在【时间轴】面板中右键单击该素材剪辑，在弹出的快捷菜单中选择【重命名】命令，如图 3-14 所示。

图 3-13

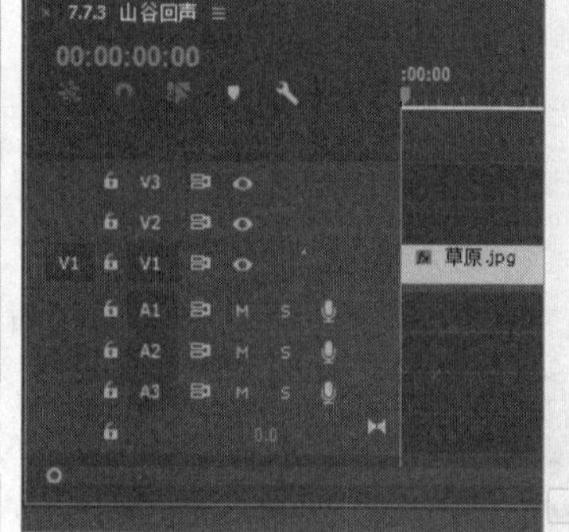


图 3-14

### 3.4.3　建立素材箱

在进行大型影视编辑工作时，往往会使用大量的素材文件，在查找选用时很不方便。通过在【项目】面板中建立素材箱，将素材科学合理地进行分类存放，以便于编辑工作时选用。

在【项目】面板中，单击【新建素材箱】按钮，Premiere Pro CC 将自动创建一个名为“素材箱”的容器。素材箱在创建之初，其名称处于可编辑状态，此时可以直接输入文字更改素材箱的名称。完成素材箱重命名操作后，即可将部分素材拖曳至素材箱中，从而通过该素材箱管理这些素材，如图 3-15 所示。

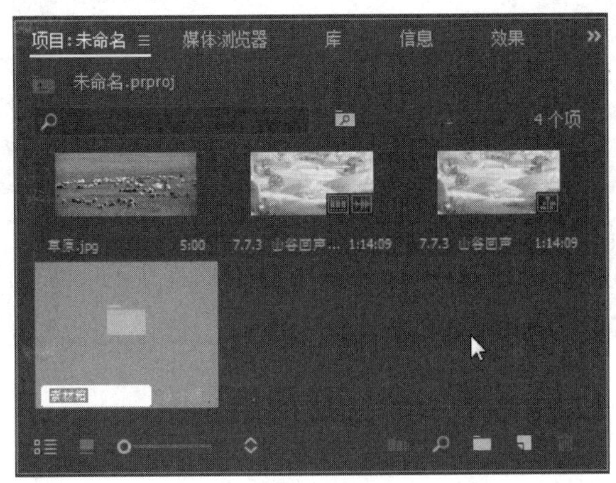


图 3-15

此外，Premiere Pro CC 还允许在素材箱中创建素材箱，通过嵌套的方式来管理更为复杂的素材。

**智慧锦囊**

要删除一个或多个素材箱，可选中素材箱并单击【项目】面板底部的【清除】按钮；也可以通过选中素材箱，按 Delete 键来删除。

### 3.4.4　标记素材

标记是一种辅助性工具，主要功能是方便用户查找和访问特定的时间点。在【标记】菜单中，Premiere Pro CC 可以设置序列标记和 Flash 提示标记，如图 3-16 所示。

- 序列标记：序列标记需要在【时间轴】面板中进行设置。序列标记主要包括出/入点、套选入点和出点等。
- Flash 提示标记：用户在打开【标记@*】对话框时，【Flash 提示点】单选按钮自动变为选中状态，在时间指针的当前位置添加 Flash 提示标记，作为将影片项目输出为包含互动功能的影片格式，在播放到该位置时，依据设置的 Flash 相应方式，执行设置的互动事件或跳转导航。

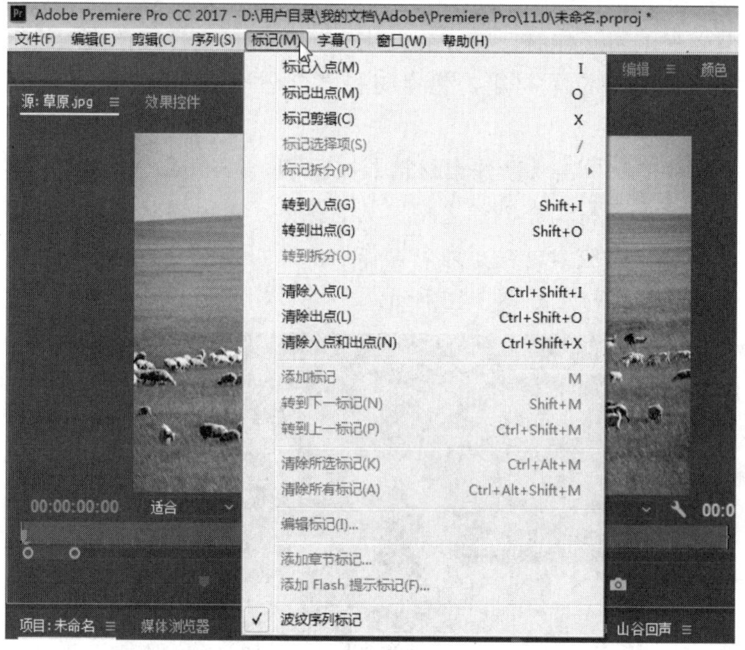


图 3-16

**知识精讲**

如果需要删除不需要的标记，则可以在时间线上用鼠标右键单击该标记，在弹出的快捷菜单中选择【清除当前标记】命令；如果要删除所有标记，则可以选择【清除所有标记】命令。

### 3.4.5 查找素材

随着项目进度的逐渐推进，【项目】面板中的素材会越来越多，此时，再通过拖曳滚动条的方式来查找素材会变得费时又费力。为此，Premiere Pro CC 专门提供了查找素材的功能，极大地方便了用户操作。

查找素材时，如果知道素材名称，可以直接在【项目】面板的搜索框内输入所查素材的部分或全部名称。此时，所有包含用户所输关键字的素材都将显示在【项目】面板内，如图 3-17 所示。

如果仅仅通过素材名称无法快速找到匹配素材，用户还可以通过场景、磁带信息或标签内容等信息来查找相应素材。在【项目】面板的空白处单击鼠标右键，在弹出的快捷菜单中选择【查找】命令，弹出【查找】对话框，在对话框中可以设置相关选项或输入需要查找的对象信息，如图 3-18 和图 3-19 所示。

图 3-17

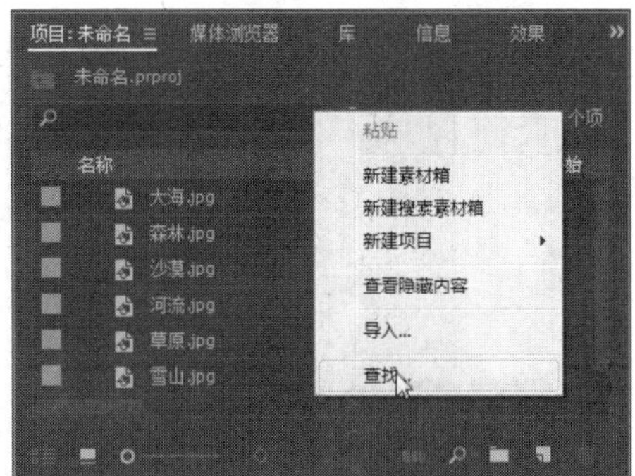

图 3-18

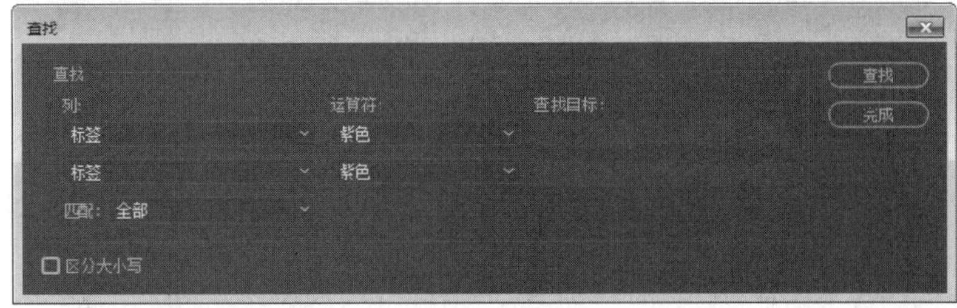

图 3-19

# 3.5　实践案例与上机指导

通过本章的学习，读者基本可以掌握使用 Premiere CC 导入和编辑素材的基本知识以及一些常见的操作方法。下面通过练习操作，以达到巩固学习、拓展提高的目的。

↑扫码看视频

## 3.5.1　脱机文件

脱机文件是指项目内当前不可用的素材文件，其产生原因多是项目所引用的素材文件已经被删除或移动。当项目中出现脱机文件时，如果在【项目】面板中选择该素材文件，【源】或【节目】面板内将显示该素材的媒体脱机信息，如图 3-20 所示。

打开包含脱机文件的项目时，Premiere Pro CC 会在弹出的【链接媒体】对话框内要求用户重新定位脱机文件，如图 3-21 所示。如果用户能够指定脱机素材新的文件存储位置，就可以解决该素材文件的媒体脱机问题。

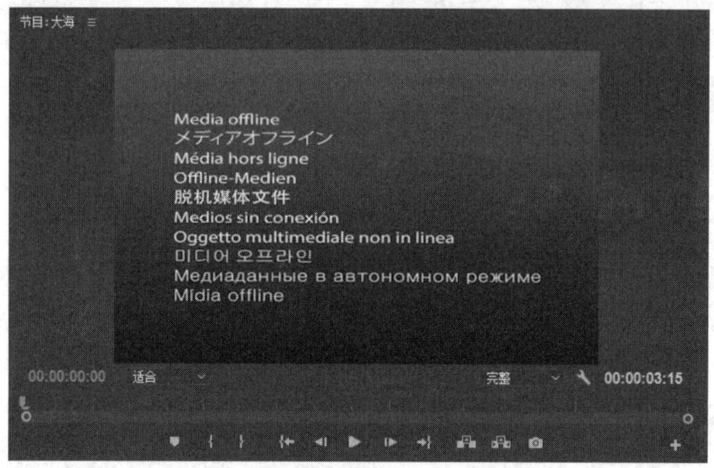


图 3-20

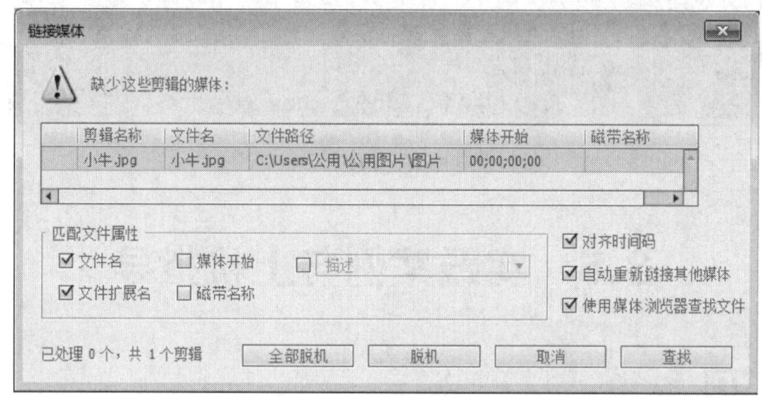


图 3-21

在图 3-21 所示的对话框中，用户可以选择查找或跳过该素材，或者将该素材创建为脱机文件。

## 3.5.2 替换素材

在影视编辑工作中，对于不合适的素材，用户可以使用替换素材功能有效地提高剪辑的速度。

素材保存路径：无

素材文件名称：无

**第 1 步** 在【项目】面板中右键单击准备替换的素材名称，在弹出的快捷菜单中选择【替换素材】命令，如图 3-22 所示。

**第 2 步** 弹出【替换“小牛.jpg”素材】对话框，**1.** 选择文件所在位置，**2.** 选中要替换的文件，**3.** 单击【选择】按钮，如图 3-23 所示。

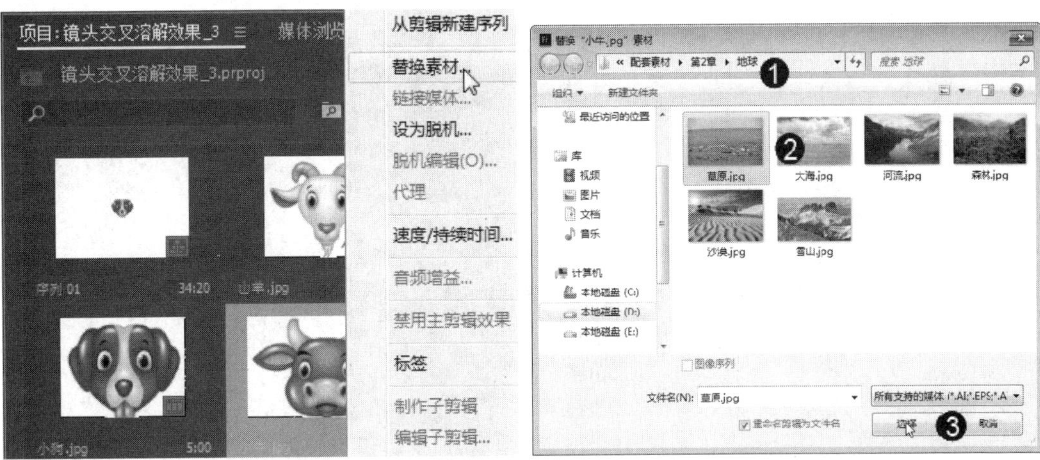


图 3-22　　　　　　　　　　图 3-23

**第 3 步** 通过上述步骤即可完成替换文件的操作，如图 3-24 所示。

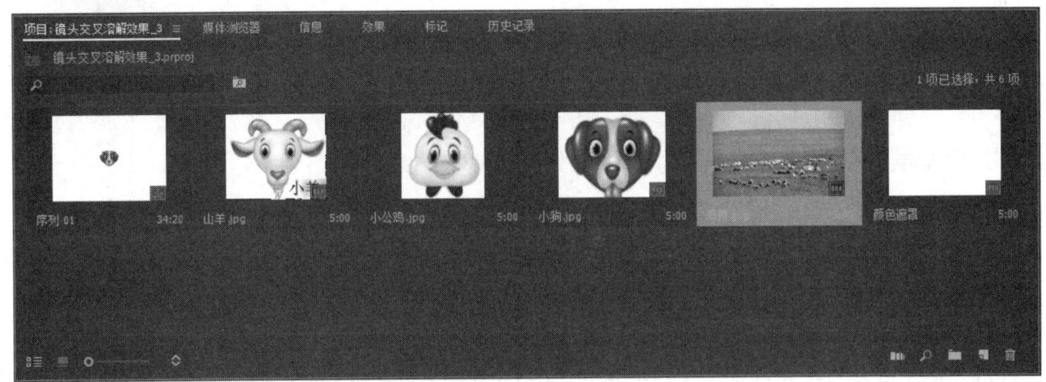


图 3-24

## 3.5.3　使用项目管理器打包项目

制作一部复杂的影视节目会用到非常多的素材，在这种情况下，除了可以使用【项目】面板对素材进行管理外，还应将项目所用到的素材全部归纳于一个文件夹内，以便统一管理。下面介绍使用项目管理器打包项目的方法。

素材保存路径：无

素材文件名称：无

**第 1 步** 启动 Premiere CC 程序，**1.** 单击【文件】主菜单，**2.** 在弹出的菜单中选择【项目管理】选项，如图 3-25 所示。

**第 2 步** 弹出【项目管理器】对话框，**1.** 选择所要保留的序列，**2.** 在【生成项目】选项内设置文件归档方式，**3.** 单击【确定】按钮，即可完成使用项目管理器打包项目的操作，如图 3-26 所示。

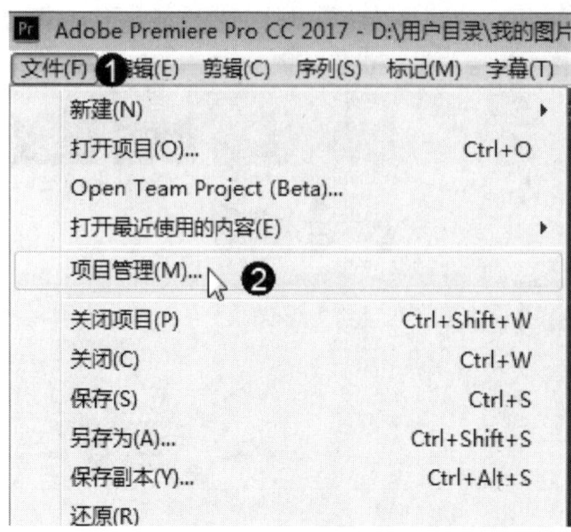


图 3-25

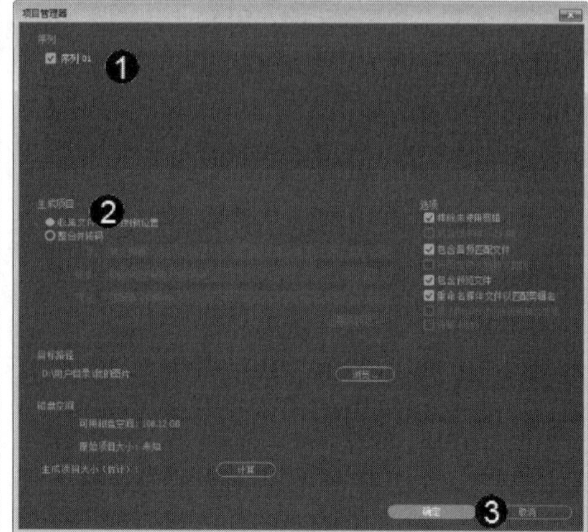

图 3-26

# 3.6 思考与练习

## 1. 填空题

(1) 摄影机采集视频素材分为两种情况：一种是__________，另一种是__________。

(2) 采集模拟视频，需要计算机上安装一块带有__________或者 S 端子的视频采集卡。

## 2. 判断题

(1) 为了便于用户管理素材，Premiere Pro CC 提供了列表视图与图标视图两种不同的素材显示方式。 (　　)

(2) 在 Premiere Pro CC 中，视频文件只能够进行静态查看。 (　　)

## 3. 思考题

(1) 如何利用菜单导入素材？

(2) 如何解释素材？

# 第 4 章

# 剪辑与编辑视频素材

## 本章要点

- 监视器面板
- 【时间轴】面板
- 视频编辑工具
- 分离素材
- 创建素材

## 本章主要内容

本章主要介绍监视器面板、【时间轴】面板、视频编辑工具和分离素材方面的知识与技巧，以及如何创建素材，并在最后针对实际的工作需求，讲解编组和嵌套、场的设置和创建倒计时导向的方法。通过本章的学习，读者可以掌握 Premiere CC 剪辑与编辑视频素材方面的知识，为深入学习 Premiere CC 知识奠定基础。

# 4.1 监视器面板

在 Premiere Pro CC 中，可以直接在监视器面板或【时间轴】面板中编辑各种素材，但是如果要进行精确的编辑操作，就必须先使用监视器面板对素材进行预处理后，再将其添加至【时间轴】面板内。

↑ 扫码看视频

## 4.1.1 源监视器与节目概览

利用 Premiere Pro CC 中的监视器窗口不仅可以在影片制作过程中预览素材或作品，还可以用于精确编辑和修剪。下面详细介绍【源】监视器与【节目】监视器面板。

### 1. 【源】监视器面板

【源】监视器面板的主要功能是预览和修剪素材，编辑影片时只需双击【项目】面板中的素材，即可通过【源】监视器面板预览其效果，如图 4-1 所示。在该面板中，素材画面预览区的下方为时间标尺，底部为播放控制区。【源】监视器面板中各个控制按钮的作用如下。

图 4-1

- 【查看区域栏】按钮：将鼠标指针放在左右两侧的按钮上，单击并向左或向右拖动鼠标，可放大或缩小时间标尺。
- 【标记入点】按钮：设置素材的进入时间。
- 【标记出点】按钮：设置素材的结束时间。

- 【添加标记】按钮：添加自由标记。
- 【转到入点】按钮：无论当前时间指示器的位置在何处，单击该按钮，指示器都将跳至素材入点。
- 【转到出点】按钮：无论当前时间指示器的位置在何处，单击该按钮，指示器都将跳至素材出点。
- 【后退一帧】按钮：以逐帧的方式倒放素材。
- 【播放-停止切换】按钮：控制素材画面的播放与暂停。
- 【前进一帧】按钮：以逐帧的方式播放素材。
- 【插入】按钮：在素材中间单击该按钮，在插入素材的同时，会将该素材一分为二。

### 2. 【节目】监视器面板

从外观上来看，【节目】面板与【源】面板基本一致。与【源】面板不同的是，【节目】面板用于查看各素材在添加至序列并进行相应编辑后的播出效果，如图 4-2 所示。

图 4-2

无论是【源】监视器面板还是【节目】监视器面板，在播放控制区中单击【按钮编辑器】按钮，都会弹出【按钮编辑器】对话框，对话框中的按钮同样是用来编辑视频文件的。

## 4.1.2　时间控制与安全区域

与直接在【时间轴】面板中进行编辑操作相比，在监视器面板中编辑影片剪辑的优点是能够精确地控制时间。例如，除了能够通过直接输入当前时间的方式来精确定位外，还可通过【逐帧前进】、【逐帧后退】等多个按钮来微调当前的播放时间。

除此之外，拖动时间区域标杆两端的锚点，时间区域标杆变得越长，则时间标尺所显示的总播放时间越长；时间区域标杆变得越短，则时间标尺所显示的总播放时间也越短，如图 4-3 和图 4-4 所示。

图 4-3

图 4-4

Premiere Pro CC 中的安全区分为字幕安全区与动作安全区。当制作的节目是用于电视播放时，由于多数电视机会切掉图像外边缘的部分内容，所以用户要参考安全区域来保证图像元素在屏幕范围之内。用鼠标右键单击监视器面板，在弹出的快捷菜单中选择【安全边距】命令，即可显示画面中的安全框。其中，里面的方框是字幕安全区，外面的方框是动作安全区，如图 4-5 和图 4-6 所示。

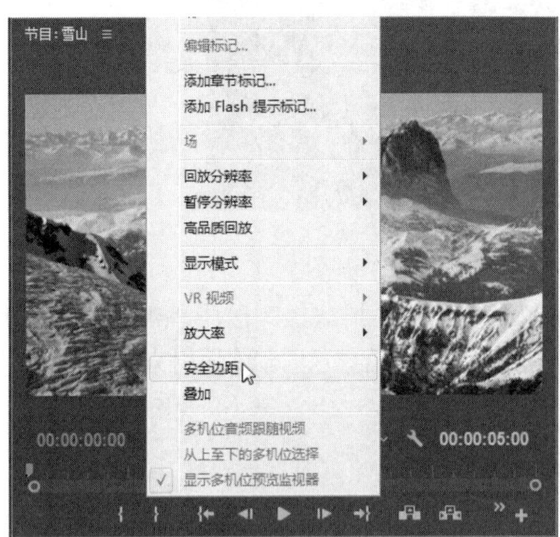


图 4-5

图 4-6

## 知识精讲

动作和字幕的安全边距分别为 10%和 20%。可以在【项目设置】对话框中更改安全区域的尺寸。方法是执行【文件】→【项目设置】→【常规】命令，即可在【项目设置】对话框的【动作与字幕安全区域】选项组中设置。

## 4.1.3　入点和出点

素材开始帧的位置是入点，结束帧的位置是出点，源监视器中入点与出点范围之外的东西相当于切去了，在时间线中这一部分将不会出现，改变出点、入点的位置就可以改变素材在时间线上的长度。下面详细介绍改变入点和出点的操作方法。

**第 1 步** 在【源】监视器面板中拖动时间标记找到设置入点的位置，单击【标记入点】按钮，入点位置的左边颜色不变，入点位置的右边变成灰色，如图 4-7 所示。

**第 2 步** 浏览影片找到准备设置出点的位置，单击【标记出点】按钮，出点位置的左边保持灰色，出点位置的右边颜色不变，如图 4-8 所示。

图 4-7

图 4-8

**第 3 步** 通过以上步骤即可完成设置素材入点与出点的操作，如图 4-9 所示。

图 4-9

## 4.1.4 设置标记点

为素材添加标记、设置备注内容是管理和剪辑素材的重要方法，下面将详细介绍设置标记点的方法。

### 1. 添加标记

在【源】面板或【时间轴】面板中，将时间标记滑块移到需要添加标记的位置，单击【添加标记】按钮，标记点会在时间标记处标记完成，如图 4-10 所示。

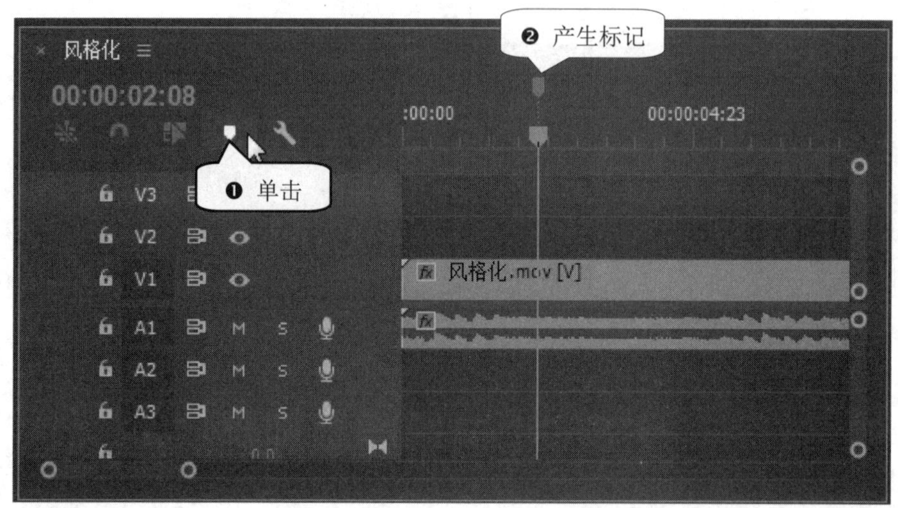


图 4-10

### 2. 跳转标记

在【源】面板或【时间轴】面板中，在标尺上单击鼠标右键，在弹出的快捷菜单中选择【转到下一标记】命令，时间标记会自动跳转到下一标记的位置，如图 4-11 和图 4-12 所示。

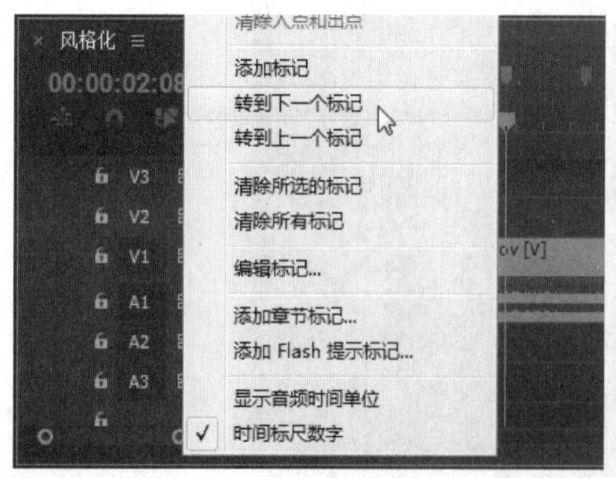


图 4-11

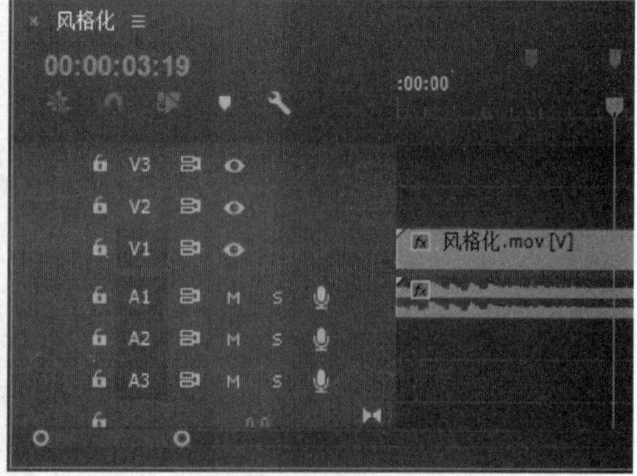


图 4-12

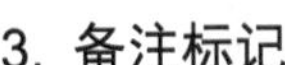

### 3. 备注标记

在设置好的标记处双击鼠标，弹出标记信息框，在信息框内可以给标记命名、添加注释，如图 4-13 所示。

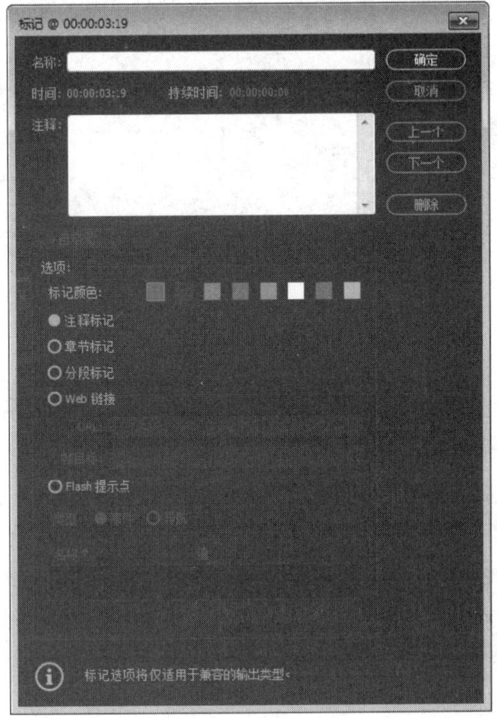


图 4-13

# 4.2 【时间轴】面板

编辑视频素材的前提是将视频素材放置在【时间轴】面板中。在该面板中，用户能够将不同的视频素材按照一定的顺序排列并进行编辑。本节将介绍有关【时间轴】面板的知识。

↑扫码看视频

## 4.2.1 【时间轴】面板概述

在 Premiere Pro CC 中，【时间轴】面板经过重新设计可进行自定义，可以选择要显示的内容并立即访问控件。在【时间轴】面板中，时间线标尺上的各种控制选项决定了查看影片素材的方式，以及影片渲染和导出的区域，如图 4-14 所示。

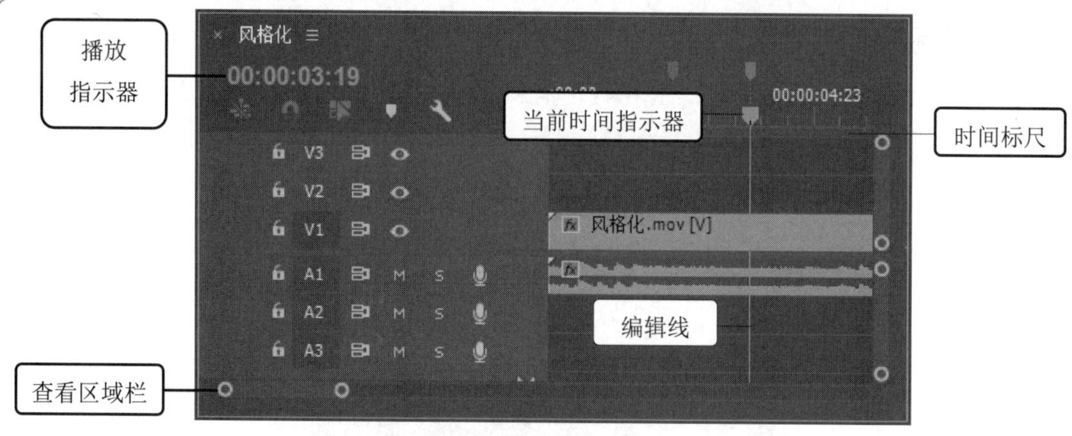


图 4-14

### 1. 时间标尺

时间标尺是一种可视化的时间间隔显示工具。默认情况下，Premiere Pro CC 按照每秒所播放画面的数量来划分时间轴，从而对应于项目的帧速率，如图 4-15 所示。如果当前正在编辑的是音频素材，则应在【时间轴】面板的关联菜单内选择【显示音频时间单位】选项，将标尺更改为按照毫秒或音频采样等音频单位进行显示。

图 4-15

### 2. 当前时间指示器

当前时间指示器是一个三角形图标，其作用是标识当前所查看的视频帧，以及该帧在当前序列中的位置。在时间标尺中，用户可以采用直接拖动当前时间指示器的方法来查看视频内容，也可以在单击时间标尺后，将当前时间指示器移至鼠标单击处的某个视频帧。

### 3. 播放指示器

播放指示器与当前时间指示器相互关联，当移动时间标尺上的当前时间指示器时，播放指示器位置中的内容也会随之发生变化。同时，当在播放指示器位置上左右拖动鼠标时，也可控制当前时间指示器在时间标尺上的位置，从而达到快速浏览和查看素材的目的，如图 4-16 所示。

00:00:03:19

图 4-16

### 4. 查看区域栏

查看区域栏的作用是确定出现在时间轴上的视频帧数量。当单击横拉条左侧的图形按钮并向左拖动，从而使其长度减少时，【时间轴】面板在当前可见区域内能够显示的视频帧将逐渐减少，而时间标尺上各时间标记间的距离将会随之延长；反之，时间标尺内将显示更多的视频帧，并缩短时间线上的时间间隔，如图 4-17 所示。

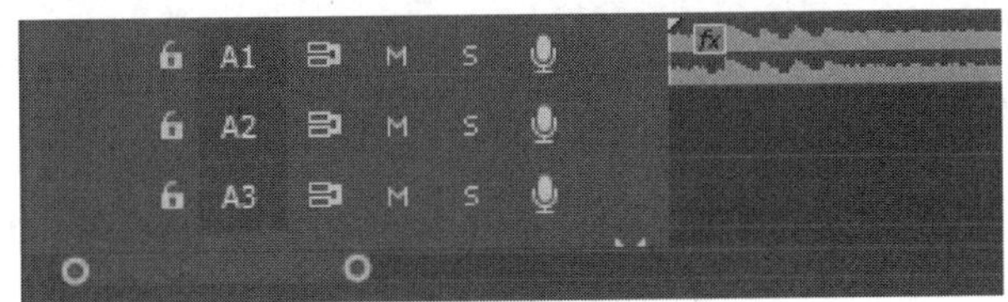

图 4-17

## 4.2.2 【时间轴】面板基本控制

轨道是【时间轴】面板中最为重要的组成部分，原因在于这些轨道能够以可视化的方式来显示音视频素材及所添加的效果，如图 4-18 所示。下面将详细介绍【时间轴】面板基本控制的相关知识。

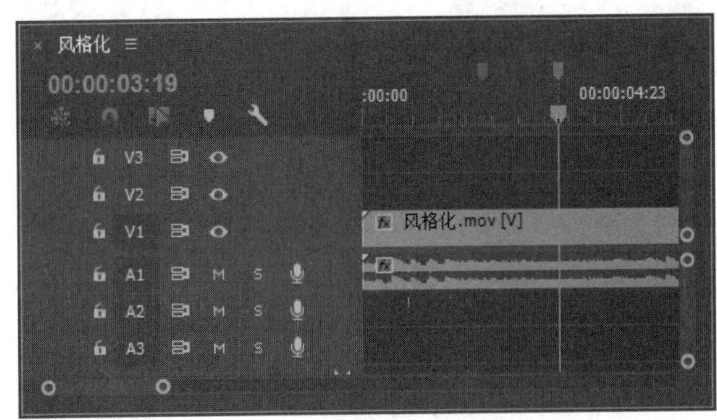

图 4-18

### 1. 切换轨道输出

在视频轨道中，【切换轨道输出】按钮用于控制是否输出该视频素材，从而可以在播放或导出项目时，控制在【节目】面板内能否查看相应轨道中的影片。

在音频轨道中，【切换轨道输出】按钮图标变为【静音轨道】按钮图标，其功能是在播放或导出项目时，决定是否输出相应轨道中的音频素材。单击该按钮，即可使视频中的音频静音，同时按钮将改变颜色。

### 2. 切换同步锁定

通过对轨道启用【切换同步锁定】功能，可以确定执行插入、波纹删除或波纹修剪操作时哪些轨道将会受到影响。对于其剪辑属于操作一部分的轨道，无论其同步锁定的状态如何，这些轨道始终都会发生移动，但是其他轨道将只在同步锁定处于启用状态的情况下才能移动其剪辑内容。

### 3. 切换轨道锁定

【切换轨道锁定】按钮的功能是锁定轨道上的素材及其他各项设置，以免因误操作

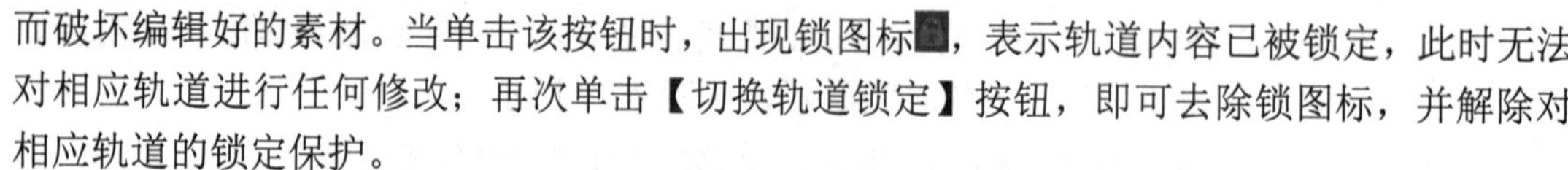

而破坏编辑好的素材。当单击该按钮时，出现锁图标，表示轨道内容已被锁定，此时无法对相应轨道进行任何修改；再次单击【切换轨道锁定】按钮，即可去除锁图标，并解除对相应轨道的锁定保护。

#### 4. 时间轴显示设置

为了方便用户查看轨道上的各种素材，Premiere Pro CC 分别为视频素材和音频素材提供了多种显示方式。单击【时间轴】面板中的【时间轴显示设置】按钮，可以在弹出的菜单中选择显示效果，如图 4-19 所示。

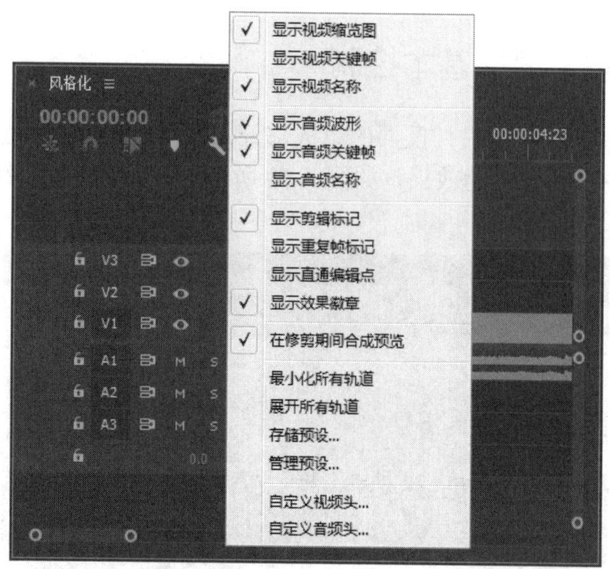


图 4-19

### 4.2.3 轨道管理

在编辑影片时，往往要根据编辑需要来添加、删除轨道，或对轨道进行重命名等操作。下面将介绍轨道管理的相关知识。

#### 1. 重命名轨道

在【时间轴】面板中，右键单击轨道，在弹出的快捷菜单中选择【重命名】命令，即可进入轨道名称的编辑状态，输入新的轨道名称，按 Enter 键，即可为相应轨道设置新的名称。

#### 2. 添加轨道

当影片剪辑使用的素材较多时，增加轨道的数量有利于提高影片的编辑效果。在【时间轴】面板内右键单击轨道，在弹出的快捷菜单中选择【添加轨道】命令，如图 4-20 所示。弹出【添加轨道】对话框，在【视频轨道】选项组中，【添加】选项用于设置新增视频轨道的数量，【放置】选项用于设置新增视频轨道的位置，如图 4-21 所示。

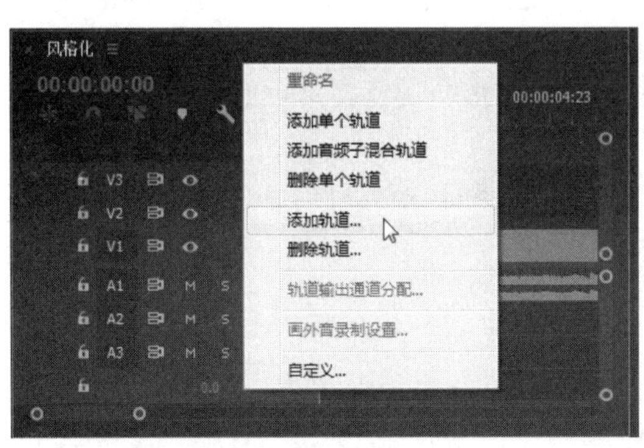


图 4-20

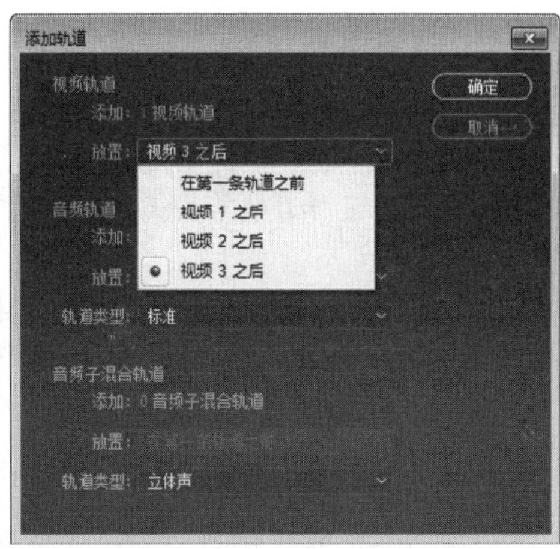


图 4-21

### 3. 删除轨道

当影片所用的素材较少，当前所包含的轨道已经能够满足影片编辑的需要，并且存在多余轨道时，可通过删除空白轨道的方法，减少项目文件的复杂程度，从而在输出影片时提高渲染速度。在【时间轴】面板内右键单击轨道，在弹出的快捷菜单中选择【删除轨道】命令，弹出【删除轨道】对话框，勾选【视频轨道】选项组内的【删除视频轨道】复选框，在该复选框下方的下拉列表框中选择要删除的轨道，单击【确定】按钮，如图 4-22 和图 4-23 所示。

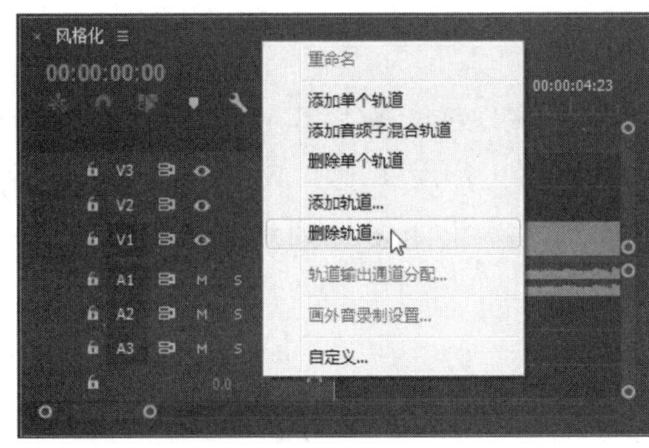


图 4-22

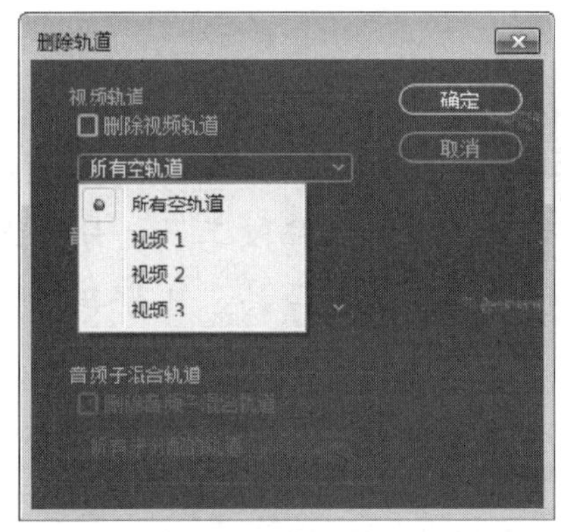


图 4-23

在【删除轨道】对话框中，使用相同方法在【音频轨道】和【音频子混合轨道】选项组内进行设置后，即可在【时间轴】面板内删除相应的音频轨道。

**知识精讲**

按照 Premiere 的默认设置，轨道名称会随其位置的变化而发生改变。例如，当用户以跟随视频 1 的方式添加一条新的视频轨道时，新轨道会以 V2 的名称出现，而原有的 V2 轨道则会被重命名为 V3 轨道，以此类推。

4. 自定义轨道头

用户还可以自定义【时间轴】面板中的轨道标题，利用此功能可以决定显示哪些控件。下面详细介绍自定义轨道头的方法。

**第 1 步** 用鼠标右键单击视频或音频轨道，在弹出的快捷菜单中选择【自定义】命令，如图 4-24 所示。

**第 2 步** 弹出【按钮编辑器】窗口，将需要的按钮拖动到时间轴上，单击【确定】按钮即可完成自定义轨道头的操作，如图 4-25 所示。

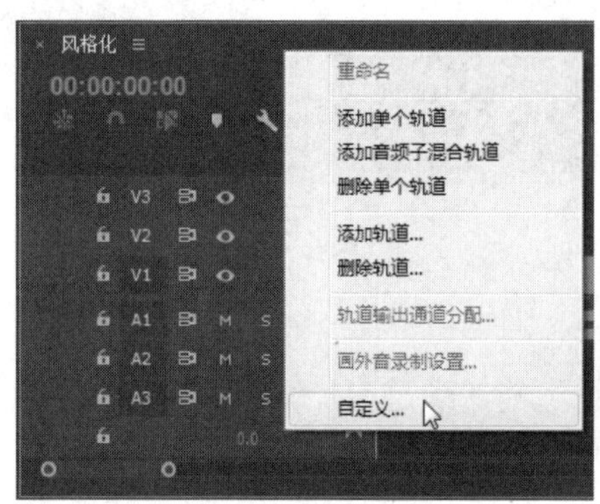


图 4-24

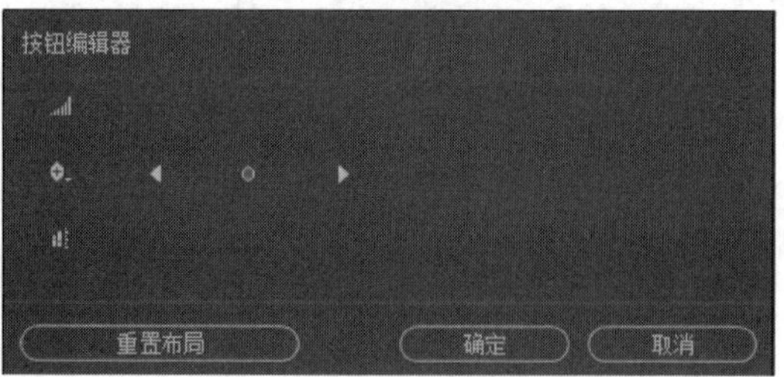


图 4-25

# 4.3 视频编辑工具

在时间轴上剪辑素材会用到很多工具，其中包括 4 种剪辑片段工具，分别是剃刀工具、外滑工具、内滑工具、滚动编辑工具、比率拉伸工具等，本节将介绍视频编辑工具。

↑扫码看视频

## 4.3.1 剃刀工具

剃刀工具的快捷键是 C，单击【剃刀工具】按钮，然后单击时间线上的素材片段，素材会被裁切成两段，单击哪里就从哪里裁切，如图 4-26 所示。当裁切点靠近时间标记的时候，裁切点会被吸到时间标记所在的位置。

**智慧锦囊**

在时间轴上，当用户拖动时间标记找到想要裁切的地方时，可以按 Ctrl+K 组合键，在时间标记所在位置把素材裁切开。

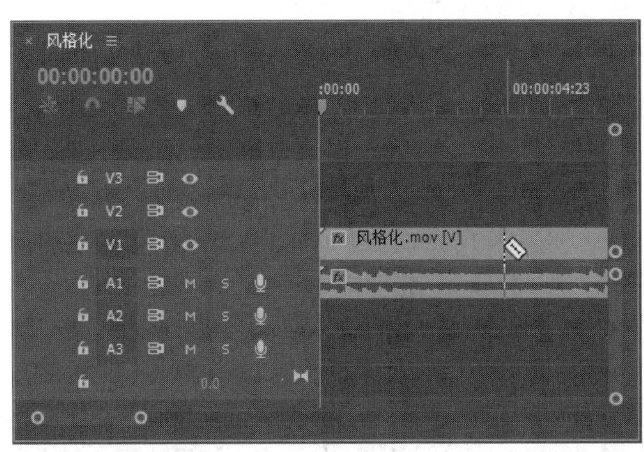


图 4-26

## 4.3.2　外滑工具

外滑工具的快捷键为 Y，用外滑工具在轨道中的某个片段上拖动，可以同时改变该片段的出点和入点。而该片段的长度是否发生变化，取决于出点后和入点前是否有必要的余量可供调节使用，相邻片段的出入点及影片长度不变。

## 4.3.3　内滑工具

内滑工具的快捷键为 U。和外滑工具正好相反，用内滑工具在轨道中的某个片段上拖动，被拖动片段的出入点和长度不变，而前一相邻片段的出点与后一相邻片段的入点随之发生变化，但是前一相邻片段的出点与后一相邻片段的入点前若有必要的余量可供调节使用，则影片的长度不变。

## 4.3.4　滚动编辑工具

滚动编辑工具的快捷键为 N，使用该工具可以改变片段的入点或出点，相邻素材的出点或入点也相应改变，但影片的总长度不变。

选择滚动编辑工具，将光标放到时间轴轨道中的一个片段上，当光标变成红色竖线条时，按下鼠标左键向左拖动可以使入点提前，从而使得该片段变长，同时前一相邻片段的出点相应提前，长度缩短，前提是被拖动的片段入点前必须有余量可供调节。按下鼠标左键向右拖动可以使入点拖后，从而使得该片段缩短，同时前一片段的出点相应拖后，长度增加，前提是前一相邻片段出点后必须有余量可供调节。

## 4.3.5　比率拉伸工具

比率拉伸工具的快捷键为 X，使用比率拉伸工具拖动轨道里片段的头尾时，会使得该片段在出点和入点不变的情况下加快或减慢播放速度，从而减少或增加时间长度。

单击【比率伸缩工具】按钮，将光标放到时间轴轨道里其中一个片段的开始或结尾处，单击鼠标左键向左或向右拖动可以使得该片段缩短或者延长，入点和出点不变，当片段缩短时播放速度加快，片段延长时播放速度变慢。

## 4.3.6 帧定格

将视频中的某一帧，以静帧的方式显示，称为帧定格，被冻结的静帧可以是片段的入点或出点。下面详细介绍帧定格的操作方法。

**第 1 步** 在 Premiere CC 工具箱中，1. 单击【剃刀工具】按钮，2. 在要冻结的帧画面上裁切，如图 4-27 所示。

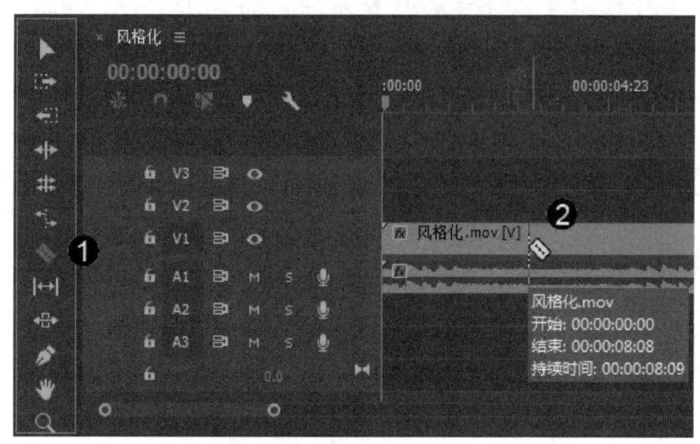


图 4-27

**第 2 步** 用鼠标右键单击素材片段，在弹出的快捷菜单中选择【帧定格选项】命令，如图 4-28 所示。

**第 3 步** 弹出【帧定格选项】对话框，1. 勾选【定格位置】复选框，2. 单击【确定】按钮，即可完成给素材添加帧定格的操作，如图 4-29 所示。

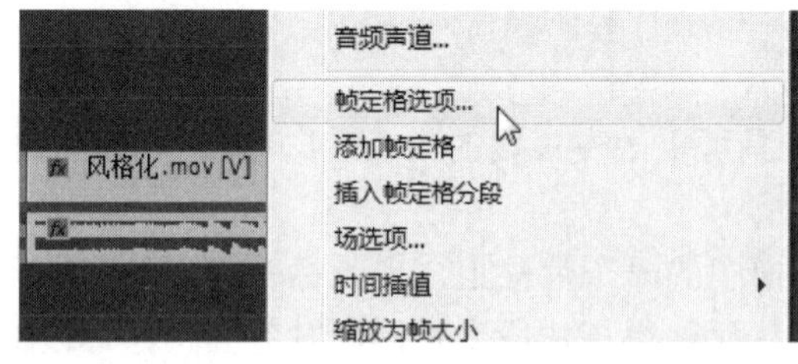


图 4-28

图 4-29

## 4.3.7 帧混合

【帧混合】命令主要用于融合帧与帧之间的画面，可以使过渡更加平滑。当素材的帧速率与序列的帧速率不同时，Premiere Pro CC 会自动补充缺少的帧或跳跃播放，但在播放时会产生画面抖动，使用【帧混合】命令，即可消除这种抖动。当用户利用【帧混合】命令减轻画面抖动时，输出时间会增多。用鼠标右键单击素材片段，在弹出的快捷菜单中选择【帧混合】命令即可使用该功能，如图 4-30 所示。

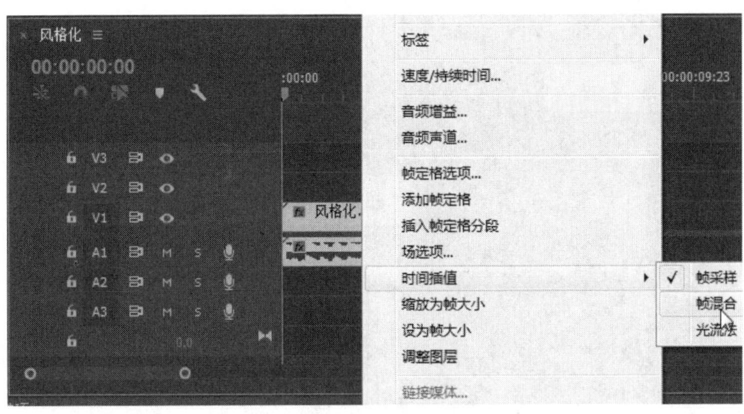


图 4-30

# 4.4　分 离 素 材

分离素材的操作包括插入和覆盖编辑、提升和提取编辑、分离和链接视音频、复制和粘贴素材以及删除素材等内容。本节将详细介绍分离素材的相关知识。

↑扫码看视频

## 4.4.1　插入和覆盖编辑

在【源】面板中对素材进行各种操作之后，便可以将调整后的素材添加至时间轴上。从【源】面板向【时间轴】面板中添加视频素材，包括两种添加方法：插入与覆盖。

### 1. 插入

在当前时间轴上没有任何素材的情况下，在【源】面板中右键单击鼠标，在弹出的快捷菜单中选择【插入】命令向时间轴内添加素材，与直接向时间轴添加素材的结果完全相同。不过，在将【当前时间指示器】移至时间轴已有素材的中间时，单击【源】面板中的【插入】按钮，Premiere 会将时间轴上的素材一分为二，并将【源】面板中的素材添加至两者之间，如图 4-31 所示。

### 2. 覆盖

与插入不同，当用户单击【覆盖】按钮在时间轴已有素材中间添加新素材时，新素材将会从【当前时间指示器】处开始替换相应时间段的原有素材片段，其结果是时间轴上的原有素材内容会减少，如图 4-32 和图 4-33 所示。

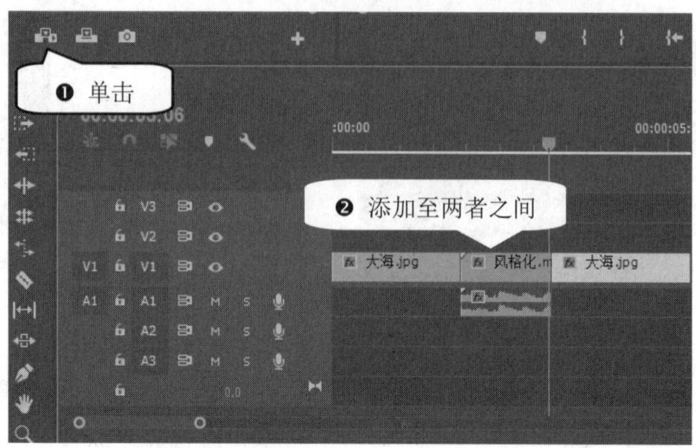


图 4-31

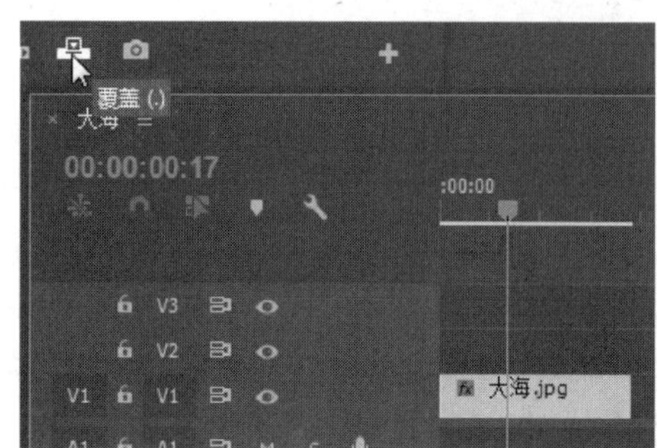


图 4-32

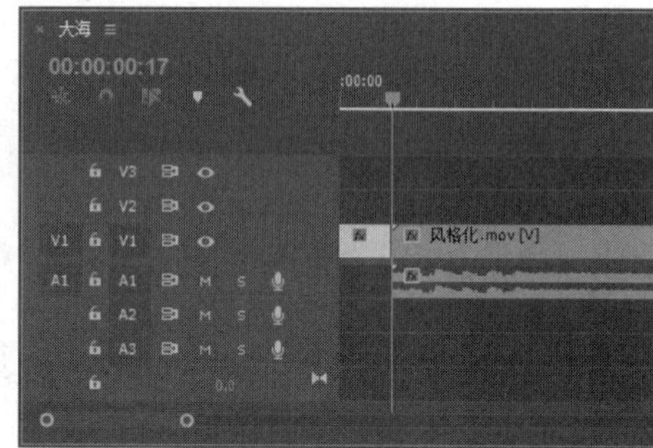


图 4-33

## 4.4.2 提升和提取编辑

在【节目】面板中，Premiere Pro CC 提供了两个方便的素材剪除工具，方便快速删除序列内的某个部分，分别是提升和提取编辑工具。下面详细介绍提升和提取编辑工具的操作方法。

### 1. 提升

提升操作的功能是从序列内删除部分素材内容，但不会消除因删除素材内容而造成的间隙。下面详细介绍使用提升编辑的方法。

**第 1 步** 在【节目】面板中，单击【标记出点】和【标记入点】按钮，设置视频素材的出入点，如图 4-34 所示。

**第 2 步** 单击【节目】面板内的【提升】按钮，即可从入点与出点处裁切素材并将出入点区间内的素材删除，如图 4-35 所示。

### 2. 提取

与提升操作不同的是，提取编辑会在删除部分序列内容的同时，消除因此而产生的间隙，从而减少序列的持续时间。在【节目】面板中为序列设置入点与出点后，单击【节目】面板中的【提取】按钮即可完成提取编辑操作。

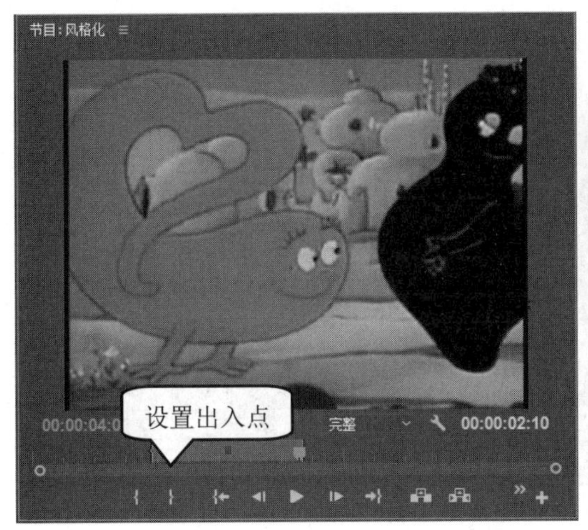


图 4-34

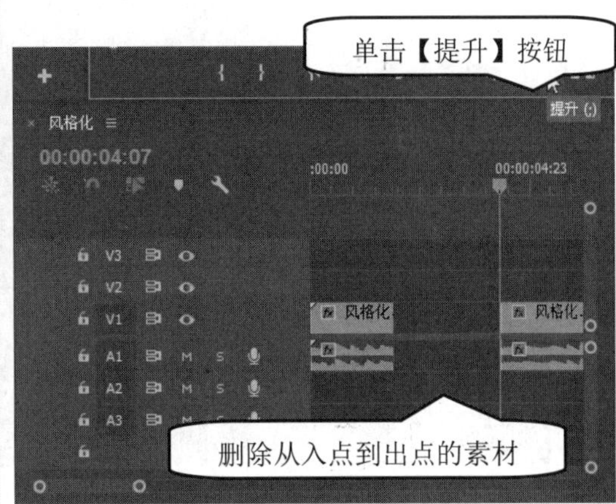


图 4-35

## 4.4.3　分离和链接视音频

分离和链接视音频是指把视频和音频分离开单独操作，或链接在一起成组操作。

分离素材时，在时间轴中用鼠标右键单击需要分离的素材，在弹出的快捷菜单中选择【取消链接】命令，即可将素材分离，如图 4-36 所示。

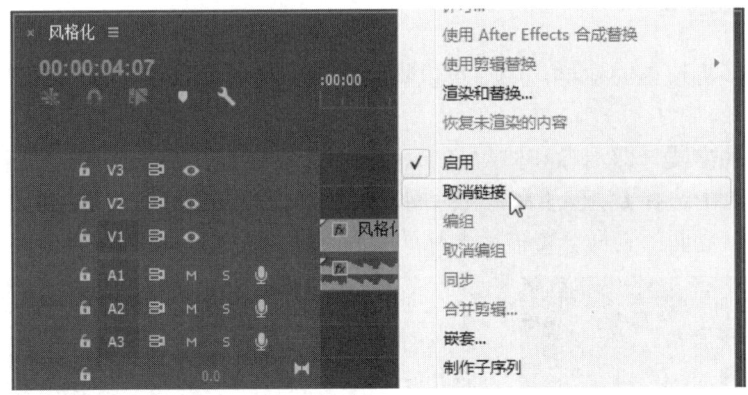


图 4-36

链接素材时，在时间轴中用鼠标右键单击需要链接的素材，在弹出的快捷菜单中选择【链接】命令，即可将素材链接在一起。

## 4.4.4　复制和粘贴素材

复制和粘贴素材的操作非常简单。下面详细介绍复制和粘贴素材的方法。

**第 1 步**　在时间轴中选中需要复制的素材，**1.** 单击【编辑】主菜单，**2.** 在弹出的菜单中选择【复制】选项，如图 4-37 所示。

**第 2 步**　移动时间标记到要粘贴的位置，按 Ctrl+V 组合键即可完成复制和粘贴操作，如图 4-38 所示。

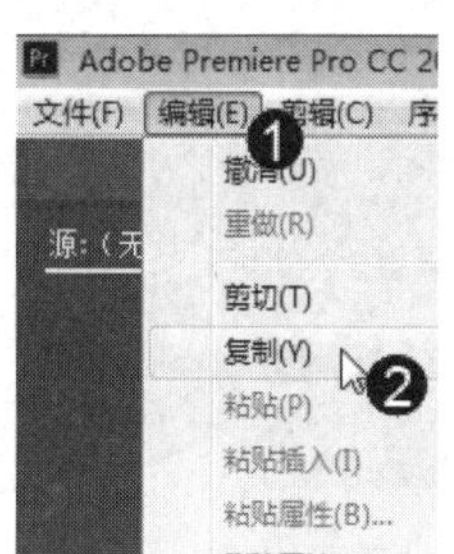


图 4-37

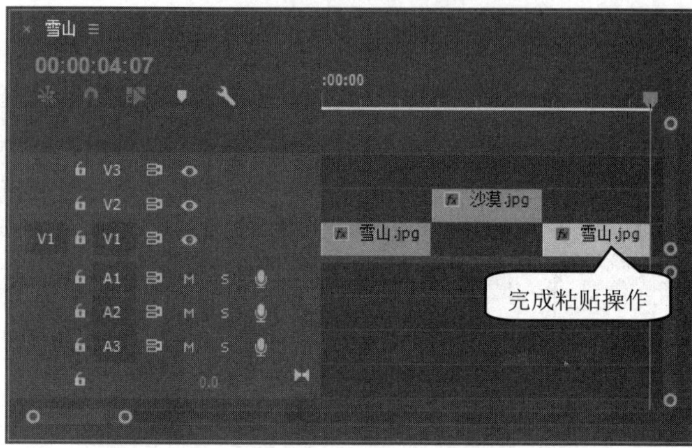


图 4-38

## 知识精讲

复制完素材后，如果按 Ctrl+V 组合键，时间标记后面的素材不会向后移动，而是被覆盖；如果按 Ctrl+Shift+V 组合键，时间标记后面的素材会向后移动。

## 4.4.5 删除素材

时间轴中不再使用的素材，用户可以将其删除。从时间轴中删除的素材并不会在【项目】面板中删除。

删除有两种方式，即清除和波纹删除。在时间轴中用鼠标右键单击要删除的素材，在弹出的快捷菜单中选择【清除】命令，时间轴的轨道上会留下该素材的空位；如果选择【波纹删除】命令，后面的素材会覆盖被删除的素材留下的空位，如图 4-39 和图 4-40 所示。

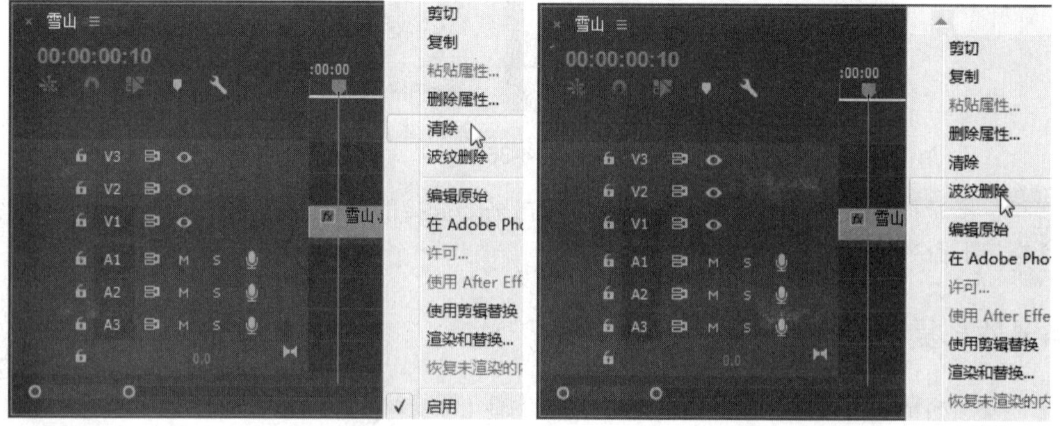


图 4-39　　图 4-40

# 4.5 创建素材

在剪辑时除了可以通过导入和采集来获取素材外，还可以在【项目】面板中创建素材。创建的素材主要包括彩条、黑场视频、颜色遮罩、调整图层等。本节将介绍创建素材的相关知识。

↑扫码看视频

## 4.5.1 彩条

制作彩条素材的方法非常简单。下面详细介绍制作彩条的操作方法。

**第 1 步** 在【项目】面板下方，1. 单击【新建项】按钮，2. 在弹出的菜单中选择【彩条】选项，如图 4-41 所示。

**第 2 步** 弹出【新建彩条】对话框，1. 在其中设置彩条参数，2. 设置完成后单击【确定】按钮，如图 4-42 所示。

图 4-41

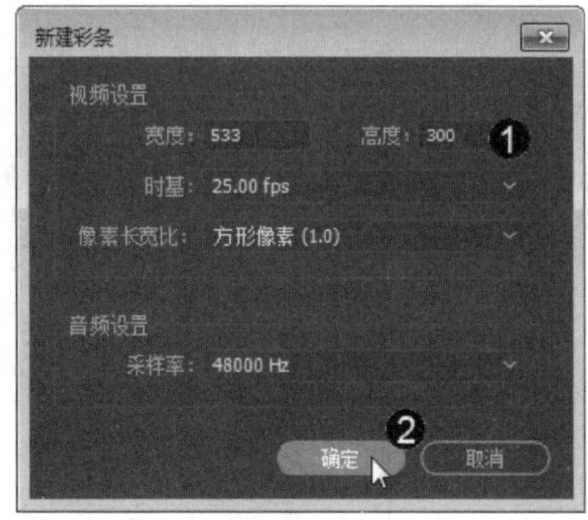


图 4-42

**第 3 步** 通过上述步骤即可完成创建彩条素材的操作，如图 4-43 所示。

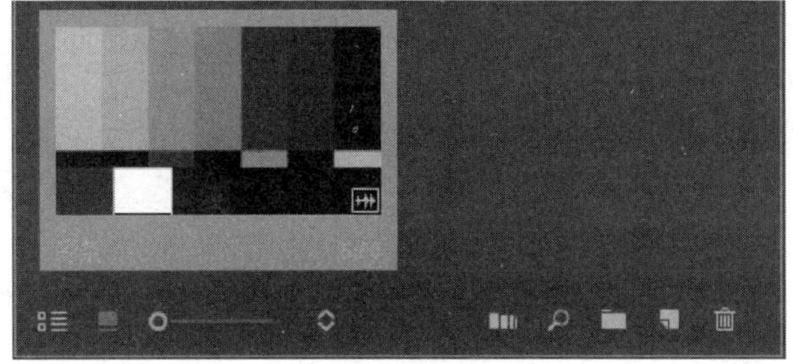

图 4-43

## 4.5.2 黑场视频

用户除了可以制作彩条素材之外，还可以制作黑场视频素材。下面详细介绍制作黑场视频素材的操作方法。

**第 1 步** 在【项目】面板下方，1. 单击【新建项】按钮，2. 在弹出的菜单中选择【黑场视频】选项，如图 4-44 所示。

图 4-44

**第 2 步** 弹出【新建黑场视频】对话框，1. 在其中设置黑场参数，2. 设置完成后单击【确定】按钮，如图 4-45 所示。

**第 3 步** 通过上述步骤即可完成创建黑场视频素材的操作，如图 4-46 所示。

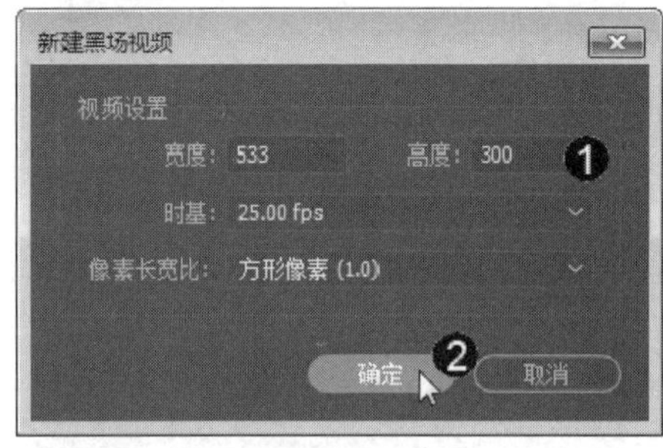


图 4-45

图 4-46

## 4.5.3 颜色遮罩

用户除了可以制作彩条素材、黑场素材之外，还可以制作颜色遮罩素材。下面详细介绍制作颜色遮罩素材的操作方法。

**第 1 步** 在【项目】面板下方，1. 单击【新建项】按钮，2. 在弹出的菜单中选择【颜色遮罩】选项，如图 4-47 所示。

**第 2 步** 弹出【新建颜色遮罩】对话框，1. 在其中设置遮罩参数，2. 设置完成后单击【确定】按钮，如图 4-48 所示。

**第 3 步** 弹出【拾色器】对话框，1. 在颜色区域中选择遮罩颜色，2. 单击【确定】按钮，如图 4-49 所示。

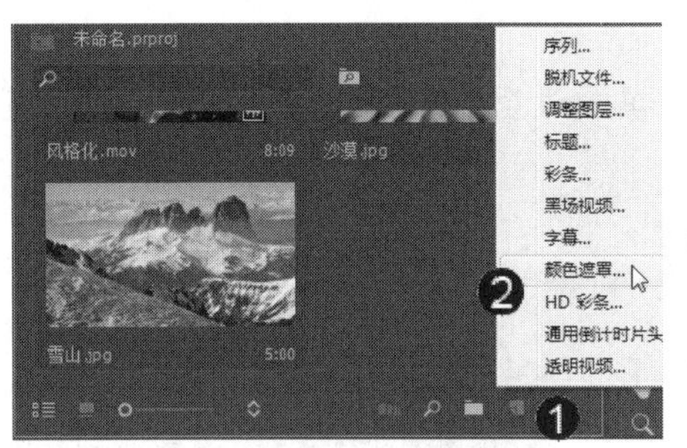


图 4-47

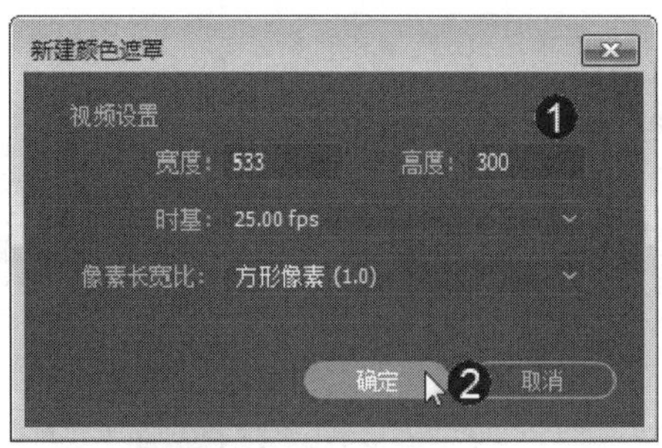


图 4-48

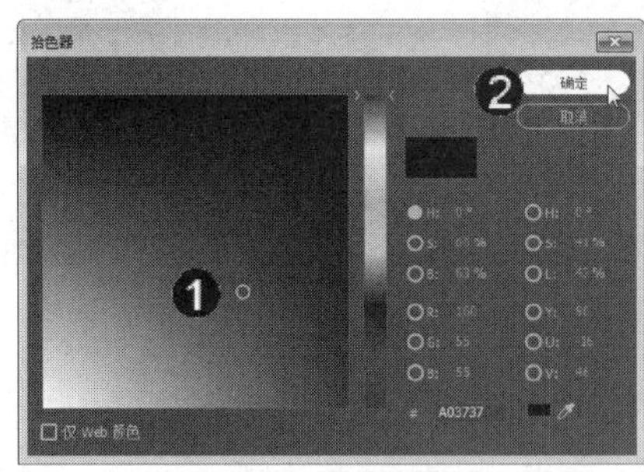


图 4-49

**第 4 步** 弹出【选择名称】对话框，*1.* 在【选择新遮罩的名称】文本框中输入名称，*2.* 单击【确定】按钮，如图 4-50 所示。

**第 5 步** 通过以上步骤即可完成创建颜色遮罩素材的操作，如图 4-51 所示。

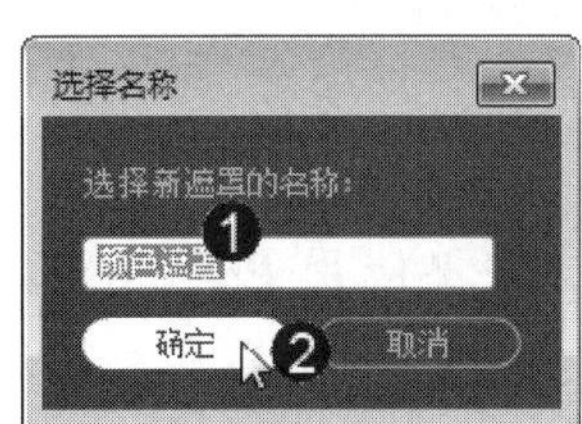


图 4-50

图 4-51

## 4.5.4　调整图层

调整图层是一个透明的图层，它能将特效应用到一系列的影片剪辑中而无须重复地复制和粘贴属性。只要应用一个特效到调整图层轨道上，特效结果将自动出现在下面的所有视频轨道中。下面详细介绍创建调整图层素材的操作方法。

**第 1 步** 在【项目】面板下方，*1.* 单击【新建项】按钮，*2.* 在弹出的菜单中选择【调整图层】选项，如图 4-52 所示。

**第 2 步** 弹出【调整图层】对话框，*1.* 在其中设置参数，*2.* 设置完成后单击【确定】按钮，如图 4-53 所示。

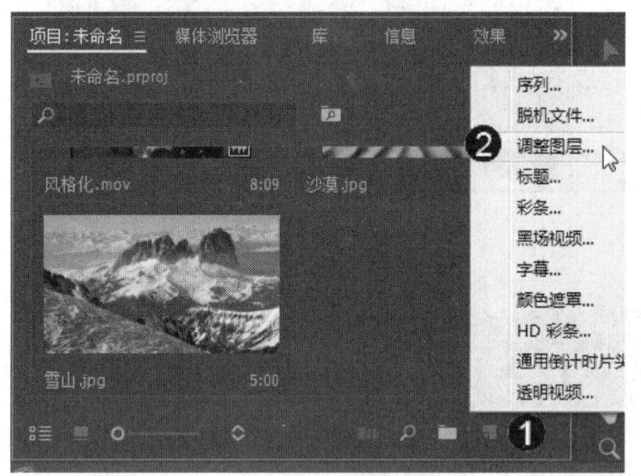


图 4-52

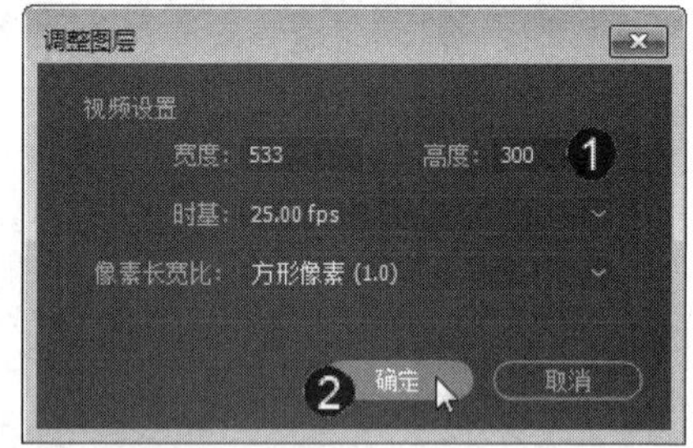


图 4-53

**第 3 步** 通过上述步骤即可完成创建调整图层素材的操作，如图 4-54 所示。

图 4-54

# 4.6 实践案例与上机指导

通过本章的学习，读者基本可以掌握使用 Premiere CC 剪辑与编辑视频素材的基本知识以及一些常见的操作方法。下面通过练习操作，以达到巩固学习、拓展提高的目的。

↑扫码看视频

## 4.6.1 编组和嵌套

在项目剪辑过程中，经常需要对多个素材进行整体操作，这时常用的两种方法是使用编组和嵌套命令。下面详细介绍编组和嵌套的操作方法。

素材保存路径：无

素材文件名称：无

**第 1 步** 在【时间轴】面板中选中要编组的所有素材，右键单击鼠标，在弹出的快捷菜单中选择【编组】命令，如图 4-55 所示。

**第 2 步** 通过以上步骤即可将多个素材进行编组，如图 4-56 所示。

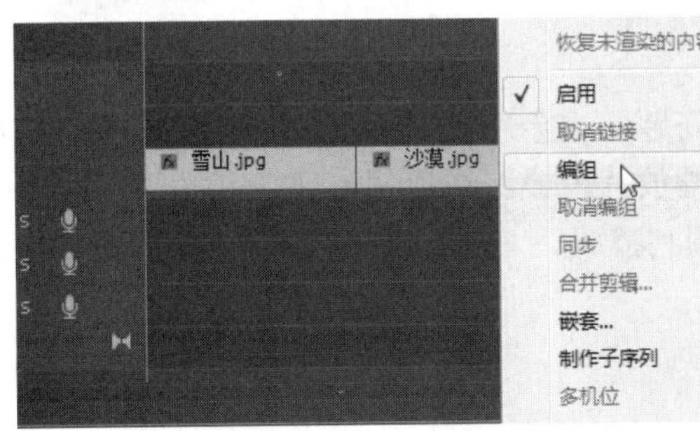


图 4-55

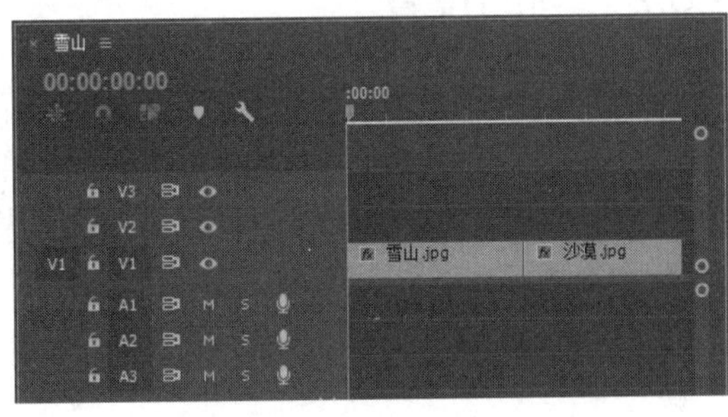


图 4-56

**第 3 步** 在【时间轴】面板中选中要嵌套的所有素材，右键单击鼠标，在弹出的快捷菜单中选择【嵌套】命令，如图 4-57 所示。

**第 4 步** 弹出【嵌套序列名称】对话框，*1.* 在【名称】文本框中输入名称，*2.* 单击【确定】按钮，如图 4-58 所示。

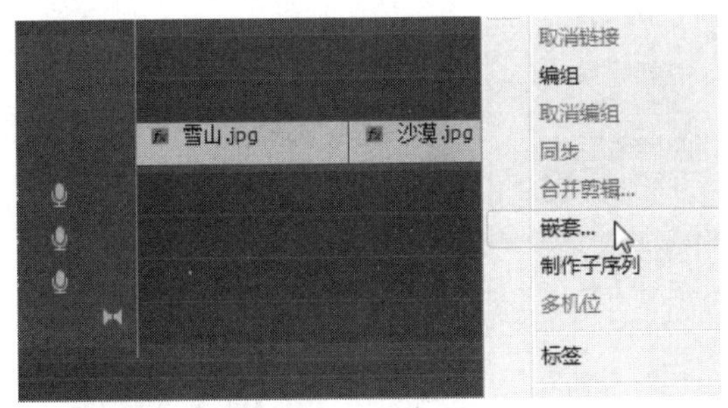


图 4-57

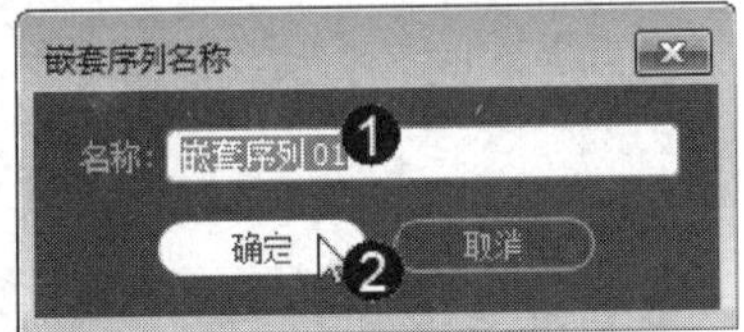


图 4-58

**第 5 步** 通过以上步骤即可将多个素材进行嵌套，如图 4-59 所示。

图 4-59

智慧锦囊

嵌套成为一个序列后是无法取消的，若不想使用嵌套序列，则双击嵌套序列，选中嵌套序列中的素材，单击鼠标右键，在弹出的快捷菜单中选择【剪切】命令，然后删除嵌套序列。

### 4.6.2 场的设置

在使用视频素材时，会遇到交错视频场的问题，这会严重影响最后的合成质量。在剪辑过程中，改变片段速度、输出胶片带、反向播放片段或冻结视频帧都有可能遇到场处理问题，我们需要正确地处理场设置来保证影片顺利播放。下面详细介绍场设置的操作方法。

素材保存路径：无

素材文件名称：无

**第 1 步** 用鼠标右键单击时间轴上的素材，在弹出的快捷菜单中选择【场选项】命令，如图 4-60 所示。

**第 2 步** 弹出【场选项】对话框，1. 在其中设置场参数，2. 单击【确定】按钮即可完成场设置的操作，如图 4-61 所示。

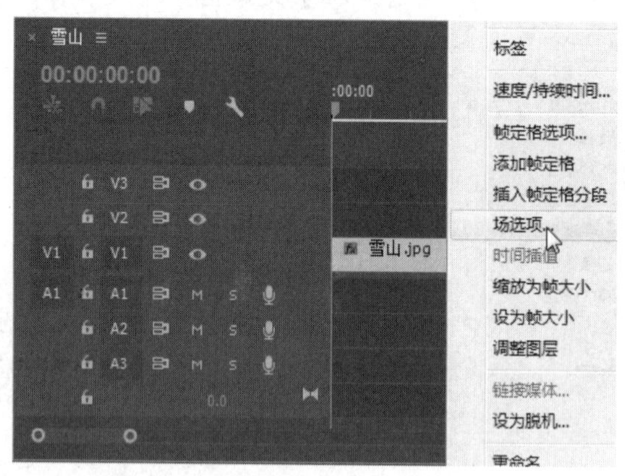


图 4-60

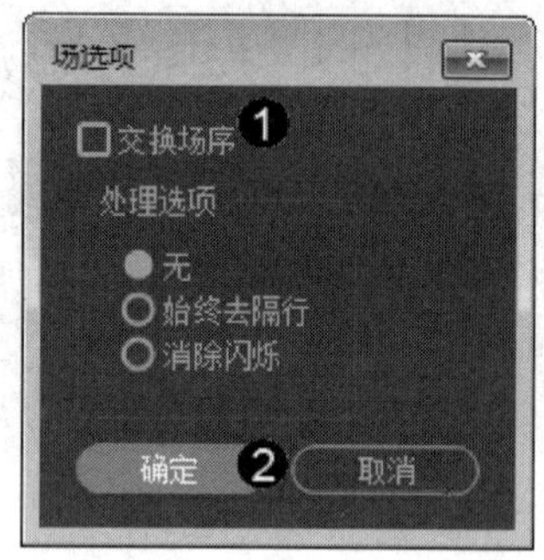


图 4-61

### 4.6.3 创建倒计时导向

倒计时导向常用于影片开始前的倒计时准备。下面详细介绍创建倒计时导向的方法。

素材保存路径：无

素材文件名称：无

**第 1 步** 在【项目】面板下方，1. 单击【新建项】按钮，2. 在弹出的菜单中选择【通用倒计时片头】选项，如图 4-62 所示。

**第 2 步** 弹出【新建通用倒计时片头】对话框，1. 在其中设置参数，2. 单击【确定】按钮，如图 4-63 所示。

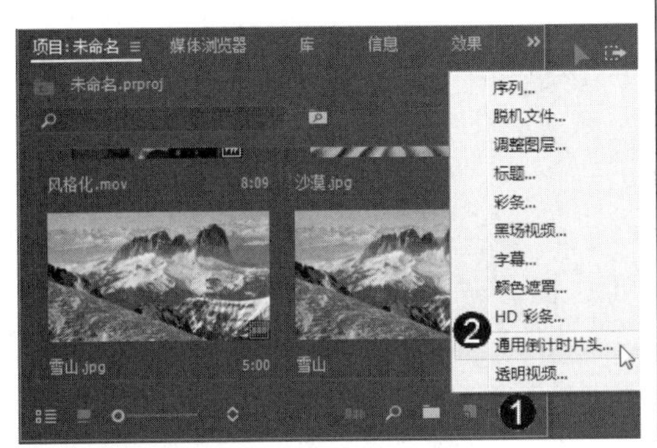


图 4-62

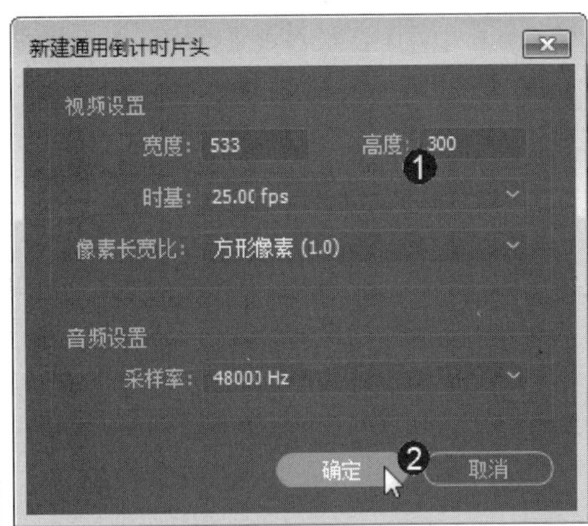


图 4-63

**第 3 步** 弹出【通用倒计时设置】对话框，1. 设置相应参数，2. 单击【确定】按钮，如图 4-64 所示。

**第 4 步** 通过以上步骤即可完成创建倒计时导向的操作，如图 4-65 所示。

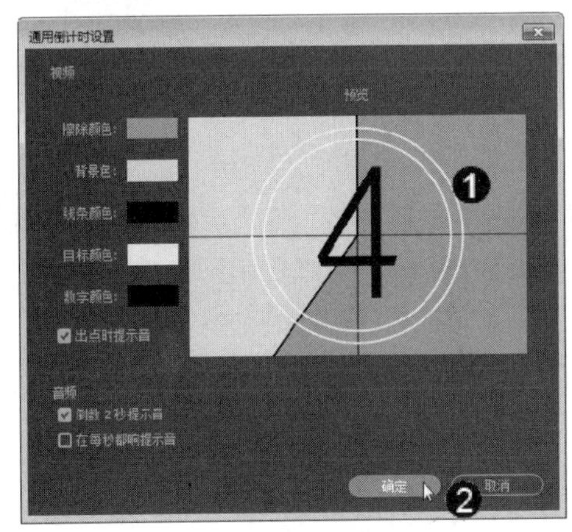


图 4-64

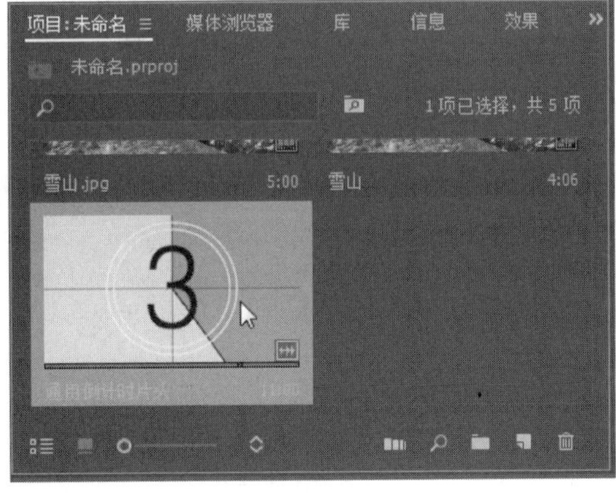


图 4-65

# 4.7　思考与练习

1. 填空题

(1) 【源】监视器面板的主要功能是_________，编辑影片时只需双击【项目】面板中的素材，即可通过【源】监视器面板预览其效果。

(2) 与直接在【时间轴】面板中进行的编辑操作相比，在监视器面板中编辑影片剪辑的优点是能够_________。

2. 判断题

(1) Premiere Pro CC 中的安全区分为字幕安全区与动作安全区。 ( )

(2) 在【源】监视器或【时间轴】面板中，在标尺上单击鼠标右键，在弹出的快捷菜单中选择【转到下一标记】命令，时间标记会自动跳转到下一标记的位置。 ( )

3. 思考题

(1) 如何创建调整图层素材?

(2) 如何设置场?

新起点电脑教程

# 第 5 章

## 设计与制作视频过渡效果

### 本章要点

- 镜头切换与过渡
- 预设动画效果
- 3D 运动
- 拆分过渡
- 变形与变色

### 本章主要内容

本章主要介绍镜头切换与过渡、预设动画效果、3D 运动和拆分过渡方面的知识与技巧，同时讲解了变形与变色视频过渡效果，在本章的最后还针对实际的工作需求，讲解了制作渐变擦除视频过渡效果、叠加溶解视频过渡效果和百叶窗视频过渡效果的方法。通过本章的学习，读者可以掌握设计与制作视频过渡效果方面的知识，为深入学习 Premiere CC 知识奠定基础。

# 5.1 镜头切换与过渡

视频过渡是指在镜头切换中加入过渡效果，这种技术被广泛应用于数字电视制作中，是比较普遍的技术手段。过渡的加入会使节目更富有表现力，影片风格更加突出。本节将详细介绍镜头切换与过渡的相关知识。

↑ 扫码看视频

## 5.1.1 视频过渡的原理

过渡就是指前一个素材逐渐消失，后一个素材逐渐出现的过程。这就需要素材之间有交叠的部分，即额外帧，使用额外帧作为过渡帧。

制作一部电影作品往往要用成百上千个镜头。这些镜头的画面和视角大都千差万别，直接将这些镜头连接在一起会让整部影片内容过渡不连贯。为此，在编辑影片时便需要在镜头之间添加视频过渡，使镜头与镜头之间的过渡更为自然、顺畅，使影片的视觉连续性更强。

## 5.1.2 设置视频过渡特效

将视频过渡特效添加到两个素材连接处后，在【时间轴】面板中选择添加的视频过渡特效，打开【效果控件】面板，即可设置该视频过渡特效的参数，如图 5-1 所示。

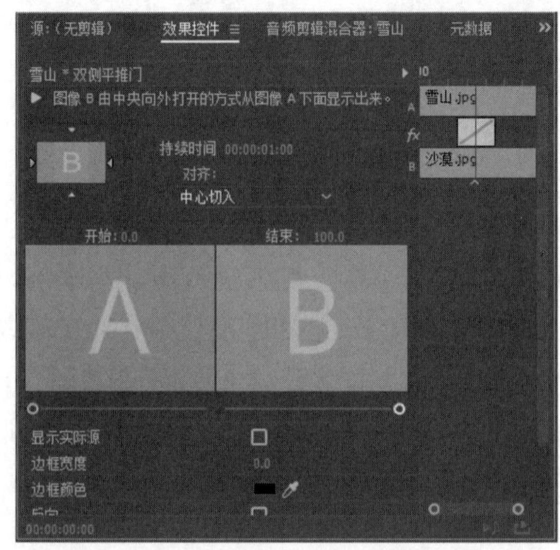


图 5-1

### 1. 设置视频过渡特效持续时间

在打开的【效果控件】面板中，用户可以通过设置【持续时间】参数，控制整个视频过渡特效的持续时间。该参数值越大，视频过渡特效持续时间越长；参数值越小，视频过渡特效持续时间越短，如图 5-2 所示。

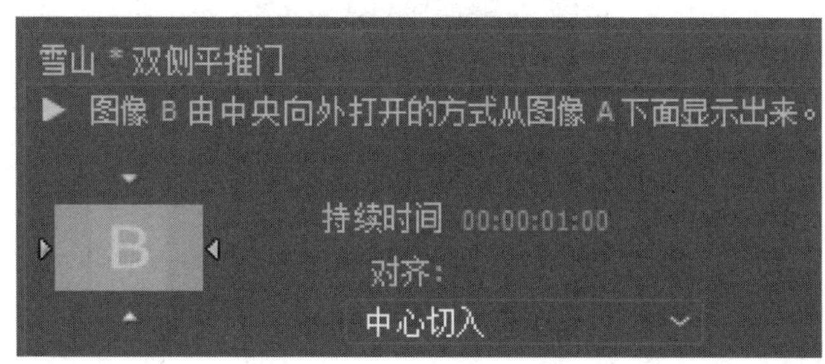


图 5-2

### 2. 设置视频过渡特效的开始位置

在【效果控件】面板的左上角，有一个用于控制视频过渡特效开始位置的控件，该控件因视频过渡特效的不同而不同。下面以“双侧平推门”视频过渡特效为例，介绍视频过渡开始位置的设置方法。

**第 1 步** 选中“双侧平推门”视频过渡特效，单击【效果控件】面板左上角的灰色按钮，选择“自西向东”作为视频过渡特效开始位置，如图 5-3 所示。

**第 2 步** 通过以上步骤即可完成设置视频过渡特效开始位置的操作，如图 5-4 所示。

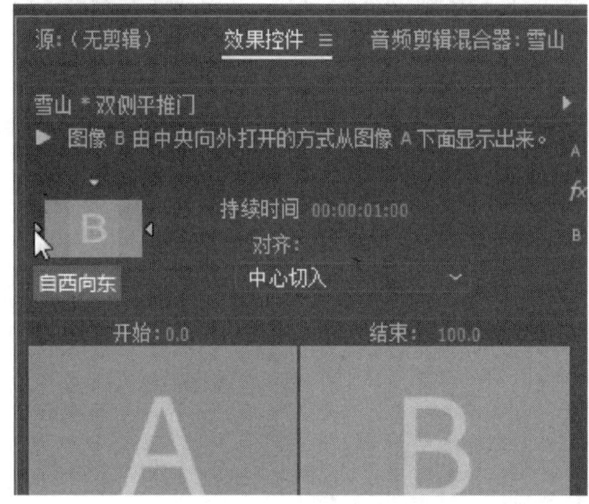


图 5-3

图 5-4

**智慧锦囊**

从上面的例子可以看出，视频过渡特效的开始位置是可以调整的，并且视频过渡特效只能以一个点为开始位置，无法以多个点为开始位置。

### 3. 设置特效对齐参数

在【效果控件】面板中，对齐参数用于控制视频过渡特效的切割对齐方式，这些对齐方式分别为“中心切入”“起点切入”“终点切入”及 “自定义起点”，如图 5-5 所示。

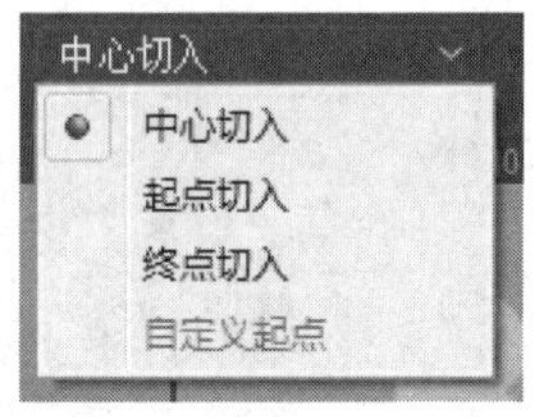


图 5-5

### 4. 显示实际素材

在【效果控件】面板中，有 A 和 B 两个视频过渡特效预览区域，分别用于显示应用于 A 和 B 两素材上的视频过渡效果。【显示实际源】参数表示在视频过渡特效预览区域显示实际的素材效果，默认状态为不启用，如图 5-6 和图 5-7 所示。

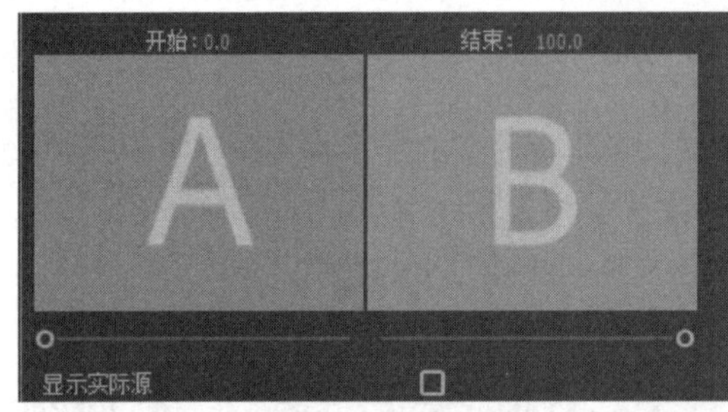


图 5-6

图 5-7

### 5. 控制视频过渡特效的开始、结束效果

在视频过渡特效预览区上方，有两个控制视频过渡特效开始、结束的控件，即开始、结束选项参数，如图 5-8 所示。

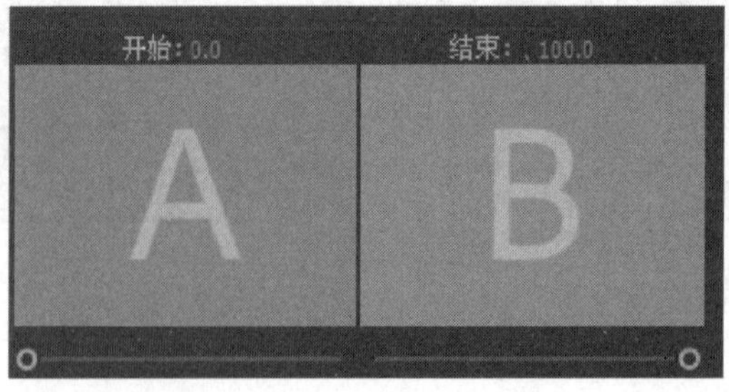


图 5-8

- 开始：开始参数用于控制视频过渡特效开始的位置，默认参数为 0。
- 结束：结束参数用于控制视频过渡特效结束的位置，默认参数为 100。

### 6. 设置边框大小及颜色

部分视频过渡特效在视频过渡的过程中会产生一定的边框效果，而在【效果控件】面板中就有用于控制这些边框效果的宽度、颜色的参数，如图 5-9 所示。

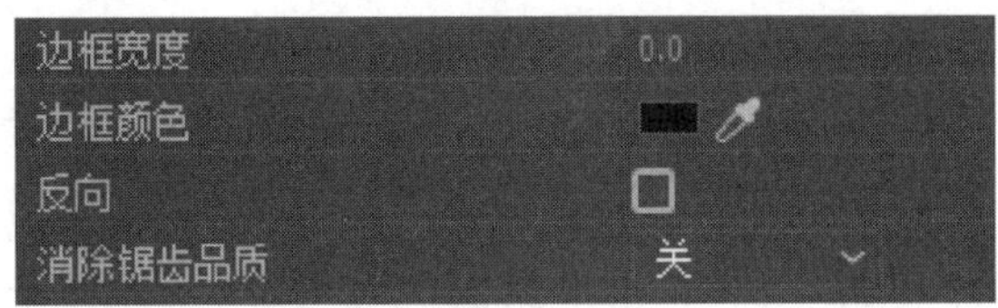


图 5-9

- 【边框宽度】选项：用于控制视频过渡特效在视频过渡过程中形成的边框的宽窄。该参数值越大，边框宽度就越大；该参数值越小，边框宽度就越小。默认值为 0。
- 【边框颜色】选项：用于控制边框的颜色。单击边框颜色参数后的色块，在弹出的【拾色器】对话框中设置边框的颜色参数。

## 5.1.3　清除与替换过渡

在编排镜头的过程中，有时很难预料镜头在添加视频过渡特效后会产生怎样的效果。此时，往往需要通过清除、替换的方法，尝试应用不同的过渡特效，并从中挑选出最合适的效果。

### 1. 清除

如果用户感觉当前应用的视频过渡特效不太合适，只需在【时间轴】面板中用鼠标右键单击视频过渡特效，在弹出的快捷菜单中选择【清除】命令，即可清除相应的视频过渡特效，如图 5-10 和图 5-11 所示。

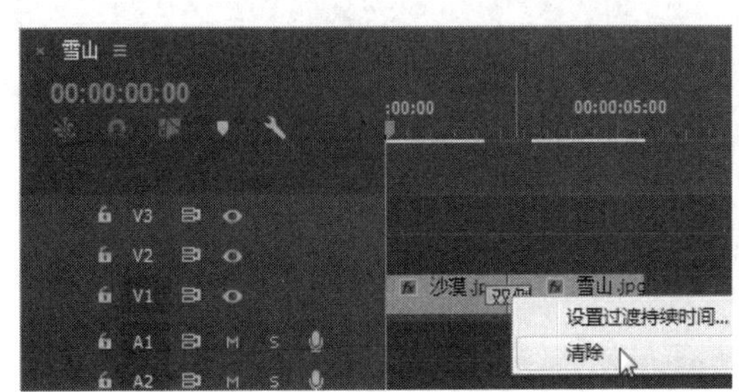


图 5-10

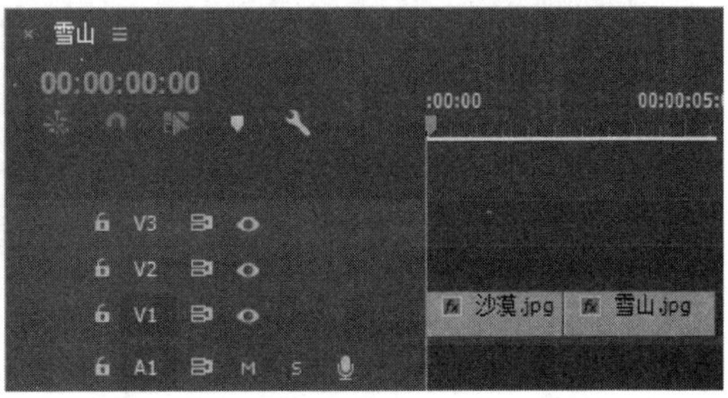

图 5-11

### 2. 替换

当修改项目时，往往需要使用新的过渡特效替换之前添加的过渡特效。从【效果】面板中，将所需要的视频或音频过渡特效拖放到序列中原有过渡特效上即可完成替换。与清除过渡特效后再添加新的过渡特效相比，使用替换过渡特效来更新镜头过渡特效的方法更为简便。

# 5.2 预设动画效果

Premiere Pro CC 针对素材中的各种情况准备了不同的效果，当不熟悉视频效果操作时，可以使用【预设】效果组中的各种效果，将其直接添加至素材中。本节将介绍预设动画效果方面的知识。

↑扫码看视频

## 5.2.1 画面效果

在【预设】效果组中，有一些效果是专门用来修饰视频画面的，比如“斜角边”和“卷积内核”效果。添加这些效果组中的预设效果，能够直接得到想要的效果。

### 1. 斜角边

将“斜角边”效果组中的效果添加至素材后，即可在视频画面中显示出相应的效果。该效果组中包括【厚斜角边】和【薄斜角边】效果，如图 5-12 和图 5-13 所示。

图 5-12

图 5-13

### 2. 卷积内核

【卷积内核】效果组包括查找边缘、浮雕、模糊、进一步模糊、灯光浮雕、进一步锐化、锐化、锐化边缘、高斯模糊、高斯锐化共 10 种效果，如图 5-14 所示。

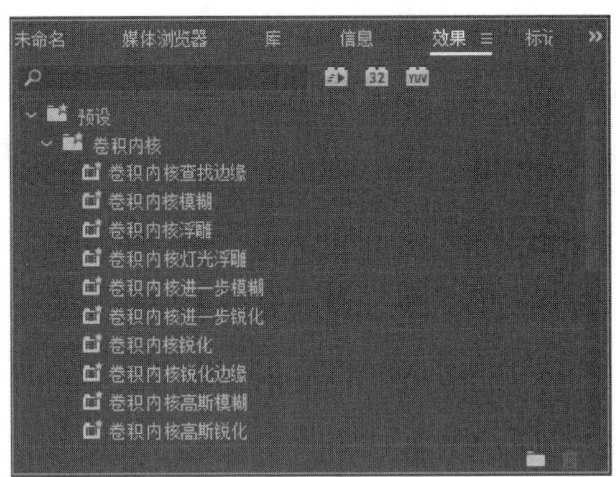


图 5-14

## 5.2.2　入画与出画预设动画

在【预设】效果组中，有一部分效果专门用来设置素材在播放的开始或结束时的画面效果。下面将详细介绍入画与出画预设动画的知识。

### 1. 扭曲

【扭曲】效果组能够为画面添加扭曲效果，如图 5-15 所示。该效果组包括【扭曲入点】和【扭曲出点】两个效果。这两个特效的效果相同，只是时间不同，一个是在素材播放开始时显示；一个是在素材播放结束时显示。

### 2. 过度曝光

【过度曝光】效果组是改变画面色调显示曝光效果，如图 5-16 所示为过度曝光入点效果。

图 5-15

图 5-16

### 3. 模糊

【模糊】效果组中同样包括入画与出画模糊动画，并且效果完全相反。图 5-17 所示为快速模糊入点效果。

图 5-17

4. 马赛克

【马赛克】效果组中的【马赛克入点】和【马赛克出点】是两个相反的动画效果，同时这两个效果分别设置在播放的前一秒或者后一秒，如图 5-18 所示。

图 5-18

5. 画中画

当两个或两个以上素材出现在同一时段时，要想同时查看效果，必须将位于上方的素材画面缩小。【画中画】效果组中准备了一种缩放尺寸的画中画效果——25%画幅，并且以该比例的画面为基准，设置了各种运动动画。【画中画】效果是通过在素材本身的【运动】选项组中的【位置】、【缩放】以及【旋转】选项中添加关键帧并设置参数来实现的。

# 5.3 3D 运动

三维运动类视频过渡主要体现在镜头之间的层次变化上，从而给观众带来一种从二维空间到三维空间的立体视觉效果。三维运动类视频过渡包含多种过渡方式。本节将详细介绍 3D 运动特效的知识。

↑扫码看视频

## 5.3.1 旋转式 3D 运动

旋转式三维运动效果最能够表现出三维对象在三维空间中的运动效果。而在【3D 运动】效果组中，包括多种旋转式的过渡效果。

在【旋转】视频过渡中，镜头二画面从镜头一画面的中心逐渐伸展开来，特征是镜头二画面的高度始终保持正常，变化的只是镜头二画面的宽度，如图 5-19 所示。

在【立方体旋转】过渡特效中，镜头一与镜头二画面都只是某个立方体的一个面，而整个过渡所展现的便是在立方体旋转过程中，画面从一面切换至另一个面的效果，如图 5-20 所示。

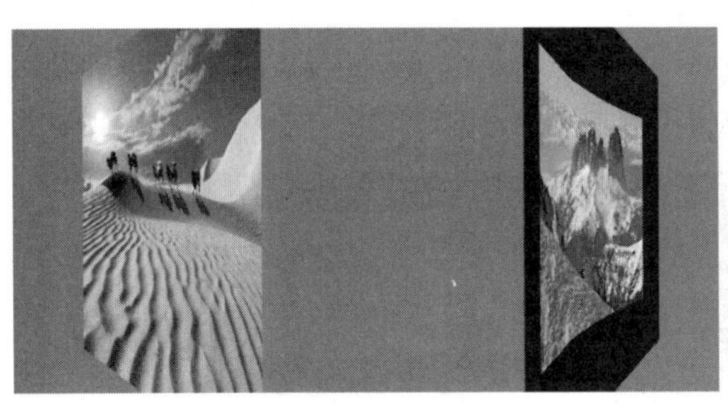

图 5-19

图 5-20

## 5.3.2 其他 3D 运动

在【3D 运动】视频过渡效果组中，除了三维旋转运动动画外，Premiere 还准备了折叠等三维运动过渡动画。

应用【向上折叠】视频过渡特效，第一个镜头中的画面将会像折纸一样折叠起来，从而显示出第二个镜头中的内容，如图 5-21 所示。

图 5-21

【帘式】视频过渡特效是前一个镜头将会在画面中心处被分割为两部分，并采用向两侧拉开窗帘的方式显示下一个镜头中的画面，如图 5-22 所示。【帘式】过渡多用于娱乐节目或 MTV 中，可以起到让影片更生动并具有立体感的效果。

图 5-22

【摆入】与【摆出】视频过渡特效都是采用镜头二画面覆盖镜头一画面进行切换的方式，两者的效果极其类似。其中【摆入】过渡采用的是镜头二画面的移动端由小到大进行变换，从而给人一种画面由屏幕下方摆入的效果，如图 5-23 所示。

图 5-23

与【摆入】过渡效果不同，【摆出】过渡采用的是镜头二画面的移动端由大到小进行变换，从而给人一种画面从屏幕上方进入的效果，如图 5-24 所示。

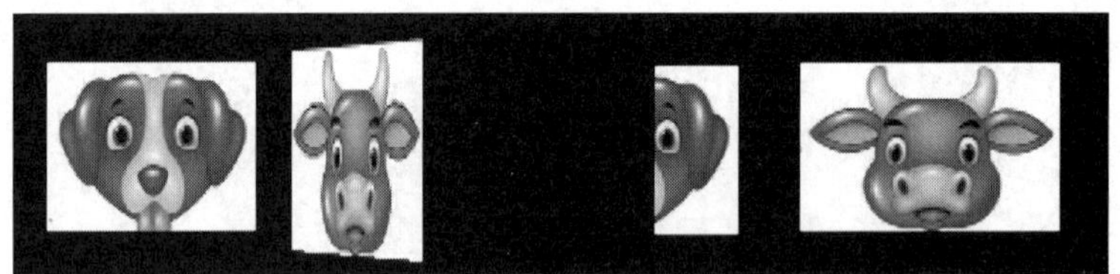

图 5-24

在【门】视频过渡效果中，镜头二画面会被一分为二，然后像两扇门一样被合拢。当镜头二画面的两部分完全合拢时，镜头一画面就会从屏幕上完全消失，整个视频过渡过程也就随之结束，如图 5-25 所示。

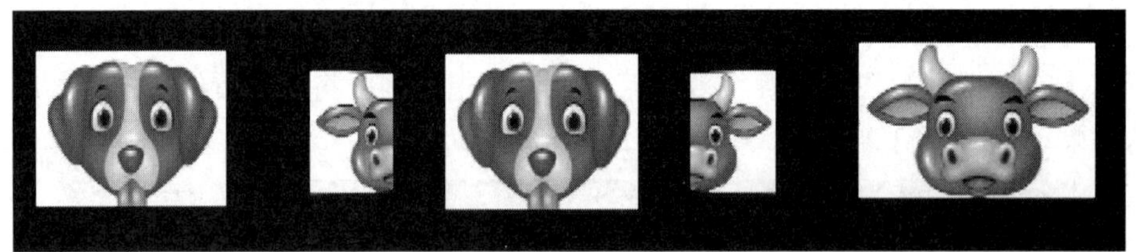

图 5-25

## 5.4 拆分过渡

在【视频过渡】效果组中，有一些效果组是通过拆分上一个素材画面来显示下一个素材画面的，比如划像、页面剥落、擦除以及滑动视频过渡特效等。本节将详细介绍拆分过渡效果的知识。

↑扫码看视频

### 5.4.1 划像

划像类视频过渡的特征是直接进行两镜头画面的交替切换，其方式通常是在前一镜头画面以划像方式退出的同时，后一镜头中的画面逐渐显现。

### 1. 交叉划像

在【交叉划像】视频过渡中，镜头二画面会以十字状的形态出现在镜头一画面中。随着十字的逐渐变大，镜头二画面会完全覆盖镜头一画面，从而完成划像过渡效果，如图 5-26 所示。

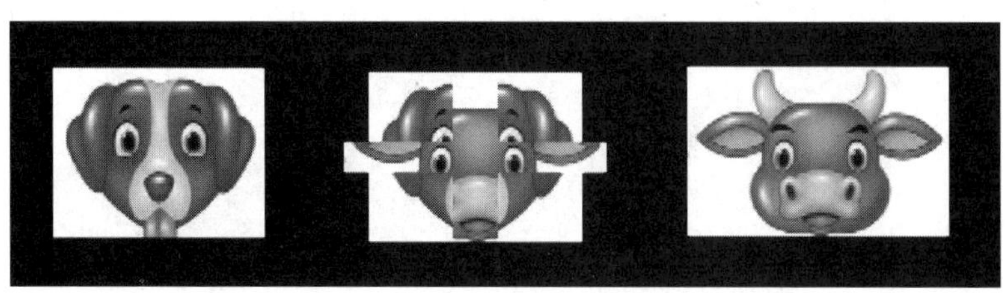

图 5-26

### 2. 圆划像、盒型划像和菱形划像

事实上，无论哪种样式的划像过渡，其表现形式除了划像形状不同外，本质上没有什么差别。在划像类过渡中，最为典型的是圆划像、星形划像这种以圆、星形等平面图形为蓝本，通过逐渐放大或缩小由平面图形所组成的透明部分来达到镜头切换的过渡效果，如图 5-27 所示。

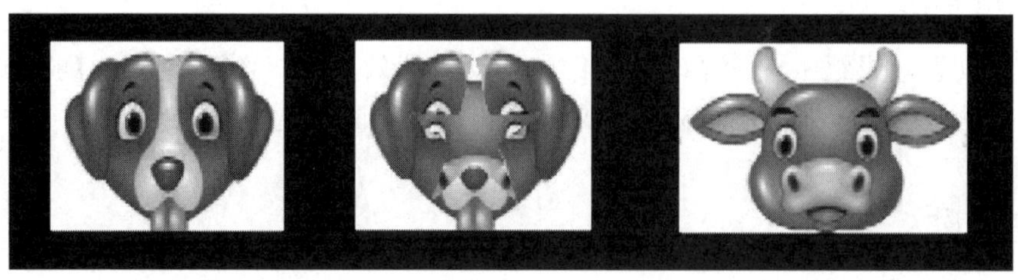

图 5-27

## 5.4.2　滑动

滑动类视频过渡主要通过画面的平移变化来实现镜头画面间的切换，其中共包括 12 种过渡样式。下面将详细介绍滑动类视频过渡特效的知识。

### 1. 中心拆分

【中心拆分】视频过渡特效的画面切换方式与【中心合并】视频过渡有相似之处。都是在将画面分割为 4 部分后，通过移动分割后的 4 部分画面的位置来完成画面切换。不同的是，【中心拆分】过渡中的镜头一画面通过向 4 角移动来完成画面切换，如图 5-28 所示。

### 2. 带状滑动

【带状滑动】过渡是在将镜头二的画面分割为多个带状切片后，将这些切片分为两队，然后同时从屏幕两侧划入，并覆盖镜头一的画面，如图 5-29 所示。

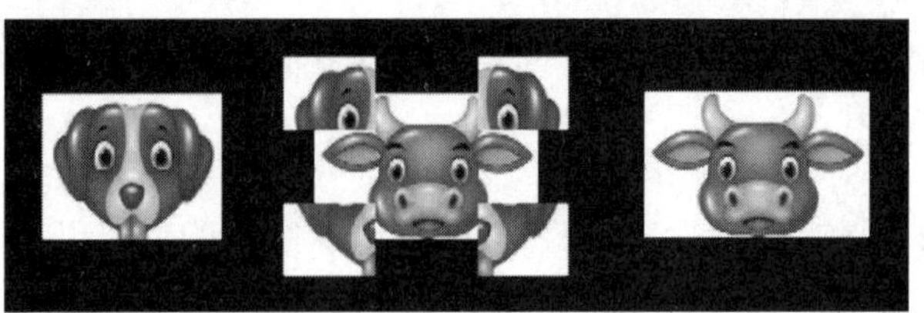

图 5-28

图 5-29

#### 3. 其他滑动过渡效果

在【滑动】效果组中，除了上面介绍的滑动过渡效果外，还可以通过【拆分】、【滑动】与【推】等各种样式的滑动效果，来实现更加丰富的滑动过渡效果。

### 5.4.3 擦除

擦除类视频过渡是在画面的不同位置，以多种不同形式来抹除镜头一画面，然后显现出镜头二画面。擦除类过渡共包括以下几种类型的视频过渡方式。

#### 1. 双侧平推门与划出

在【双侧平推门】视频过渡中，镜头二画面会以极小的宽度，但高度与屏幕相同的尺寸显现在屏幕中央。接下来，镜头二画面会向左右两边同时伸展覆盖镜头一画面，直至铺满整个屏幕为止，如图 5-30 所示。

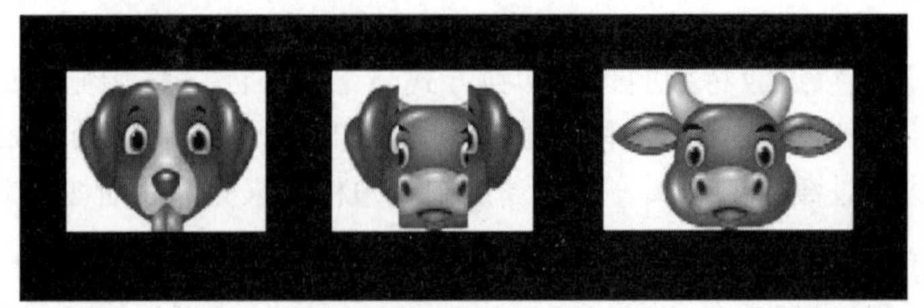

图 5-30

相比之下，【划出】过渡的效果则较为简单。应用【划出】过渡效果后，镜头二画面会从屏幕一侧显现出来，并快速推向屏幕另一侧，直到镜头二画面全部占据屏幕为止，如图 5-31 所示。

图 5-31

### 2. 带状擦除

【带状擦除】过渡是一种采用矩形条带左右交叉的形式来擦除镜头一画面，从而显示镜头二画面，如图 5-32 所示。

在时间轴上选择【带状擦除】过渡，单击【效果控件】面板中的【自定义】按钮，在弹出的【带状擦除设置】对话框中可以设置条带的数量，如图 5-33 所示。

图 5-32

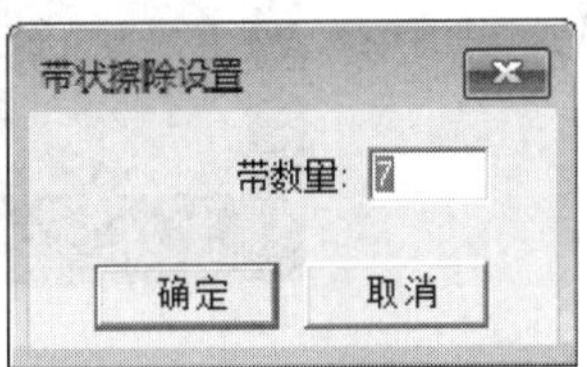


图 5-33

### 3. 径向擦除、时钟式擦除和楔形擦除

【径向擦除】过渡是一种以屏幕的某一角作为圆心，以顺时针方向擦除镜头一画面，从而显现出后面的镜头二画面，如图 5-34 所示。

图 5-34

相比之下，【时钟式擦除】过渡则是以屏幕中心为圆心，采用时钟转动的方式擦除镜头一画面，如图 5-35 所示。

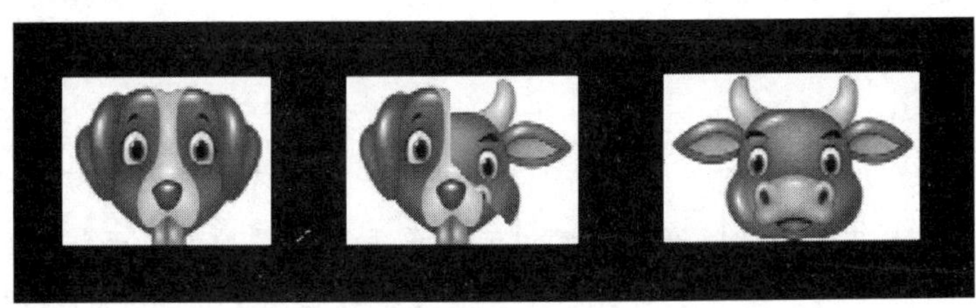

图 5-35

【楔形擦除】过渡同样是将屏幕中心作为圆心，不过在擦除镜头一画面时采用的是扇状图形，如图 5-36 所示。

图 5-36

4. 插入

【插入】过渡通过一个逐渐放大的矩形框，将镜头一画面从屏幕某一角开始擦除，直至完全显现出镜头二画面为止，如图 5-37 所示。

图 5-37

5. 棋盘和棋盘擦除

在【棋盘】视频过渡中，屏幕画面会被分割成大小相等的方格。随着【棋盘】过渡的播放，会以棋盘格的方式将镜头一画面替换为镜头二画面，如图 5-38 所示。

在选择【棋盘】过渡后，单击【效果控件】面板中的【自定义】按钮，在弹出的【棋盘设置】对话框中可以设置棋盘中的纵横切片数量，如图 5-39 所示。

图 5-38

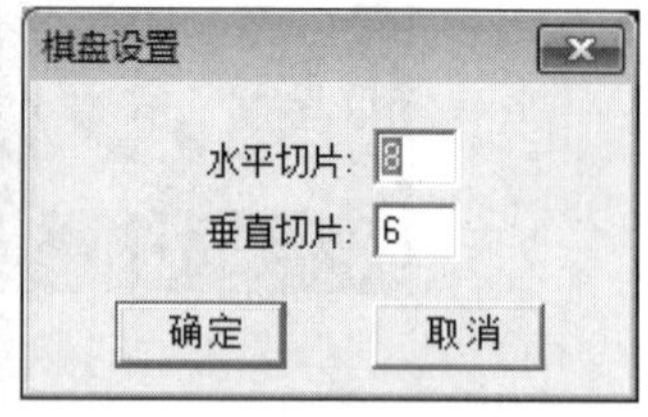


图 5-39

【棋盘擦除】视频过渡是将镜头二中的画面分成若干方块后，从指定方向同时进行划像操作，从而覆盖镜头一画面，如图 5-40 所示。

智慧锦囊

在时间轴上选中【棋盘擦除】视频过渡，单击【效果控件】面板中的【自定义】按钮，可在弹出的【棋盘设置】对话框中设置【棋盘擦除】过渡中的纵横切片数量。

图 5-40

### 6. 其他擦除过渡效果

【擦除】效果组中其他效果的使用方法与上述效果基本相同，只是过渡样式有所不同，比如【水波块】、【螺旋框】、【油漆飞溅】、【百叶窗】、【风车】、【渐变擦除】、【随机块】和【随机擦除】等过渡效果。

## 5.4.4 页面剥落

从切换方式上来看，页面剥落类视频过渡与部分 GPU(Graphic Processing Unit，图形处理器)类视频过渡类似。两者的不同之处在于，GPU 过渡的立体效果更为明显、逼真，而页面剥落类视频过渡仅关注镜头切换时的视觉表现方式。

### 1. 页面剥落

【页面剥落】视频过渡是采用揭开整张画面的方式让镜头一画面退出屏幕，同时让镜头二画面呈现出来，如图 5-41 所示。

图 5-41

### 2. 翻页

【翻页】过渡是将屏幕一角揭开后，拖向屏幕的另一角，如图 5-42 所示。

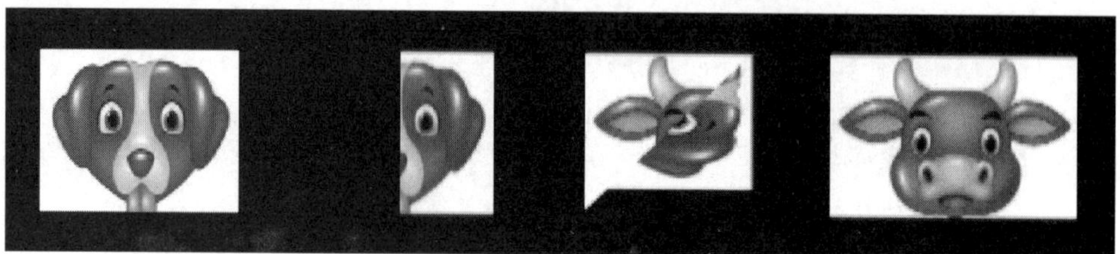

图 5-42

# 5.5 变形与变色

↑扫码看视频

在【视频过渡】效果组中，有一些过渡动画是通过改变素材画面形状，使该素材消失，因此被称为变形过渡效果。还有一些是通过色彩变化来实现视频过渡，被称为色彩过渡效果。

## 5.5.1 缩放

缩放视频过渡效果是通过快速切换缩小与放大的镜头画面来完成视频过渡任务的。【交叉缩放】视频过渡是在将镜头一画面放大后，使用同样经过放大的镜头二画面代替镜头一画面，然后将镜头二画面恢复至正常比例，如图 5-43 所示。

图 5-43

## 5.5.2 溶解

溶解类视频过渡主要以淡入淡出的形式来完成不同镜头间的切换。在这类过渡中，前一个镜头画面以柔和的方式过渡到后一个镜头画面。

### 1. 交叉溶解

【交叉溶解】过渡是最基础、最简单的叠化过渡。在【交叉溶解】视频过渡中，随着镜头一画面的透明度越来越高(淡出，即逐渐消隐)，镜头二画面的透明度变得越来越低(淡入，即逐渐显现)，直至在屏幕上完全取代镜头一画面，如图 5-44 所示。

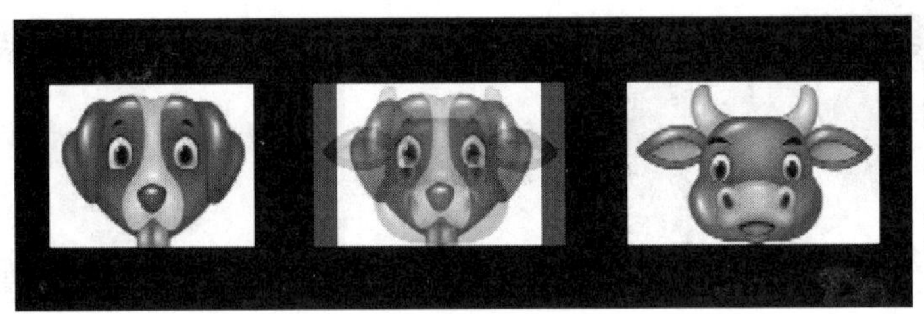

图 5-44

### 2. 渐隐为白色与渐隐为黑色

渐隐为白色，是指镜头一画面在逐渐变为白色后，屏幕内容再从白色逐渐变为镜头二画面，如图 5-45 所示。

图 5-45

渐隐为黑色，是指镜头一画面在逐渐变为黑色后，屏幕内容再由黑色逐渐变为镜头二画面，如图 5-46 所示。

图 5-46

### 3. 叠加溶解与非叠加溶解

【叠加溶解】过渡是在镜头一和镜头二画面淡入淡出的同时，附加一种屏幕内容逐渐过曝并消隐的效果，如图 5-47 所示。

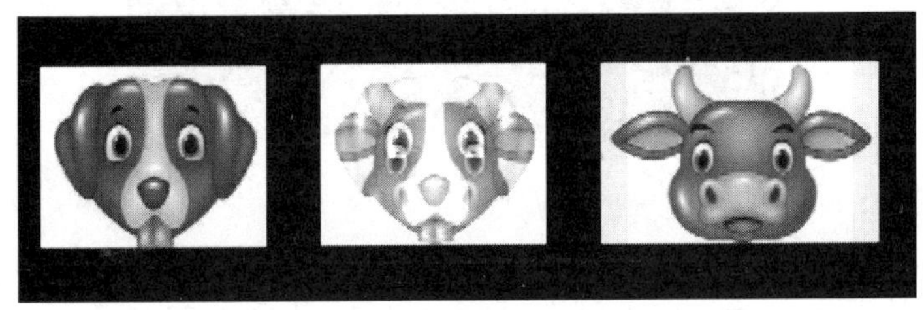

图 5-47

【非叠加溶解】过渡是用镜头二画面直接替代镜头一画面。在画面交替的过程中，交替的部分呈现不规则形状，画面内容交替的顺序由画面的颜色决定，如图 5-48 所示。

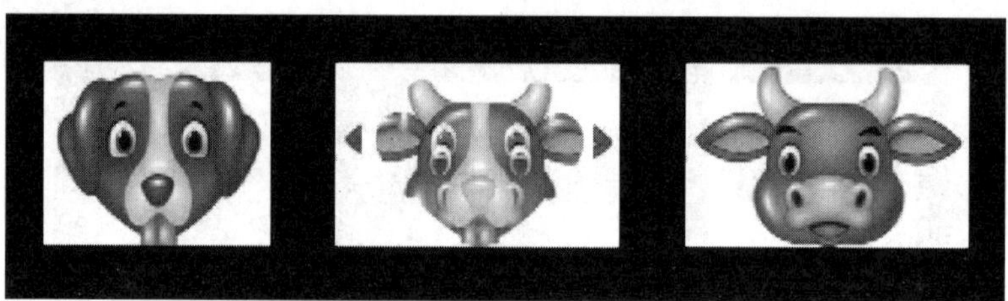

图 5-48

# 5.6 实践案例与上机指导

通过本章的学习，读者基本可以掌握设计与制作视频过渡效果的基本知识以及一些常见的操作方法。下面通过练习操作，以达到巩固学习、拓展提高的目的。

↑扫码看视频

## 5.6.1 制作渐变擦除视频过渡效果

本例将添加【擦除】视频过渡效果组中的【渐变擦除】效果，下面详细介绍操作方法。

素材保存路径：配套素材\第 5 章

素材文件名称：效果-渐变擦除.prproj、沙漠.jpg、雪山.jpg

**第 1 步** 将素材文件依次拖曳到时间轴中的 V1 轨道上，如图 5-49 所示。

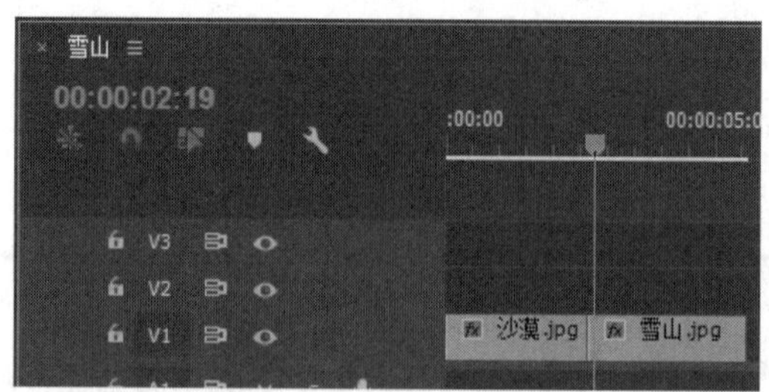


图 5-49

**第 2 步** 在【效果】面板中，将【视频过渡】→【擦除】卷展栏下的【渐变擦除】过渡效果拖曳到“沙漠.jpg”和“雪山.jpg”素材的中间，如图 5-50 所示。

**第 3 步** 弹出【渐变擦除设置】对话框，**1.** 在【柔和度】文本框中输入数值，**2.** 单击【确定】按钮，如图 5-51 所示。

**第 4 步** 在【效果控件】面板中的【持续时间】文本框中设置时间，如图 5-52 所示。

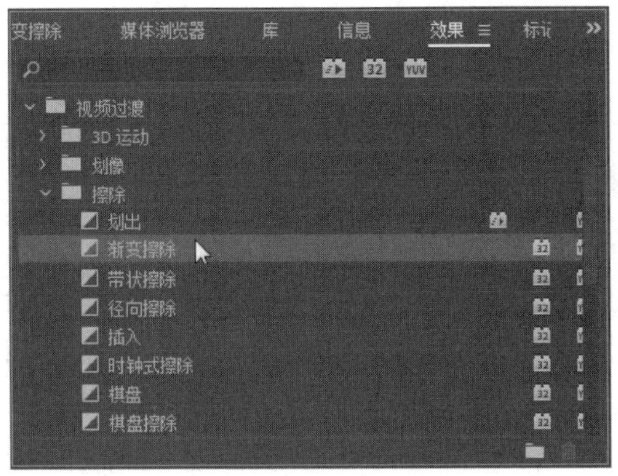


图 5-50

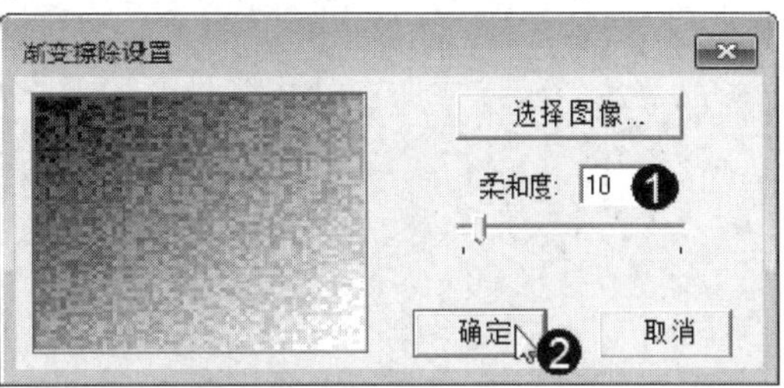


图 5-51

**第 5 步** 在【节目】面板中可浏览该特效的视频过渡变化效果。通过以上步骤即可完成设置渐变擦除过渡效果的操作，如图 5-53 所示。

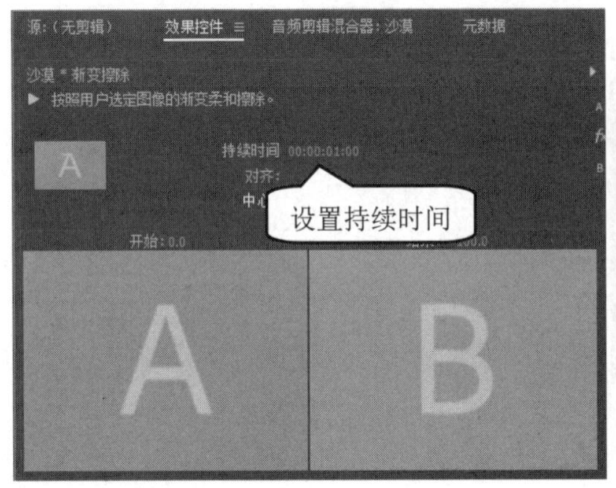


图 5-52

图 5-53

## 5.6.2　制作叠加溶解视频过渡效果

本例将添加【溶解】视频过渡效果组中的【叠加溶解】效果，下面详细介绍操作方法。

素材保存路径：配套素材\第 5 章

素材文件名称：效果-叠加溶解.prproj、大海.jpg、草原.jpg

**第 1 步** 将素材文件依次拖曳到时间轴中的 V1 轨道上，如图 5-54 所示。

**第 2 步** 在【效果】面板中，将【视频过渡】→【溶解】卷展栏下的【叠加溶解】过渡效果拖曳到“大海.jpg”和“草原.jpg”素材的中间，如图 5-55 所示。

**第 3 步** 在【效果控件】面板中的【对齐】下拉列表框中选择【终点切入】选项，如图 5-56 所示。

**第 4 步** 在【节目】面板中可浏览该特效的视频过渡变化效果。通过以上步骤即可完成制作叠加溶解视频过渡效果的操作，如图 5-57 所示。

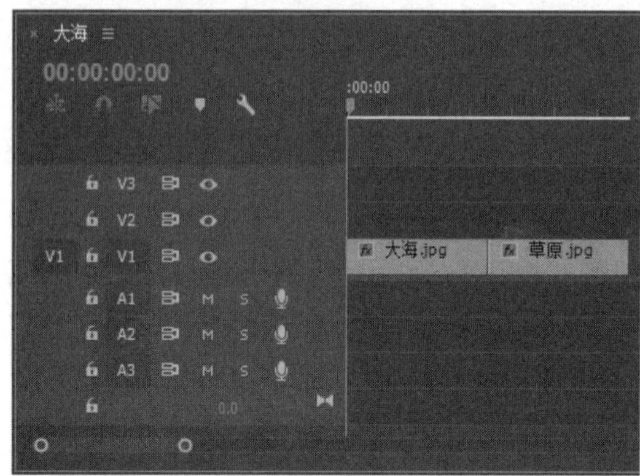


图 5-54

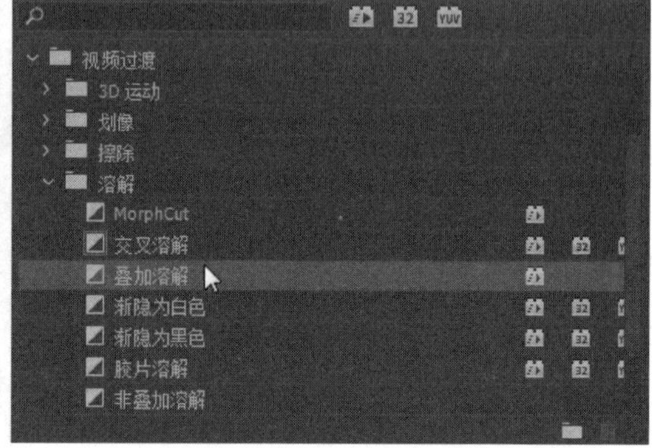


图 5-55

图 5-56

图 5-57

## 5.6.3 制作百叶窗视频过渡效果

本例将添加【擦除】视频过渡效果组中的【百叶窗】效果，下面详细介绍操作方法。

素材保存路径：配套素材\第 5 章

素材文件名称：效果-百叶窗.prproj、大海.jpg、草原.jpg

**第 1 步** 将素材文件依次拖曳到时间轴中的 V1 轨道上，如图 5-58 所示。

**第 2 步** 在【效果】面板中，将【视频过渡】→【擦除】卷展栏下的【百叶窗】过渡效果拖曳到“大海.jpg”和“草原.jpg”素材的中间，如图 5-59 所示。

**第 3 步** 在【效果控件】面板中的左上角单击【自东向西】三角箭头，选择过渡效果开始的位置，如图 5-60 所示。

**第 4 步** 在【节目】面板中可浏览该特效的视频过渡变化效果。通过以上步骤即可完成制作百叶窗视频过渡效果的操作，如图 5-61 所示。

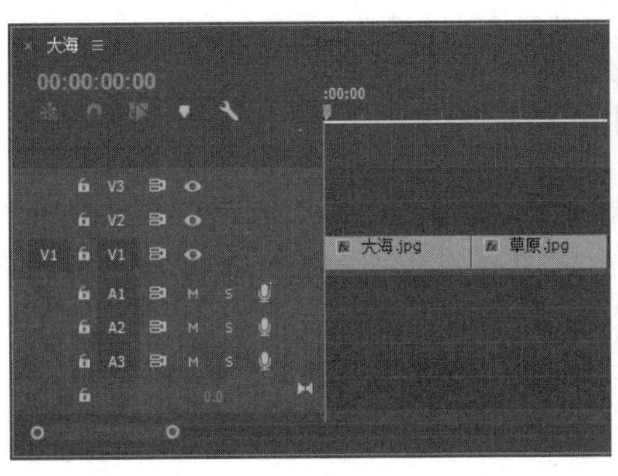


图 5-58

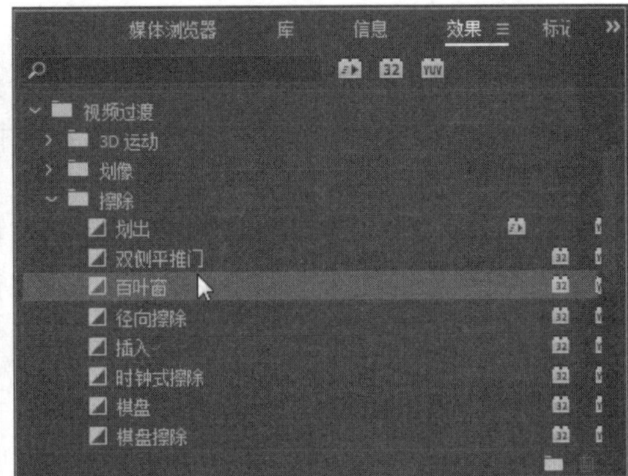


图 5-59

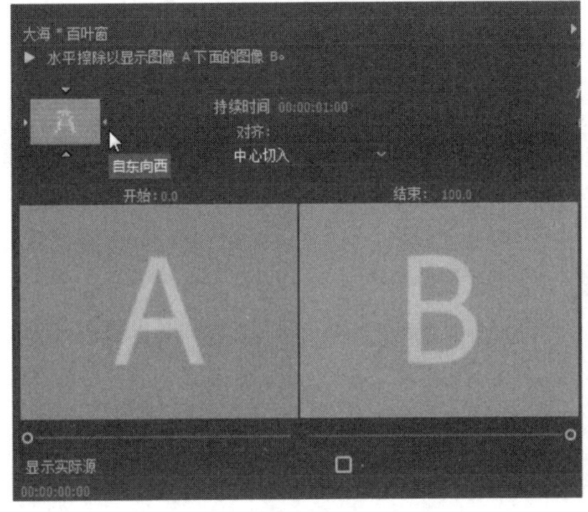


图 5-60

图 5-61

## 5.7　思考与练习

### 1. 填空题

(1) 过渡就是指前一个素材逐渐消失，后一个素材逐渐出现的过程。这就需要素材之间有________，即________，使用额外帧作为过渡帧。

(2) 在打开的【效果控件】面板中，用户可以通过设置________参数，控制整个视频过渡特效的持续时间。该参数值越大，视频过渡特效持续时间________，参数值越小，视频过渡特效持续时间________。

(3) 在【效果控件】面板中，对齐参数用于控制视频过渡特效的切割对齐方式，这些对齐方式分别为“中心切入”______“终点切入”及________4 种。

### 2. 判断题

(1) 【边框宽度】选项用于控制视频过渡特效在视频过渡过程中形成的边框的宽窄。该

参数值越大，边框宽度就越大；该参数值越小，边框宽度就越小。默认值为 0。 ( )

(2) 如果用户感觉当前应用的视频过渡特效不太合适时，只需在【时间轴】面板中鼠标右键单击视频过渡特效，在弹出的快捷菜单中选择【清除】命令，即可清除相应的视频过渡特效。 ( )

(3) 【斜角边】效果组的效果包括查找边缘、浮雕、模糊、进一步模糊、灯光浮雕、进一步锐化、锐化、锐化边缘、高斯模糊、高斯锐化共 10 种效果。 ( )

3. 思考题

(1) 如何创建渐变擦除视频过渡效果？

(2) 如何创建百叶窗视频过渡效果？

(3) 如何创建叠加溶解视频过渡效果？

新起点 电脑教程

# 第 6 章

# 设计与编辑字幕

## 本章要点

- 创建字幕
- 创建图形对象
- 设置字幕属性
- 字幕样式设计

## 本章主要内容

本章主要介绍了创建字幕、创建图形对象和设置字幕属性方面的知识与技巧，同时讲解了字幕的样式设计，在本章的最后还针对实际的工作需求，讲解了制作旋转字幕、制作路径字幕和制作水平滚动字幕的方法。通过本章的学习，读者可以掌握设计与编辑字幕基础操作方面的知识，为深入学习 Premiere CC 知识奠定基础。

# 6.1 创建字幕

在影视节目中，字幕是必不可少的。字幕可以帮助影片更完整地展现相关信息内容，起到解释画面、补充内容等作用。字幕的设计主要包括添加字幕、提示文字、标题文字等信息表现元素。

↑ 扫码看视频

## 6.1.1 字幕工作区

在 Premiere 中，所有字幕都是在字幕工作区域内创建完成的。在该工作区域中，不仅可以创建和编辑静态字幕，还可以制作出各种动态的字幕效果。下面详细介绍打开字幕工作区的操作方法。

**第 1 步** 启动 Premiere CC 程序，*1.* 单击【文件】主菜单，*2.* 在弹出的菜单中选择【新建】选项，*3.* 在弹出的子菜单中选择【字幕】选项，如图 6-1 所示。

**第 2 步** 弹出【新建字幕】对话框，单击【确定】按钮，如图 6-2 所示。

图 6-1

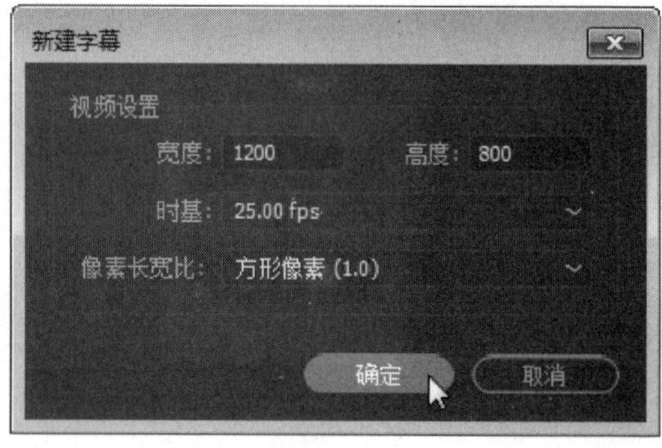


图 6-2

**第 3 步** 通过以上步骤即可打开字幕工作区，如图 6-3 所示。

图 6-3

智慧锦囊

在字幕工作区中，在默认工具状态下，用户在显示素材画面的区域内单击鼠标，即可输入文字内容。

### 1. 【字幕】面板

该面板是创建、编辑字幕的主要工作场所，用户不仅可以在该面板中直观地了解字幕应用于影片后的效果，还可以直接对其进行修改。【字幕】面板分为属性栏和编辑窗口两部分，其中编辑窗口是创建和编辑字幕的区域，而属性栏内则含有【字体系列】、【字体样式】等字幕对象的常见属性设置项，以便快速调整字幕对象，从而提高创建及修改字幕时的工作效率，如图 6-4 所示。

### 2. 字幕工具面板

字幕工具面板内放置着制作和编辑字幕时所要用到的工具。利用这些工具，用户不仅可以在字幕内加入文本，还可以绘制简单的集合图形，如图 6-5 所示。

图 6-4

图 6-5

- 【选择工具】按钮：利用该工具，只需在【字幕】面板内单击文本或图形，即可选择这些对象。选中对象后，所选对象的周围将会出现多个角点，按住 Shift 键还可以选择多个对象。
- 【旋转工具】按钮：用于对文本进行旋转操作。
- 【文字工具】按钮：该工具用于输入水平方向上的文字。
- 【垂直文字工具】按钮：该工具用于在垂直方向上输入文字。
- 【区域文字工具】按钮：可用于在水平方向上输入多行文字。
- 【垂直区域文字工具】按钮：可在垂直方向上输入多行文字。
- 【路径文字工具】按钮：可沿弯曲的路径输入垂直于路径的文本。

- 【钢笔工具】按钮：用于创建和调整路径。此外，还可以通过调整路径的形状而影响由【路径文字工具】和【垂直路径文字工具】按钮所创建的路径文字。
- 【添加锚点工具】按钮：可以增加路径上的节点，常与【钢笔工具】按钮结合使用。路径上的节点数量越多，用户对路径的控制也就越灵活，路径所能够呈现出的形状也就越复杂。
- 【删除锚点工具】按钮：可以减少路径上的节点，也常与【钢笔工具】按钮结合使用。当使用【删除锚点工具】按钮将路径上的所有节点删除后，该路径对象也会随之消失。
- 【转换锚点工具】按钮：路径内每个节点都包含两个控制柄，而【转换锚点工具】按钮的作用就是通过调整节点上的控制柄，达到调整路径形状的作用。
- 【矩形工具】按钮：用于绘制矩形图形，配合 Shift 键使用时可以绘制正方形。
- 【圆角矩形工具】按钮：用于绘制圆角矩形，配合 Shift 键使用时可以绘制出长宽相等的圆角矩形。
- 【切角矩形工具】按钮：用于绘制八边形，配合 Shift 键使用时可以绘制出正八边形。
- 【圆角矩形工具】按钮：该工具用于绘制类似于胶囊的图形，所绘制的图形与上一个【圆角矩形工具】按钮绘制出的图形的差别在于：此圆角矩形只有 2 条直线边，上一个圆角矩形有 4 条直线边。
- 【楔形工具】按钮：用于绘制不同样式的三角形。
- 【弧形工具】按钮：用于绘制封闭的弧形对象。
- 【椭圆工具】按钮：该工具用于绘制椭圆形。
- 【直线工具】按钮：用于绘制直线。

**智慧锦囊**

Premiere 字幕内的路径是一种既可以反复调整的曲线对象，又是具有填充颜色、线宽等文本或图形属性的特殊对象。

### 3. 【字幕动作】面板

该面板内的工具在【字幕】面板的编辑窗口对齐或排列所选对象时使用，如图 6-6 所示。其中，各工具的作用如下。

- 【水平靠左】按钮：所选对象以最左侧对象的左边线为基准进行对齐。
- 【水平居中】按钮：所选对象以中间对象的水平中线为基准进行对齐。
- 【水平靠右】按钮：所选对象以最右侧对象的右边线为基准进行对齐。
- 【垂直靠上】按钮：所选对象以最上方对象的顶边线为基准进行对齐。
- 【垂直居中】按钮：所选对象以中间对象的垂直中线为基准进行对齐。
- 【垂直靠下】按钮：所选对象以最下方对象的底边线为基准进行对齐。
- 【水平居中】按钮：在垂直方向上，与视频画面的水平中心保持一致。
- 【垂直居中】按钮：在水平方向上，与视频画面的垂直中心保持一致。

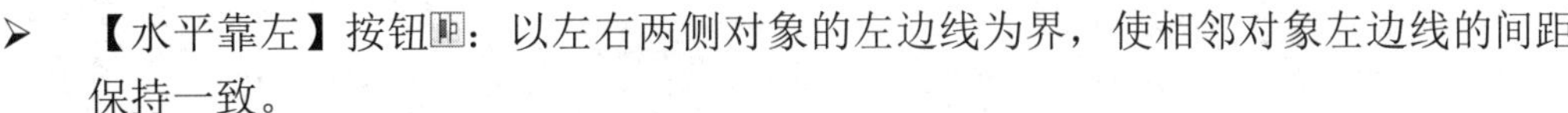


- 【水平靠左】按钮：以左右两侧对象的左边线为界，使相邻对象左边线的间距保持一致。
- 【水平居中】按钮：以左右两侧对象的垂直中心线为界，使相邻对象中心线的间距保持一致。
- 【水平靠右】按钮：以左右两侧对象的右边线为界，使相邻对象右边线的间距保持一致。
- 【水平等距间隔】按钮：以左右两侧对象为界，使相邻对象的垂直间距保持一致。
- 【垂直靠上】按钮：以上下两侧对象的顶边线为界，使相邻对象顶边线的间距保持一致。
- 【垂直居中】按钮：以上下两侧对象的水平中心线为界，使相邻对象中心线的间距保持一致。
- 【垂直靠下】按钮：以上下两侧对象的底边线为界，使相邻对象底边线的间距保持一致。
- 【垂直等距间隔】按钮：以上下两侧对象为界，使相邻对象水平间距保持一致。

### 4. 【字幕样式】面板

该面板存放着 Premiere 内的各种预置字幕样式。利用这些字幕样式，用户只需创建字幕内容后，即可快速获得各种精美的字幕素材，如图 6-7 所示。

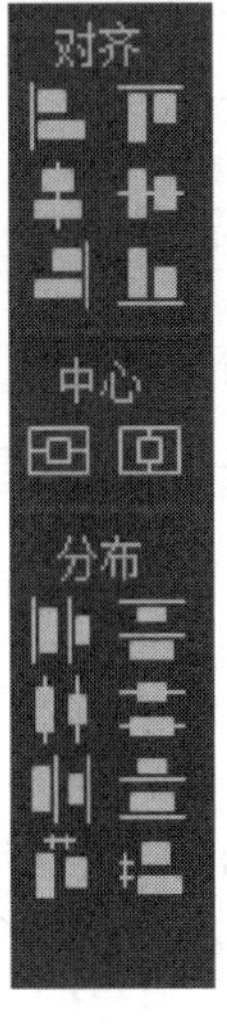

图 6-6

图 6-7

### 5. 【字幕属性】面板

在 Premiere Pro CC 中，所有与字幕内各对象属性相关的选项都放置在【字幕属性】面板中。利用该面板内的各种选项，用户不仅可对字幕的位置、大小、颜色等基本属性进行调整，还可以为其定制描边与阴影效果，如图 6-8～图 6-10 所示。

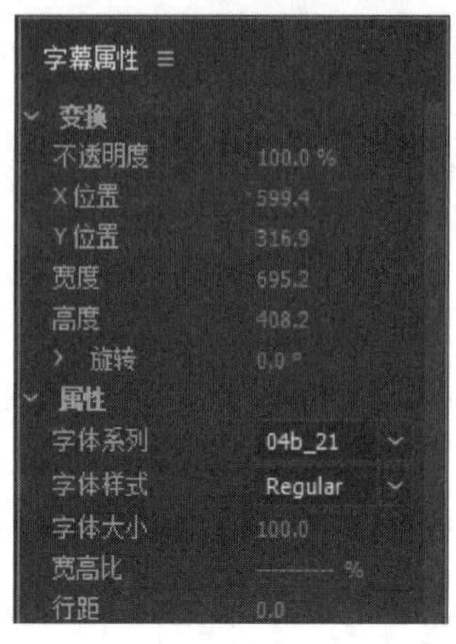


图 6-8

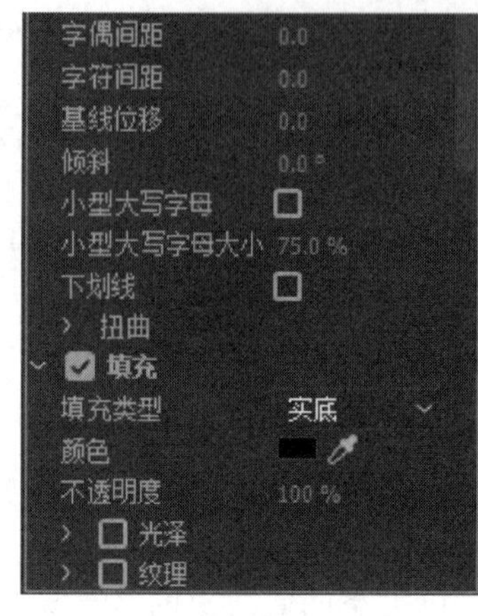


图 6-9

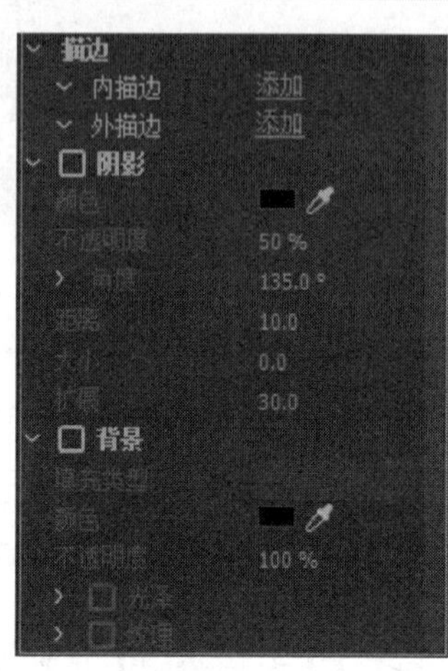


图 6-10

## 6.1.2 字幕的种类

在 Premiere Pro CC 中，字幕分为 3 种类型，即默认静态字幕、默认滚动字幕和默认游动字幕。创建字幕后可以在这 3 种字幕类型之间随意转换。

### 1. 默认静态字幕

默认静态字幕是指在默认状态下停留在画面中指定位置不动的字幕。如果想要使默认静态字幕产生移动效果，用户可以在【特效控件】面板中制作位移、缩放、旋转、透明度关键帧动画等内容。

### 2. 默认滚动字幕

默认滚动字幕在被创建之后，其默认的状态即为在画面中从上到下垂直运动，运动速度取决于该字幕文件的持续时间长度。默认滚动字幕是不需要设置关键帧动画的，除非用户需要更改其运动状态。

### 3. 默认游动字幕

默认游动字幕在被创建之后，其默认状态就具有沿画面水平方向运动的特性。其运动方向可以是从左至右的，也可以是从右至左的。虽然默认游动字幕的默认状态为水平方向运动，但用户可根据视频编辑需求更改字幕运动状态，制作位移、缩放等关键帧动画。

## 6.1.3 新建字幕的方法

在 Premiere Pro CC 中，创建字幕有很多种方法，下面将分别介绍通过【字幕】菜单创建字幕、通过【项目】面板创建字幕的操作方法。

### 1. 通过【字幕】菜单创建字幕

通过 Premiere 的【字幕】菜单创建字幕是最常用的方法。单击【字幕】主菜单，在弹出的菜单中选择【新建字幕】选项，在弹出的子菜单中选择所需的字幕类型，即可创建一个字幕文件，如图 6-11 所示。

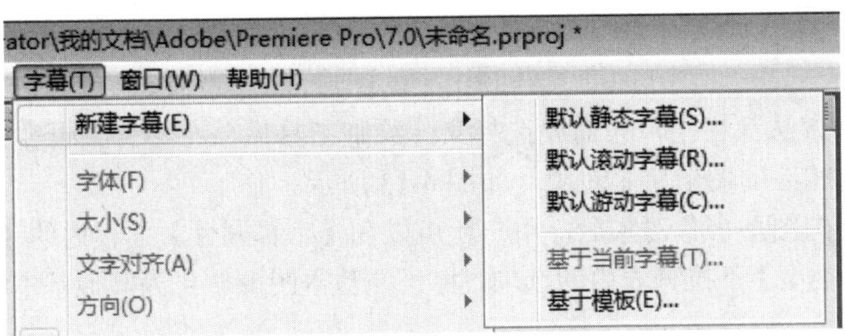


图 6-11

在【新建字幕】子菜单中列出了 Premiere Pro CC 自带的几种字幕种类，并且还提供了可创建的基于模板的字幕。

### 2. 通过【项目】面板创建字幕

【项目】面板主要用于放置素材文件和新建系统预设素材。字幕作为 Premiere 预设新建类别，同样可以通过该面板进行创建。在【项目】面板的工具栏中，单击【新建项】按钮，在弹出的菜单中选择【字幕】选项，即可创建一个默认静态字幕，如图 6-12 所示。

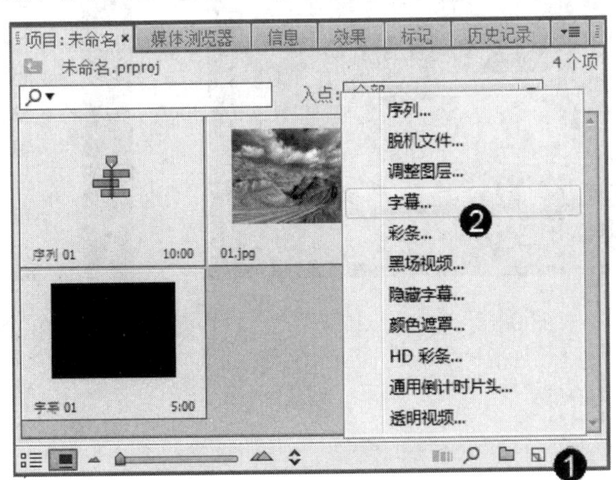


图 6-12

## 6.2 图 形 对 象

在 Premiere Pro CC 中，图形字幕对象主要通过【矩形工具】、【圆角矩形工具】和【切角矩形工具】等绘图工具绘制而成。本节将详细介绍创建图形对象以及对图形对象进行变形和风格化处理时的操作。

↑扫码看视频

### 6.2.1 绘制图形

任何使用 Premiere 绘图工具直接绘制出来的图形，都称为基本图形。而且，所有 Premiere 基本图形的创建方法都相同，只需要选择某一绘制工具后，在字幕编辑窗口内单击并拖动鼠标，即可创建相应的图形字幕对象，如图 6-13 所示。

在选择绘制的图形字幕对象后，用户还可以在【字幕属性】面板内的【属性】选项中，通过调整【图形类型】下拉列表内的选项，将一种基本图形转化为其他基本图形，如图 6-14 所示。

图 6-13

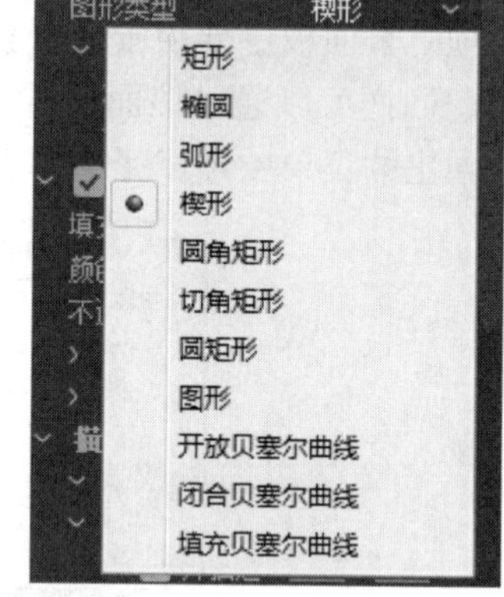


图 6-14

### 6.2.2 绘制复杂图形

在创建字幕的过程中，仅仅依靠 Premiere 所提供的绘图工具往往无法满足图形绘制的需求。此时，用户可以通过变形图形对象，并配合使用【钢笔工具】、【转换锚点工具】等，实现创建复杂图形字幕对象的目的。

利用 Premiere Pro CC 提供的钢笔类工具，能够通过绘制各种形状的贝塞尔曲线来完成复杂图形的创建工作。

**第 1 步** 新建字幕，在【字幕】面板左侧的工具箱中单击【钢笔工具】按钮，如图 6-15 所示。

**第 2 步** 弹出字幕绘制区域，使用钢笔工具绘制一个不规则形状，通过以上步骤即可完成在 Premiere 字幕中绘制复杂图形的操作，如图 6-16 所示。

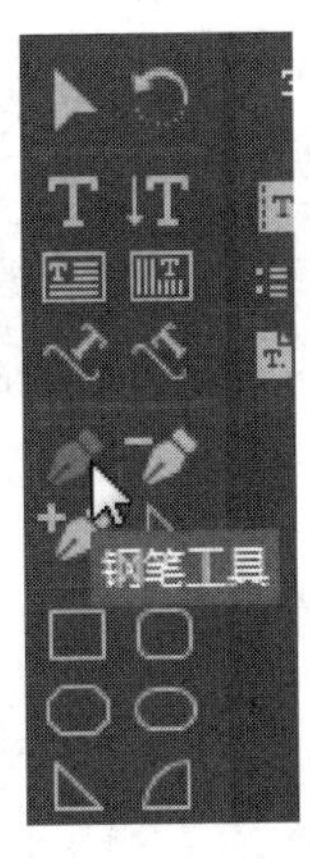


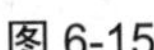
图 6-15

图 6-16

## 6.2.3　插入标记

绘图并不是 Premiere 的主要功能，因此仅仅靠 Premiere 有限的绘图工具往往无法满足创建精美字幕的需求。为此，Premiere 提供了导入标记元素的功能，以便用户将图形或照片导入字幕工作区内，并将其作为字幕的创作元素进行使用。

**第 1 步** 鼠标右键单击字幕编辑窗口区域，*1.* 在弹出的快捷菜单中选择【图形】命令，*2.* 在弹出的子菜单中选择【插入图形】选项，如图 6-17 所示。

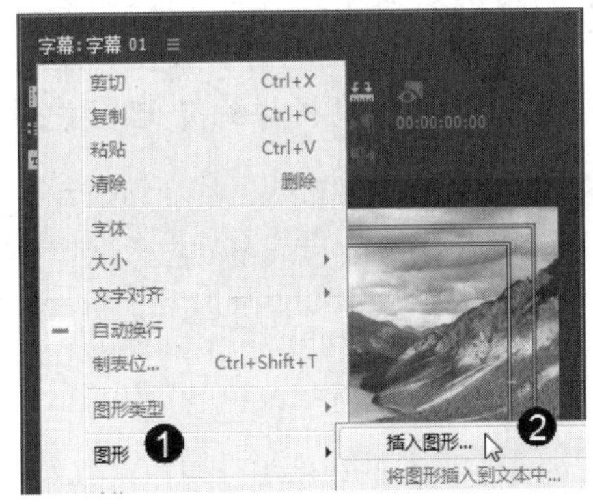


图 6-17

**第 2 步** 弹出【导入图形】对话框，*1.* 选择图形所在位置，*2.* 选中要添加的图形文件，*3.* 单击【打开】按钮，如图 6-18 所示。

**第 3 步** 可以看到字幕中已经插入了标记，通过以上步骤即可完成插入标记的操作，如图 6-19 所示。

**知识精讲**

图形在作为标记导入 Premiere 后会遮盖其下方的内容，因此当需要导入非矩形形状的标记时，必须将图形文件内非标记部分设置为透明背景，以便正常显示这些区域下的视频画面。

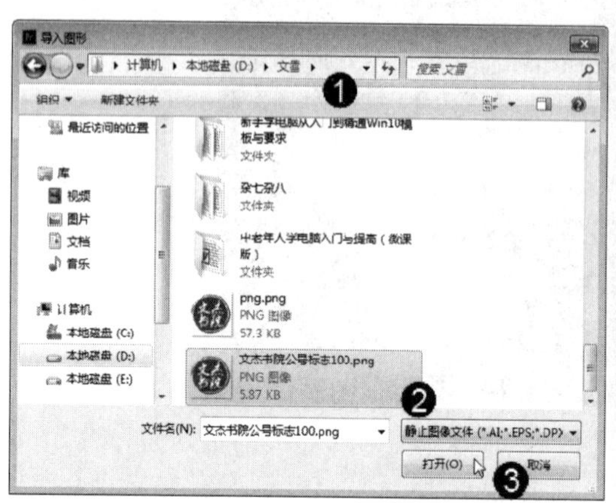

图 6-18

图 6-19

# 6.3 设置字幕属性

字幕的创建离不开字幕属性的设置，只有对【变换】、【填充】、【描边】等选项组内的各个参数进行调整后，才能获得各种精美的字幕。本节将详细介绍有关设置字幕属性的知识。

↑扫码看视频

## 6.3.1 调整字幕基本属性

在【字幕属性】面板下的【变换】选项组中，用户可以对字幕在屏幕画面中的位置、尺寸大小和角度等属性进行调整，如图 6-20 所示。其中，各参数选项的作用如下：

- 不透明度：决定字幕对象的透明程度，该数值为 0 时完全透明，该数值为 100%时不透明。
- X/Y 位置：【X 位置】选项用于控制对象中心距画面原点的水平距离，而【Y 位置】选项用于控制对象中心距画面原点的垂直距离。
- 宽度/高度：【宽度】选项用于调整对象最左侧至最右侧的距离，而【高度】选项则用于调整对象最顶部至最底部的距离。
- 旋转：用于控制对象的旋转角度，默认为 0°，即不旋转。输入数值，或者单击下方的角度圆盘，即可改变文本显示角度。

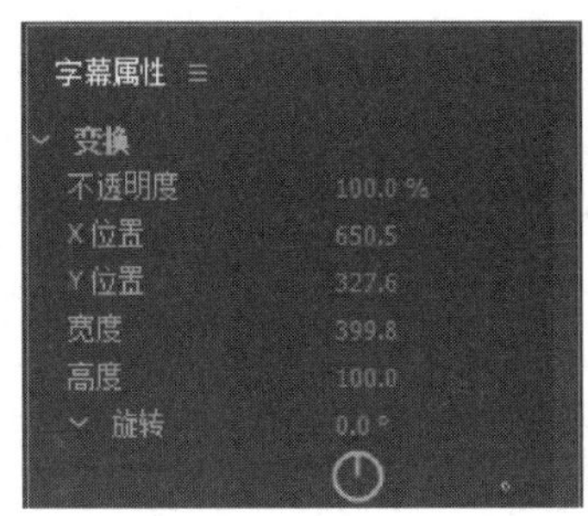


图 6-20

知识精讲

【X 位置】和【Y 位置】选项的参数单位为像素，其取值范围是-64000～64000，但是只有当其取值范围在(0,0)～(画面水平宽度，画面垂直宽度)之间时，字幕才会出现在视频画面之内，此外字幕部分或全部位于视频画面之外。

## 6.3.2　设置文本对象

在【字幕属性】面板中，【属性】选项组内的选项主要用于调整字幕文本的字体类型、大小、颜色等基本属性，如图 6-21 所示。

【字体系列】选项用于设置字体的类型，既可直接在【字体系列】列表框内输入字体名称，也可以在单击该选项下拉按钮后，在弹出的【字体系列】下拉列表内选择合适的字体类型，如图 6-22 所示。

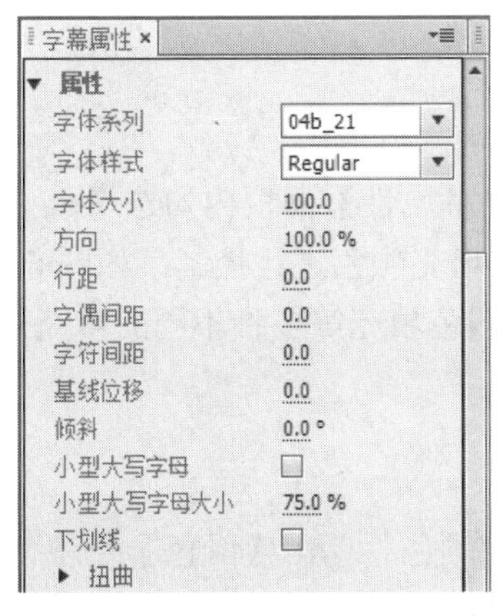


图 6-21

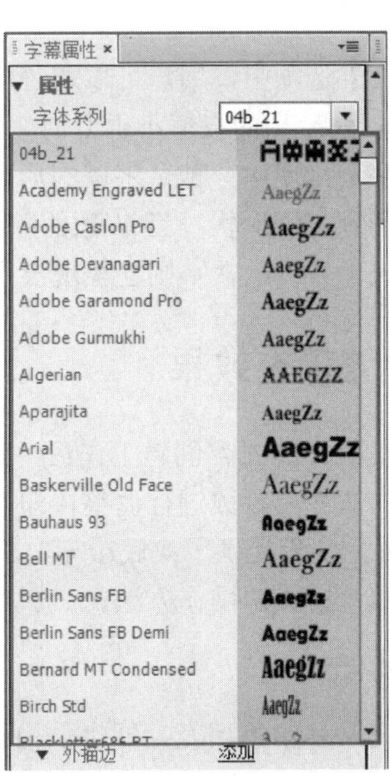


图 6-22

根据字体类型的不同，某些字体拥有多种不同的形态效果，而【字体样式】选项便于指定当前所要显示的字体形态。

- Regular：翻译为常用，即标准字体样式。
- Bold：翻译为粗体，字体笔画要粗于标准样式。
- Italic：翻译为斜体，字体略微向右侧倾斜。
- Bold Italic：翻译为粗斜体，字体笔画较标准样式要粗，且略微向右侧倾斜。
- Narrow：瘦体，字体宽高比小于标准字体样式，整体效果略窄。

【字体大小】选项用于控制文本的尺寸，其取值越大，则字体的尺寸越大；反之，则越小。

【方向】选项则是通过改变字体宽度来改变字体的宽高比，其取值大于 100%时，字体将变宽；当取值小于 100%时，字体将变窄。

【行距】选项用于控制文本内行与行之间的距离，而【字距】则用于调整字与字之间的距离。

【字偶间距】和【字符间距】选项也可用于调整字幕内字与字之间的距离，其调整效果与【字距】选项的调整效果类似。不同之处在于，【字距】选项所调整的仅仅是字与字之间的距离，而【字偶间距】和【字符间距】选项调整的则是每个文字所拥有的位置宽度。

【基线位移】选项用于设置文字基线的位置，通常在配合【字体大小】选项后用于创建上标文字或下标文字。

【倾斜】选项用于调整字体的倾斜程度，其取值越大，字体所倾斜的角度也就越大。

勾选【小型大写字母】复选框后，当前所选的小写英文字母将被转化为大写英文字母。而【小型大写字母大小】选项则用于调整转化后大写英文字母的字体大小。

勾选【下划线】复选框后，Premiere 会在当前字幕或当前所选字幕文本的下方添加一条下划线。

在【扭曲】选项中，用户可以通过分别调整 X 和 Y 选项的参数值，起到让文字变形的效果。其中，当 X 项的取值小于 0 时，文字顶部宽度减小的程度会大于底部宽度减小的程度，此时文字会呈现出一种金字塔的形状；当 X 项的取值大于 0 时，文字则会呈现出一种顶大底小的倒金字塔形状。当 Y 项的取值小于 0 时，文字将呈现一种左小右大的效果；当 Y 项的取值大于 0 时，文字则会呈现出一种左大右小的效果。

## 6.3.3 设置填充效果

完成字幕素材的内容创建工作后，通过在【字幕属性】面板内勾选【填充】复选框，并对该选项内的各项参数进行调整，即可对字幕的填充颜色进行控制，如图 6-23 所示。

Premiere 为我们提供了实底填充、渐变填充、四色填充等多种不同的填充样式。下面详细介绍各种填充样式的操作方法。

### 1. 实底填充

实底填充又称单色填充，即字体内仅填充一种颜色。单击【颜色】色块，即可在弹出的【拾色器】对话框内选择字幕的填充颜色，如图 6-24 所示。

图 6-23

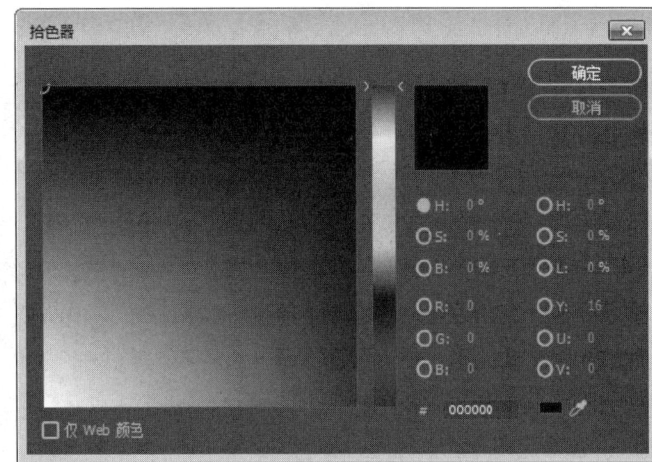


图 6-24

### 2. 线性渐变填充

线性渐变填充是一种颜色逐渐过渡到另一种颜色的字幕填充方式，下面介绍设置线性渐变填充的方法。

**第 1 步** 在【字幕属性】面板下的【填充】选项组中，1. 设置【填充类型】为【线性渐变】选项，2. 选中【颜色】色度滑杆上的一个游标，3. 单击【色彩到色彩】色块，如图 6-25 所示。

**第 2 步** 弹出【拾色器】对话框，1. 在文本框中输入颜色代码，2. 单击【确定】按钮，如图 6-26 所示。

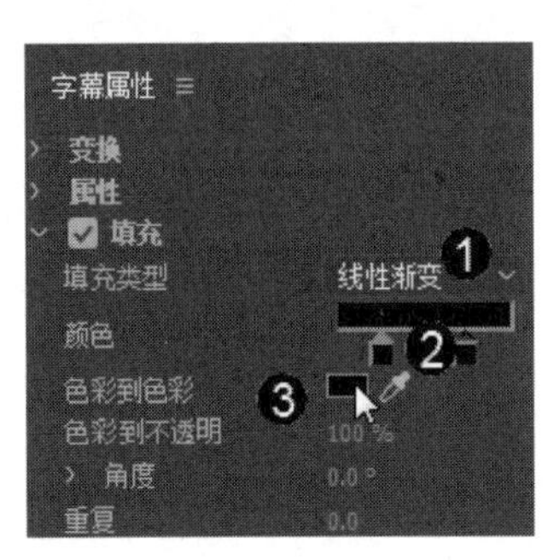


图 6-25

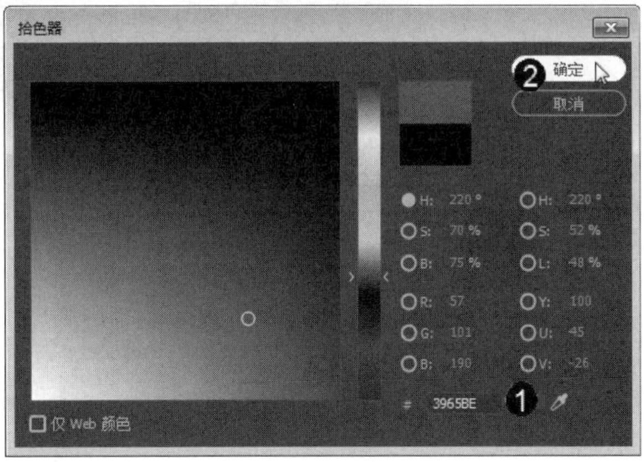

图 6-26

**第 3 步** 返回【字幕属性】面板中，1. 选中【颜色】色度滑杆上的另一个游标，2. 单击【色彩到色彩】色块，如图 6-27 所示。

**第 4 步** 弹出【拾色器】对话框，1. 在文本框中输入颜色代码，2. 单击【确定】按钮，如图 6-28 所示。

**第 5 步** 通过以上步骤即可完成给字幕填充线性渐变颜色的操作，如图 6-29 所示。

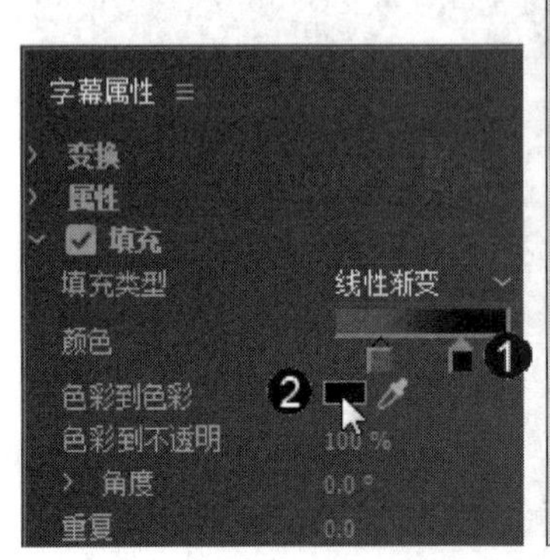


图 6-27

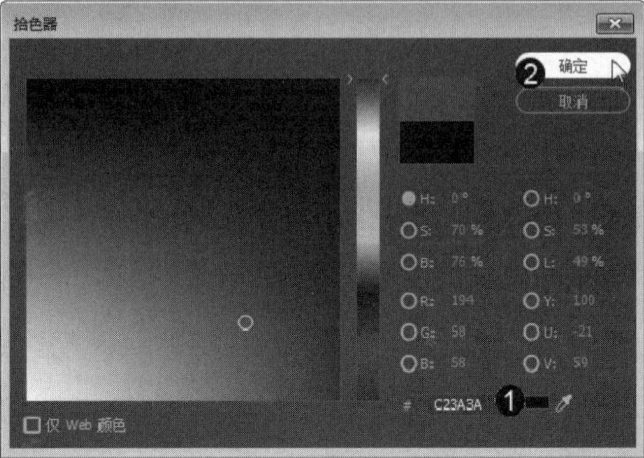


图 6-28

图 6-29

知识精讲

选择【线性渐变】选项后，【填充】选项组中的控制选项会发生一些变化。【重复】选项就是新增加的一个选项，用于控制线性渐变在字幕上的重复排列次数，其默认值为 0，表示仅在字幕上进行一次线性色彩渐变。【角度】选项用于设置线性渐变填充中的色彩渐变方向。

3. 径向渐变填充

径向渐变填充是一种颜色逐渐过渡到另一种颜色的填充样式。与线性渐变不同的是，径向渐变填充会将某一点作为中心点，向四周扩散渐变填充，效果如图 6-30 所示。

径向渐变填充的选项及含义与线性渐变填充样式的选项完全相同，因此其设置方法不再进行介绍。但是由于径向渐变是从中心向四周均匀过渡，因而在此处调整【角度】选项不会影响放射渐变的填充效果。

### 4. 四色渐变填充

与线性渐变填充和径向渐变填充效果相比，四色渐变填充效果的最大特点在于渐变色彩由 2 种颜色增加至 4 种，从而便于实现更为复杂的色彩渐变，填充效果如图 6-31 所示。

在四色渐变填充模式中，【色彩】颜色条 4 角的色块分别用于控制填充目标对应位置处的颜色，整体填充效果由这 4 种颜色共同决定。

图 6-30

图 6-31

### 5. 斜面填充

在该填充模式中，Premiere 通过为字幕对象设置阴影色彩的方式，来模拟一种中间较高，边缘逐渐降低的三维浮雕效果，如图 6-32 所示。

图 6-32

将【填充类型】设置为【斜面】选项后，【填充】选项组内的各填充选项如图 6-33 所示，作用如下。

- 【高光颜色】选项：用于设置字幕文本的主题颜色，即字幕内亮度较高部分的颜色。
- 【高光不透明度】选项：用于调整字幕主题颜色的透明程度。
- 【阴影颜色】选项：用于设置字幕文本边缘处的颜色，即字幕内较低部分的颜色。
- 【阴影不透明度】选项：用于调整字幕边缘颜色的透明程度。

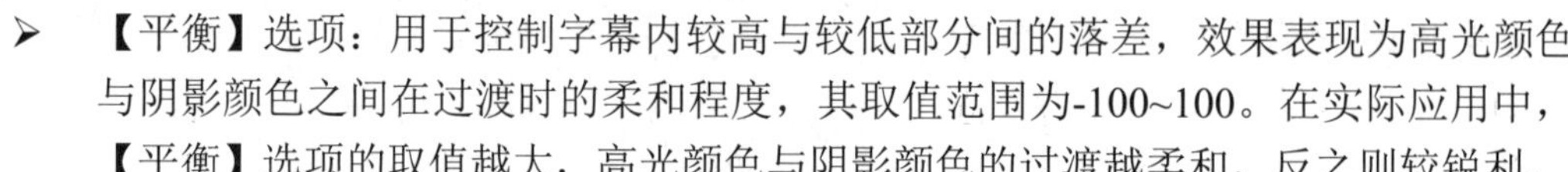

- 【平衡】选项：用于控制字幕内较高与较低部分间的落差，效果表现为高光颜色与阴影颜色之间在过渡时的柔和程度，其取值范围为-100~100。在实际应用中，【平衡】选项的取值越大，高光颜色与阴影颜色的过渡越柔和，反之则较锐利。
- 【大小】选项：用于控制高光颜色与阴影颜色的过渡范围，其取值越大，过渡范围越大；取值越小，则过渡范围越小。
- 【变亮】复选框：勾选该复选框，Premiere 将会为当前字幕应用灯光效果，此时字幕文本的浮雕效果会更明显。
- 【光照角度】选项：该选项只有在勾选【变亮】复选框时，才会起作用。用于控制灯光相对于字幕的照射角度。
- 【光照强度】选项：该选项只有在勾选【变亮】复选框时，才会起作用。用于控制灯光的光照强度。
- 【管状】复选框：勾选该复选框，字幕文本将呈现出一种由圆管环绕后的效果。

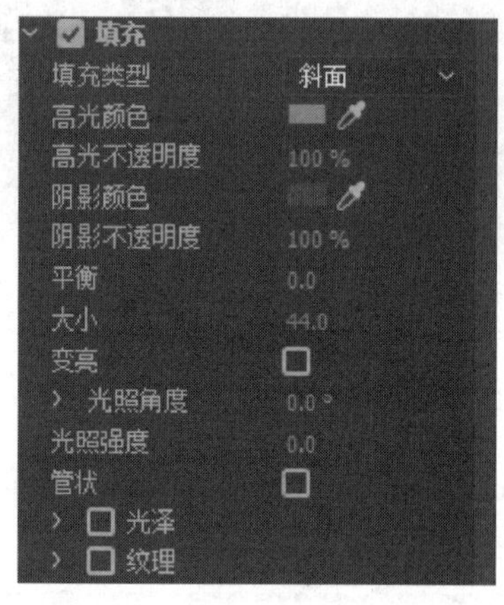


图 6-33

智慧锦囊

同一字幕文本上不可同时应用管状填充效果和变亮填充效果，且当勾选【变亮】填充效果后，原字幕文本上的管状填充效果将被覆盖。

### 6. 消除与重影填充

这两种填充模式都能够实现隐藏字幕的效果。两者的区别在于，消除填充模式能够暂时性地删除字幕文本，包括其阴影效果；而重影填充模式则只隐藏字幕本身，却不影响其阴影效果。

### 7. 光泽与纹理

【光泽】与【纹理】选项属于文字填充效果内的通用选项，即每种填充效果都拥有这两种设置，而且其作用也都相同。其中，【光泽】效果的功能是在字幕上叠加一层逐渐向两侧淡化的光泽颜色层，从而模拟物体表面的光泽感，如图 6-34 所示。

【光泽】选项组内各个选项参数如图 6-35 所示，其作用如下。

- 颜色色块：用于设置光泽颜色层的色彩，可实现模拟有色灯光照射字幕的效果。
- 不透明度：用于设置光泽颜色层的透明程度，可起到控制光泽强弱的作用。
- 大小：用于控制光泽颜色层的宽度，其取值越大，光泽颜色层所覆盖字幕的范围越大；反之，则越小。
- 角度：用于控制光泽颜色层的旋转角度。
- 偏移：用于调整光泽颜色层的基线位置，与【角度】选项配合使用后即可使光泽效果出现在字幕上的任意位置。

图 6-34

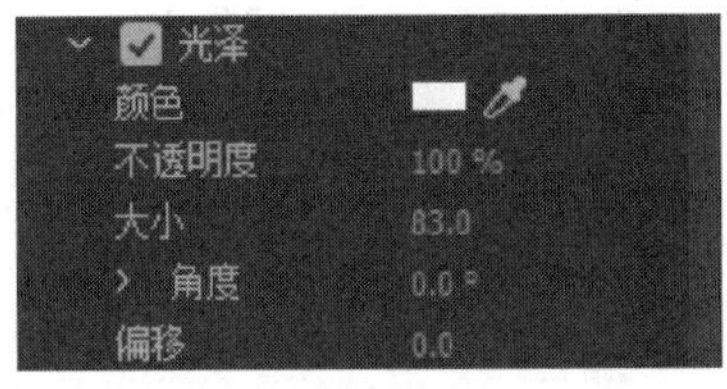

图 6-35

【纹理】填充效果较为复杂，其作用是隐藏字幕本身的填充效果，而显示其他纹理贴图的内容。在【纹理】选项组中，常用选项的参数如图 6-36 和图 6-37 所示，作用及其使用方法如下。

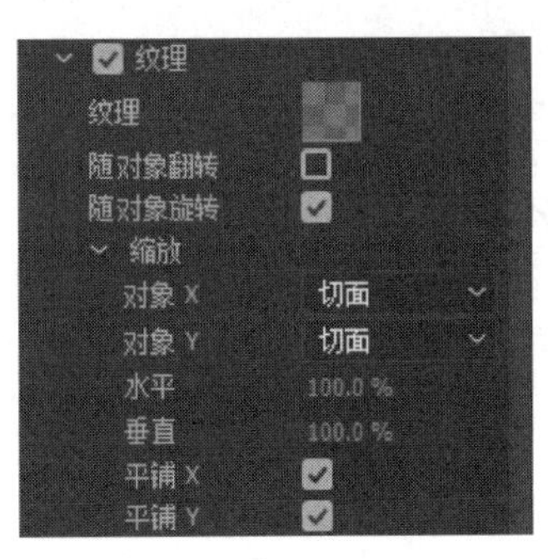

图 6-36

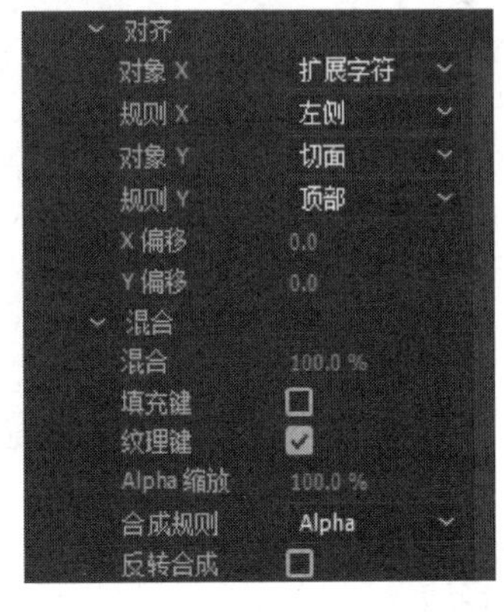

图 6-37

(1) 纹理。该选项用于预览和设置填充在字幕内的纹理图片，单击纹理预览区域内的图标，即可在弹出的对话框中选择其他纹理图像。

(2) 缩放。该选项组内的各个参数用于调整纹理图像的长宽比例与大小。其中，【水平】和【垂直】选项用于控制纹理图像在应用于字幕时的宽度和高度。【平铺 X】和【平铺 Y】选项的作用是控制纹理在水平方向和垂直方向上的填充方式。

(3) 对齐。该选项组内的各个参数用于调整纹理图像在字幕中的位置。

(4) 混合。默认情况下，Premiere Pro CC 会在字幕开启【纹理】填充功能后，忽略字幕本身的填充效果。【混合】选项组内的各个参数则能够在显示纹理效果的同时，使字幕显现出原本的填充效果。【混合】选项适用于调整纹理填充效果和字幕原有填充效果的比例，其取值范围为-100%～100%。当取值小于 0 时，字幕填充效果将以原有填充效果为主，且取值越小，字幕原有的填充效果越明显；当取值大于 0 时，字幕的填充效果将以纹理填充为主，且取值越大，纹理填充效果越明显。

## 6.3.4 添加描边效果

Premiere 将描边分为内描边和外描边两种类型，内描边的效果是从字幕边缘向内进行扩展，因此会覆盖字幕原有的填充效果；外描边的效果是从字幕文本的边缘向外进行扩展，因此会增大字幕所占据的屏幕范围。

展开【描边】选项组，单击【内描边】选项右侧的【添加】按钮，即可为当前所选字幕对象添加默认的黑色描边效果，如图 6-38 和图 6-39 所示。

图 6-38

图 6-39

在【类型】下拉列表中，Premiere 根据描边方式的不同提供了【边缘】、【深度】和【凹进】3 种不同的选项，如图 6-40 所示。下面将对其描边效果和调整方法分别进行介绍。

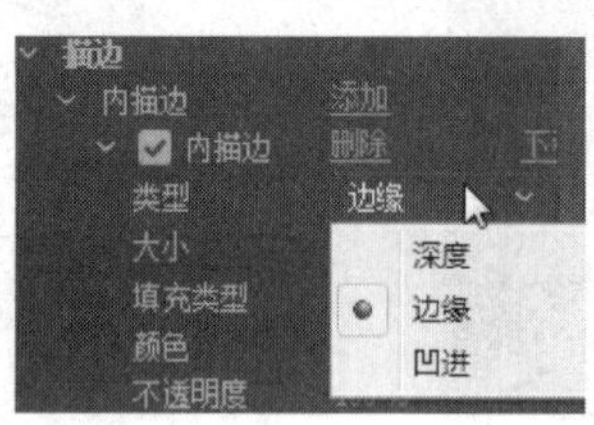


图 6-40

### 1. 边缘描边

这是 Premiere 默认采用的描边方式，对于边缘描边效果来说，其描边宽度可通过【大小】选项进行控制，该选项的取值越大，描边的宽度也就越大，【颜色】选项则用于调整描边的色彩。至于【填充类型】、【不透明度】和【纹理】等选项，作用和控制方法与【填充】选项组内的相应选项完全相同。

### 2. 深度描边

当采用该方式进行描边时，Premiere 中的描边只能出现在字幕的一侧，而且描边的一侧与字幕相连，描边宽度受到【大小】选项的控制。

3. 凹进描边

这种描边位于字幕对象下方，类似于投影效果的描边方式。默认情况下，为字幕添加凹进描边时无任何效果。在调整【强度】选项后，凹进描边便会显现出来，并随着【强度】选项参数值的增大而逐渐远离字幕文本。【角度】选项用于控制凹进描边相对于字幕文本的偏离方向。

### 6.3.5 应用阴影效果

与填充效果相同的是，阴影效果也属于可选效果，用户只有在勾选【阴影】复选框后，Premiere 才会为字幕添加投影。在【阴影】选项组中，各选项的参数如图 6-41 所示，作用如下。

- 颜色：该选项用于控制阴影的颜色，用户可根据字幕颜色、视频画面的颜色，以及整个影片的色彩基调等多方面进行考虑，从而最终决定字幕阴影的色彩。
- 不透明度：控制投影的透明程度。在实际应用中，应适当降低该选项的取值，使阴影呈适当的透明状态，从而获得接近于真实情形的阴影效果。
- 角度：该选项用于控制字幕阴影的投射位置。
- 距离：用于确定阴影与主题间的距离，其取值越大，两者间的距离越远；反之，则越近。
- 大小：默认情况下，字幕阴影与字幕主题的大小相同，而该选项的作用就是在原有字幕阴影的基础上，增大阴影。
- 扩展：该选项用于控制阴影边缘的发散效果，其取值越小；阴影就越锐利，取值越大，阴影就越模糊。

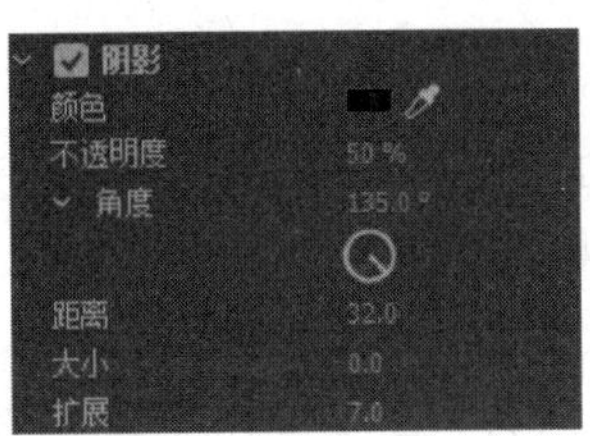


图 6-41

## 6.4 字幕样式设计

字幕样式即 Premiere 预置的字幕属性设置方案，作用是帮助用户快速设置字幕属性，从而获得效果精美的字幕素材。本节将详细介绍有关字幕样式设计的知识。

↑扫码看视频

## 6.4.1 应用样式

在 Premiere Pro CC 中，字幕样式的应用方法很简单，只需在输入相应的字幕文本内容后，在【字幕样式】面板内单击某个字幕样式的预览图，即可将其应用于当前字幕，如图 6-42 所示。

如果需要有选择地应用字幕样式所记录的字幕属性，则可在【字幕样式】面板内右键单击字幕样式预览图，在弹出的快捷菜单中选择【应用带字体大小的样式】或【仅应用样式颜色】命令，如图 6-43 所示。

图 6-42

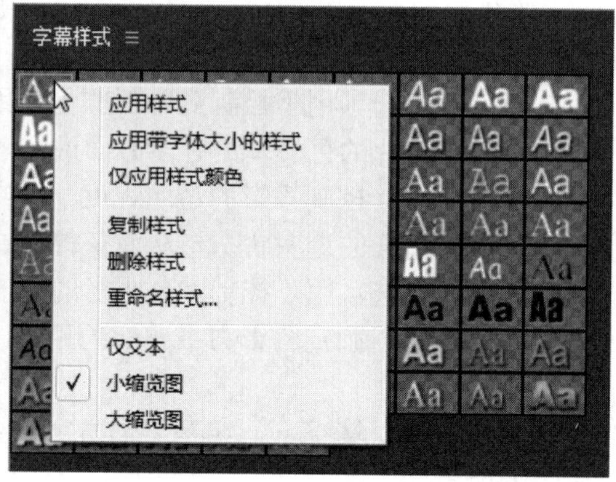


图 6-43

## 6.4.2 创建字幕样式

为进一步提高用户创建字幕时的工作效率，Premiere 还为用户提供了自定义字幕样式的功能，便于随后设置相同属性或相近属性。

**第 1 步** 完成字幕素材的设置后，**1.** 在【字幕样式】面板内单击【面板菜单】按钮，**2.** 在弹出的下拉菜单中选择【新建样式】命令，如图 6-44 所示。

**第 2 步** 弹出【新建样式】对话框，**1.** 在【名称】文本框中输入名称，**2.** 单击【确定】按钮，如图 6-45 所示。

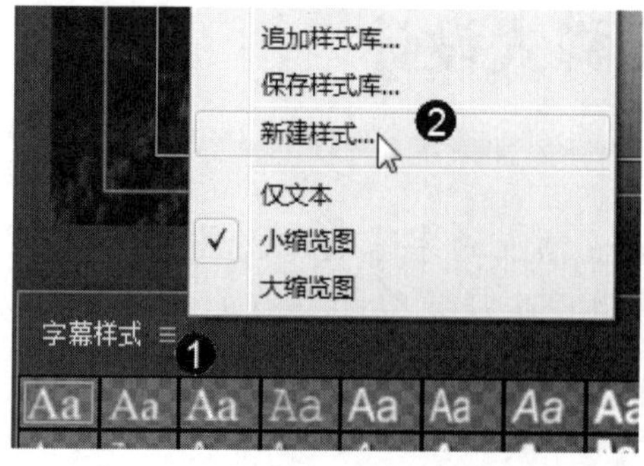


图 6-44

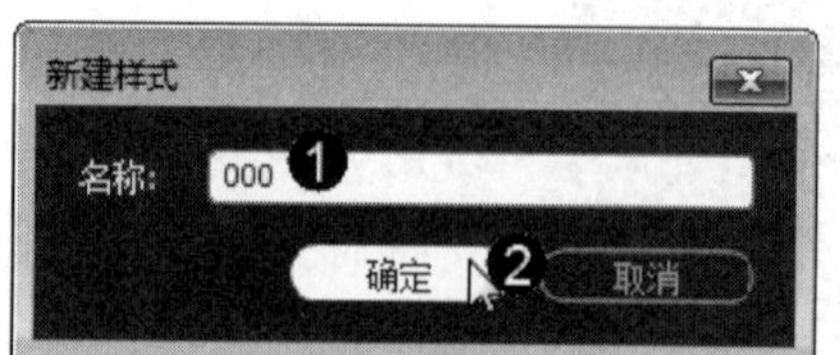


图 6-45

**第 3 步** 通过以上步骤即可完成创建新字幕样式的操作，如图 6-46 所示。

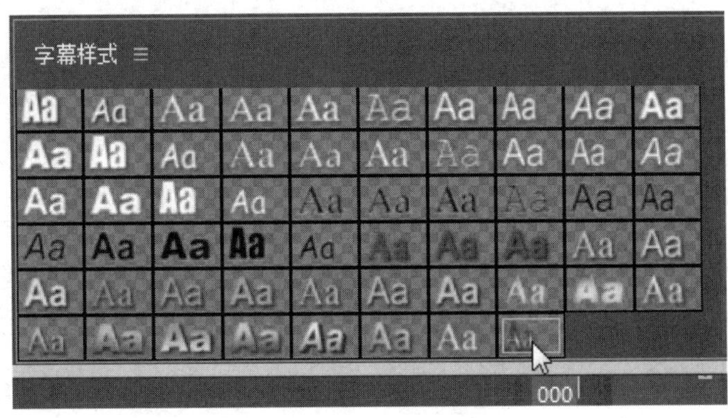


图 6-46

# 6.5　实践案例与上机指导

通过本章的学习，读者基本可以掌握设计与编辑字幕的基本知识以及一些常见的操作方法，下面通过练习操作，以达到巩固学习、拓展提高的目的。

↑扫码看视频

## 6.5.1　制作旋转字幕

制作旋转字幕的方法非常简单，下面详细介绍制作旋转字幕的操作方法。

素材保存路径：配套素材\第 6 章
素材文件名称：效果-旋转字幕.prproj、河流.jpg

**第 1 步** 将制作好的字幕 01 添加到时间轴的 V2 轨道上，如图 6-47 所示。

**第 2 步** 打开【效果控件】面板，单击【缩放】、【旋转】和【不透明度】选项左侧的【切换动画】按钮，如图 6-48 所示。

**第 3 步** 将时间指示器拖至 00:00:00:21 位置，设置【缩放】、【旋转】和【不透明度】参数，如图 6-49 所示。

**第 4 步** 用同样方法在 00:00:01:20 处设置参数，如图 6-50 所示。

**第 5 步** 用同样方法在 00:00:02:13 处设置参数，如图 6-51 所示。

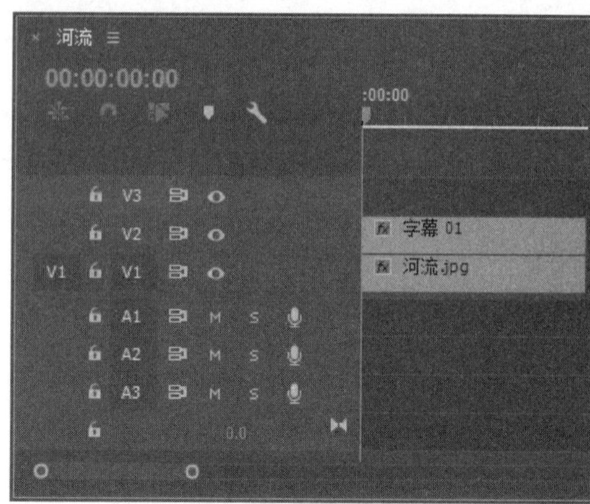


图 6-47

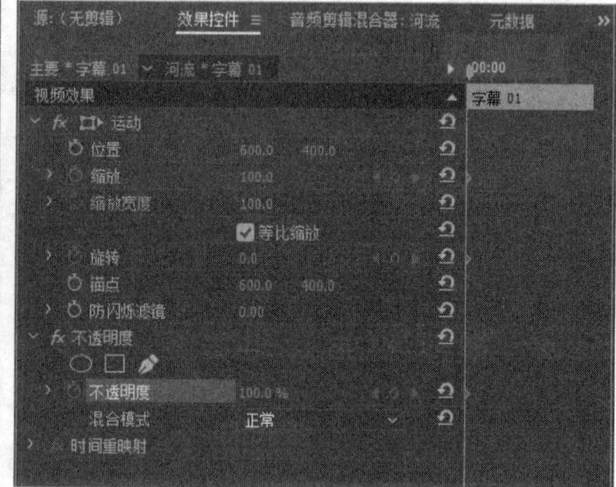


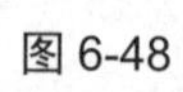
图 6-48

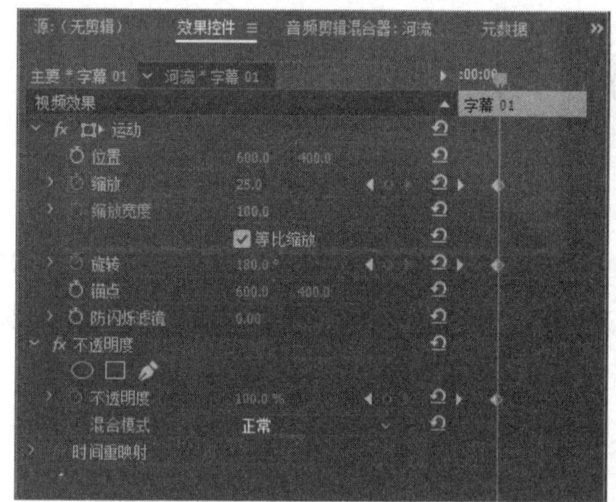


图 6-49

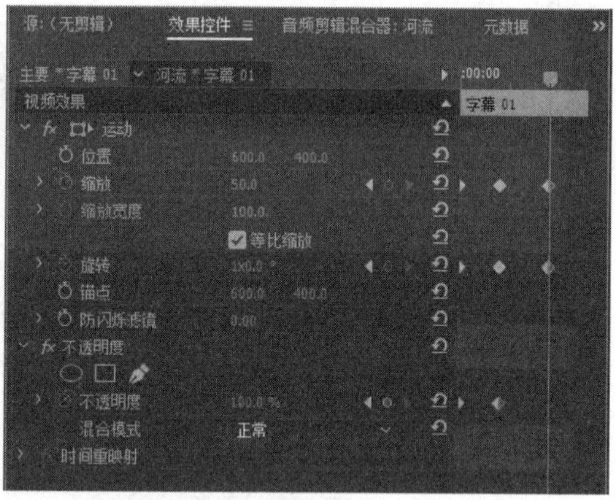

图 6-50

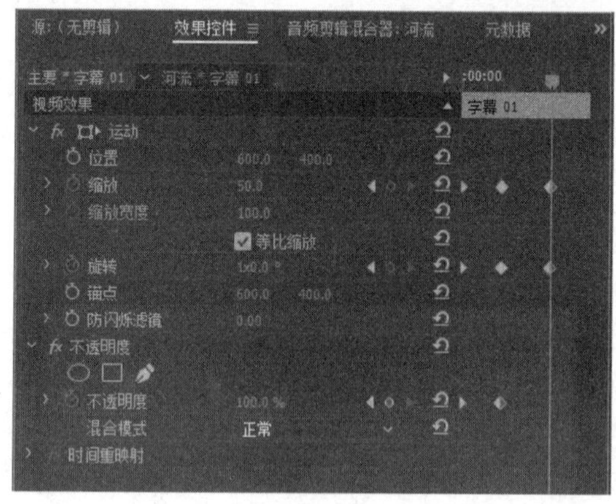


图 6-51

**第 6 步** 在节目监视器面板中可以预览旋转字幕效果，如图 6-52 所示。

图 6-52

## 6.5.2 制作路径字幕

制作路径字幕的操作方法非常简单，下面详细介绍制作路径字幕的方法。

**素材保存路径：**配套素材\第 6 章

**素材文件名称：**效果-路径字幕.prproj、河流.jpg

**第 1 步** 在【字幕】面板中，**1.** 单击【路径文字工具】按钮，**2.** 在屏幕上绘制路径，如图 6-53 所示。

**第 2 步** 在路径上定位光标，输入文本内容即可完成制作路径字幕的操作，如图 6-54 所示。

图 6-53

图 6-54

## 6.5.3 制作水平滚动字幕

制作水平滚动字幕的方法很简单，下面详细介绍制作水平滚动字幕的操作方法。

**素材保存路径：**配套素材\第 6 章

**素材文件名称：**效果-水平滚动字幕.prproj、河流.jpg

**第 1 步** 在 Premiere 中，**1.** 单击【字幕】主菜单，**2.** 在弹出的菜单中选择【新建字幕】选项，**3.** 在弹出的子菜单中选择【默认滚动字幕】选项，如图 6-55 所示。

**第 2 步** 弹出【新建字幕】对话框，单击【确定】按钮，如图 6-56 所示。

**第 3 步** 打开【字幕】面板，在字幕设计视图中输入文本，如图 6-57 所示。

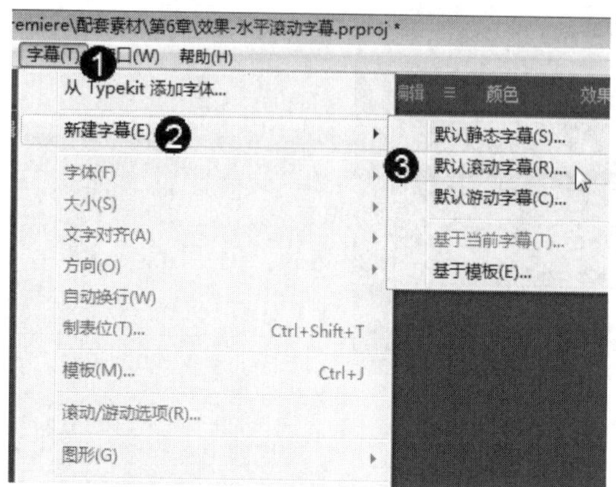


图 6-55

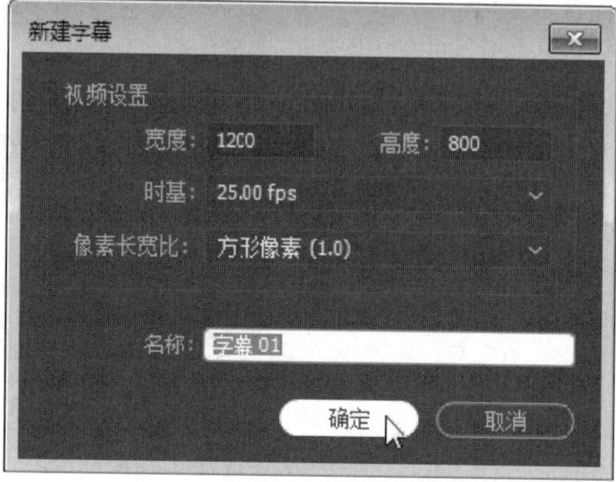


图 6-56

**第 4 步** 选中字幕，1. 单击【字幕】主菜单，2. 在弹出的菜单中选择【滚动/游动选项】选项，如图 6-58 所示。

图 6-57

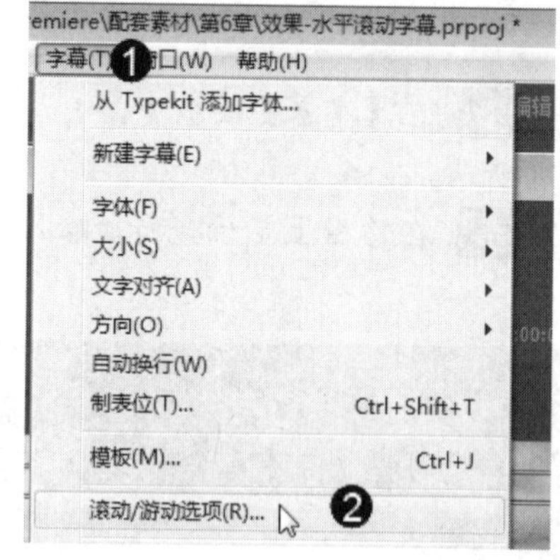


图 6-58

**第 5 步** 弹出【滚动/游动选项】对话框，1. 在【字幕类型】选项区选中【向右游动】单选按钮，2. 在【定时(帧)】区域勾选【开始于屏幕外】和【结束于屏幕外】复选框，3. 单击【确定】按钮，如图 6-59 所示。

**第 6 步** 在节目监视器面板中可以预览添加的滚动字幕效果，如图 6-60 所示。

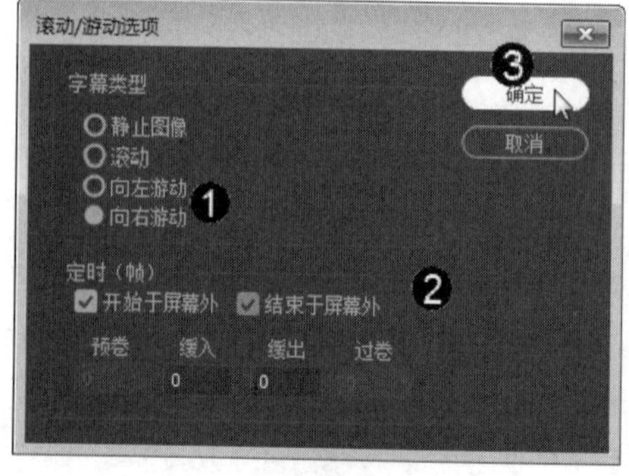


图 6-59

图 6-60

# 6.6　思考与练习

1. 填空题

(1) 在 Premiere Pro CC 中，字幕分为 3 种类型，即________、_______和默认游动字幕。

(2) 在【字幕属性】面板中，【属性】选项组内的选项主要用于调整字幕文本的字体类型、_______、_______等基本属性。

2. 判断题

(1) 任何使用 Premiere 绘图工具直接绘制出来的图形，都称为基本图形。　　　(　　)

(2) 在 Premiere 中，所有字幕都是在字幕工作区域内创建完成的。在该工作区域中，不仅可以创建和编辑静态字幕，还可以制作出各种动态的字幕效果。　　　(　　)

3. 思考题

(1) 如何在 Premiere 中插入标记?

(2) 如何创建字幕样式?

新起点 电脑教程

# 第 7 章

## 编辑与添加音频

### 本章要点

- 音频的分类
- 添加与编辑音频
- 音轨混合器
- 音频剪辑混合器
- 制作音频特效
- 录制音频

### 本章主要内容

本章主要介绍了音频的分类、添加与编辑音频、音轨混合器、音频剪辑混合器和制作音频特效方面的知识与技巧，同时讲解了如何录制音频，在本章的最后还针对实际的工作需求，讲解了混合音频、制作环绕声混响音频特效的方法。通过本章的学习，读者可以掌握添加与编辑音频方面的知识，为深入学习 Premiere CC 知识奠定基础。

# 7.1 音频的分类

在制作影视节目时，声音是必不可少的元素，无论是同期的配音、后期的效果，还是背景音乐都是不可或缺的。音频分为单声道、双声道和 5.1 声道 3 种类型，本节将详细介绍音频分类方面的知识。

↑ 扫码看视频

## 7.1.1 单声道

单声道的音频素材只包含一个音轨，其录制技术是最早问世的音频制式，若使用双声道的扬声器播放单声道音频，两个声道的声音完全相同。

## 7.1.2 双声道

双声道是在单声道基础上发展起来的。双声道可以实现立体声的原理，在空间放置两个互成一定角度的扬声器，每个扬声器单独由一个声道提供信号。而每个声道的信号在录制的时候就经过了处理：处理的原则就是模仿人耳在自然界听到声音时的生物学原理(人是双耳的，听到声音时可以根据左耳和右耳对声音的相位差来判断声源的具体位置)，表现在电路上基本也就是两个声道信号在相位上有所差别，这样当站到两个扬声器的轴心线相交点上听声音时就可感受到立体声的效果。立体声音素材在【源】监视器面板中的显示效果，如图 7-1 所示。

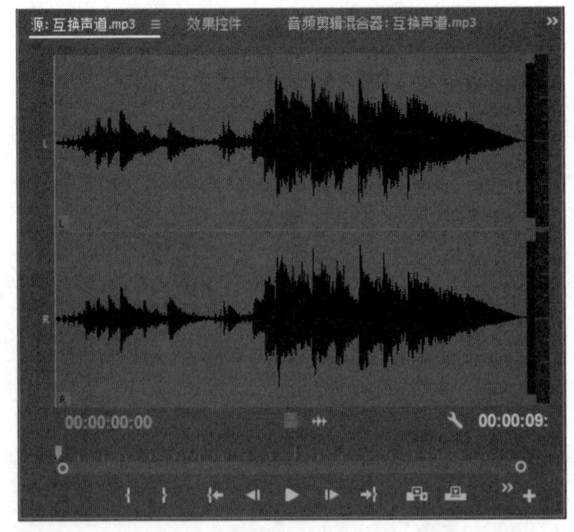


图 7-1

### 7.1.3 5.1 声道

5.1 声道是指中央声道，前置左、右声道，后置左、右环绕声道，及所谓的 0.1 声道(重低音声道)。一套系统总共可连接 6 个喇叭。5.1 声道已广泛运用于各类传统影院和家庭影院中，一些比较知名的声音录制压缩格式，比如杜比 AC-3(Dolby Digital)、DTS 等都是以 5.1 声音系统为技术蓝本的，其中，0.1 声道是一个专门设计的超低音声道，这一声道可以产生频响 20～120Hz 的超低音。

## 7.2 添加与编辑音频

所谓音频素材，是指能够持续一段时间，含有各种乐器音响效果的声音。在制作影片的过程中，声音素材的好坏将直接影响影视节目的质量。本节将介绍音频添加与处理的相关知识。

↑扫码看视频

### 7.2.1 添加音频

在 Premiere Pro CC 中，添加音频素材的方法与添加视频素材的方法基本相同，同样是通过菜单或【项目】面板来完成。

#### 1. 通过菜单添加音频

在【项目】面板中鼠标右键单击准备添加的音频素材，在弹出的快捷菜单中选择【插入】命令，即可将音频添加到时间轴上，如图 7-2 所示。

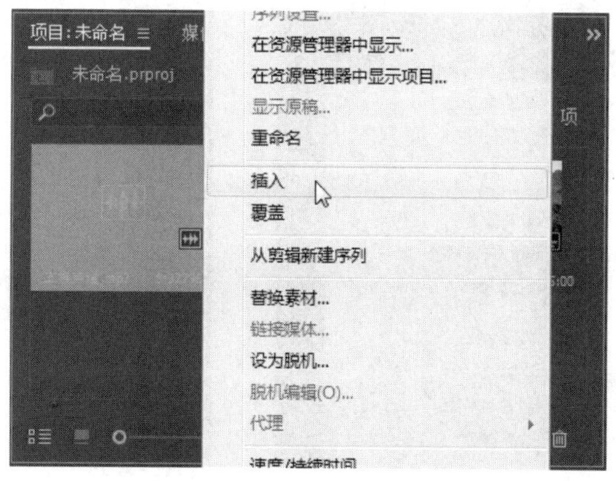


图 7-2

### 2. 通过鼠标拖曳添加音频

除了使用菜单添加音频之外，用户还可以直接在【项目】面板中单击并拖动要添加的音频素材到时间轴上。

**智慧锦囊**

在使用鼠标右键菜单添加音频素材时，需要先在【时间轴】面板上激活要添加素材的音频轨道。被激活的音频轨道将以白色显示。如果在【时间轴】面板中没有激活相应的音频轨道，则在右键菜单中，【插入】命令将被禁止。

## 7.2.2　在时间轴中编辑音频

源音频素材可能无法满足用户在制作视频时的需求，Premiere Pro CC 在提供了强大的视频编辑功能的同时，还可以处理音频素材。在【时间轴】面板中用户可编辑音频。

### 1. 使用音频单位

对于视频来说，视频帧是其标准的测量单位，通过视频帧可以精确地设置入点或者出点。但是在 Premiere Pro CC 中，音频素材应当使用毫秒或者音频采样率来作为显示单位。

如果要查看音频的单位及音频素材的声波图形，应当先将音频素材或带有声音的视频素材添加至【时间轴】面板上。默认情况下，时间轴上的音频素材是显示音频波形和音频名称的。要想控制音频素材的名称与波形显示与否，只需要单击【时间轴】面板中的【时间轴显示设置】按钮，在弹出的菜单中取消对【显示音频波形】与【显示音频名称】复选框的选中，即可隐藏音频波形与音频名称，如图 7-3 所示。

如果要显示音频单位，可以在【时间轴】面板内单击【面板菜单】按钮，在弹出的菜单中选择【显示音频时间单位】选项，即可在时间标尺上显示相应的时间单位，如图 7-4 所示。

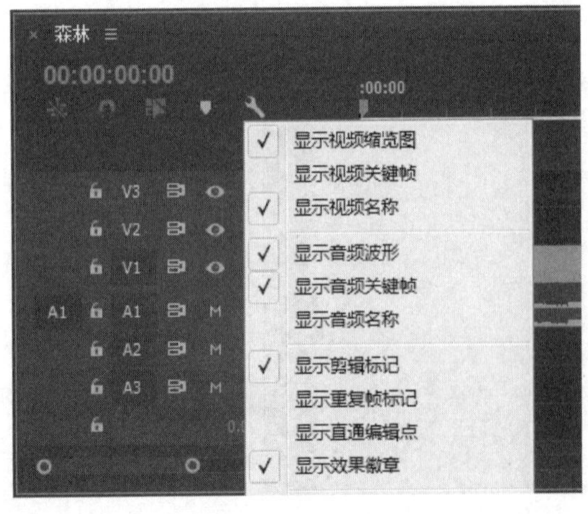


图 7-3

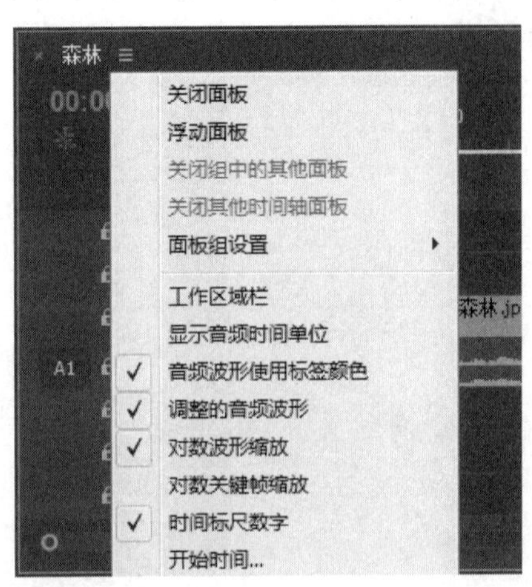


图 7-4

默认情况下，Premiere 项目文件会采用音频采样率作为音频素材单位，用户可根据需要将其修改为毫秒。下面介绍修改音频素材单位的方法。

**第 1 步** 1. 单击【文件】主菜单，2. 在弹出的菜单中选择【项目设置】选项，3. 在弹出的子菜单中选择【常规】选项，如图 7-5 所示。

**第 2 步** 弹出【项目设置】对话框，1. 在【音频】栏中的【显示格式】下拉列表框中选择【毫秒】选项，2. 单击【确定】按钮即可完成修改音频单位的操作，如图 7-6 所示。

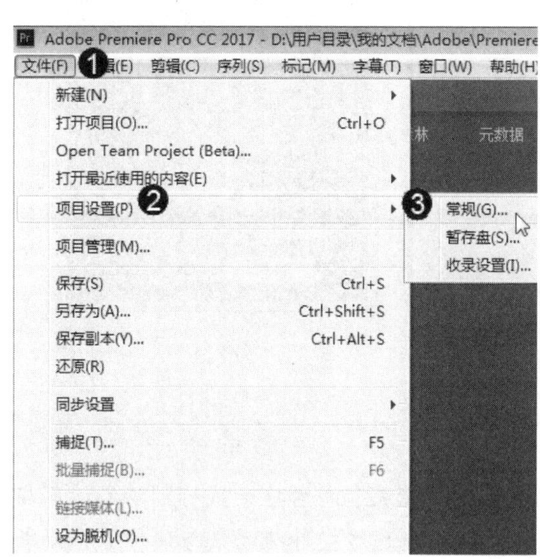


图 7-5

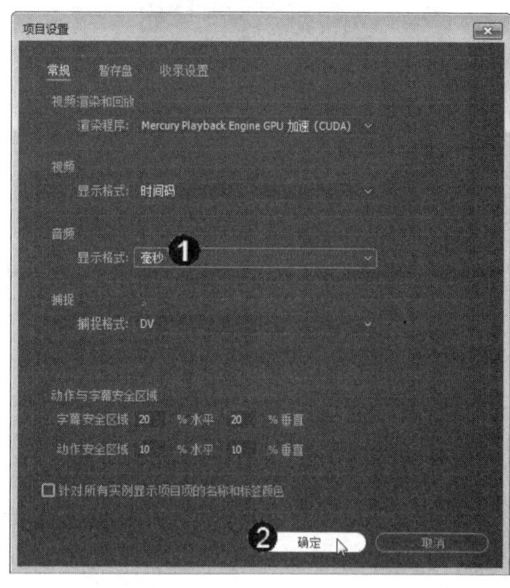


图 7-6

## 2. 调整音频素材的持续时间

音频素材的持续时间是指音频素材的播放长度，用户可以通过设置音频素材的入点和出点来调整其持续时间。另外，Premiere 还允许用户通过更改素材长度和播放速度的方式来调整其持续时间。

如果要通过更改其长度来调整音频素材的持续时间，可以在【时间轴】面板上将鼠标移至音频素材的末尾，当光标变成形状时，拖动鼠标即可更改其长度，如图 7-7 所示。

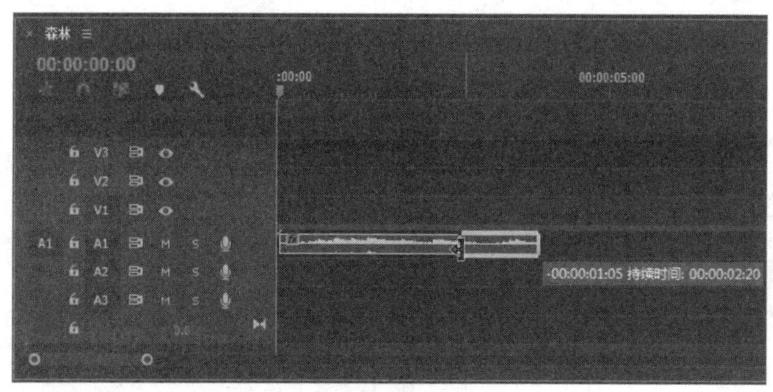


图 7-7

使用鼠标拖动来延长或缩短音频素材持续时间的方式，会影响到音频素材的完整性。因此，如果要在保证音频内容完整的前提下更改持续时间，则必须通过调整播放速度的方式来实现。下面介绍通过调整播放速度更改持续时间的方法。

**第 1 步** 在【时间轴】面板中，用鼠标右键单击音频素材，在弹出的快捷菜单中选择【速度/持续时间】命令，如图 7-8 所示。

**第 2 步** 弹出【剪辑速度/持续时间】对话框，*1.* 在【速度】文本框内输入数值，*2.* 单击【确定】按钮，如图 7-9 所示。

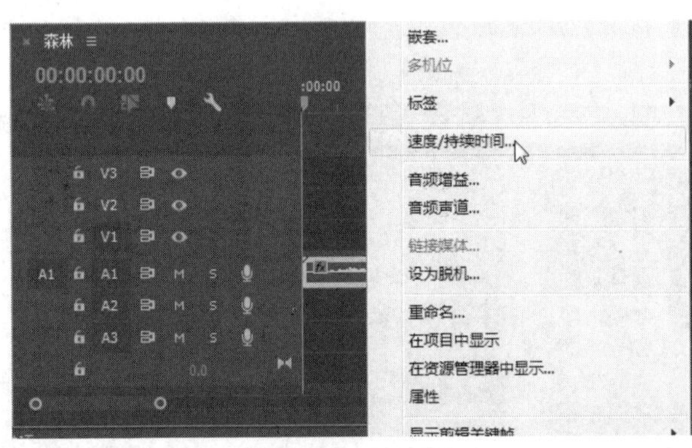

图 7-8

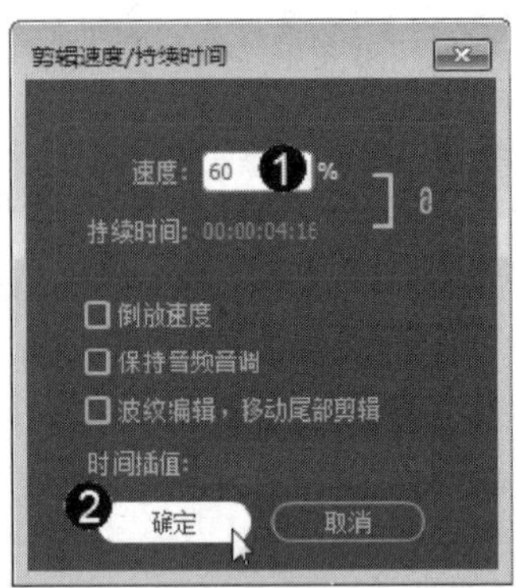

图 7-9

**知识精讲**

在调整素材的时长时，向左拖动鼠标则持续时间变短，向右拖动鼠标则持续时间变长。但是当音频素材处于最长持续时间状态时，将不能通过向外拖动鼠标的方式来延长其持续时间。

### 3. 快速编辑音频

Premiere Pro CC 为【时间轴】面板中的轨道添加了自定义轨道头。通过自定义轨道头，能够为音频轨道添加编辑与控制音频的功能按钮。通过这些功能按钮，能够快速地控制与编辑音频素材。下面详细介绍自定义轨道头的方法。

**第 1 步** 在【时间轴】面板中，*1.* 单击【时间轴显示设置】按钮，*2.* 在弹出的菜单中选择【自定义音频头】选项，如图 7-10 所示。

**第 2 步** 弹出【按钮编辑器】面板，将音轨中没有或者需要的功能按钮拖入轨道中，单击【确定】按钮即可完能自定义轨道头的操作，如图 7-11 所示。

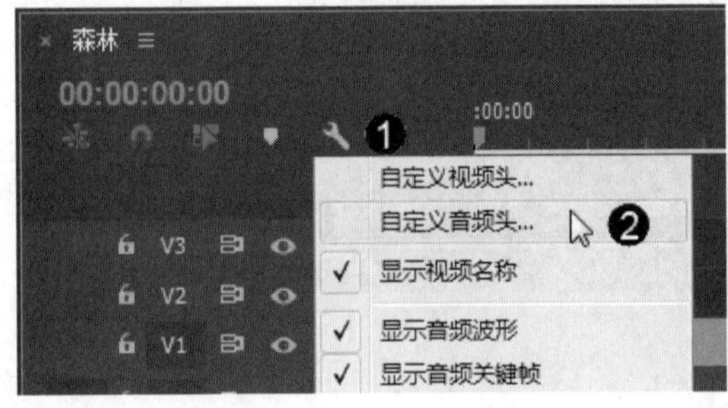

图 7-10

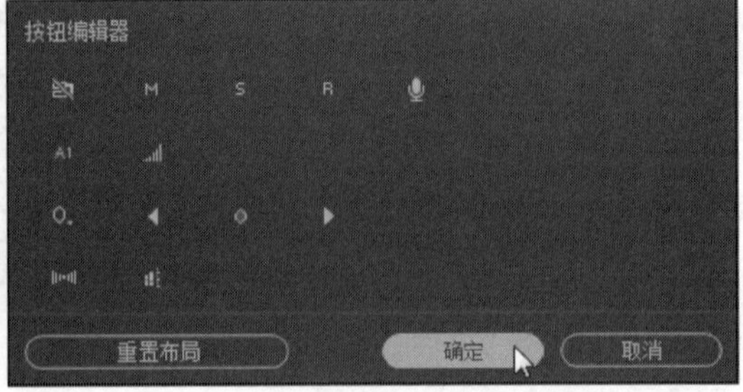

图 7-11

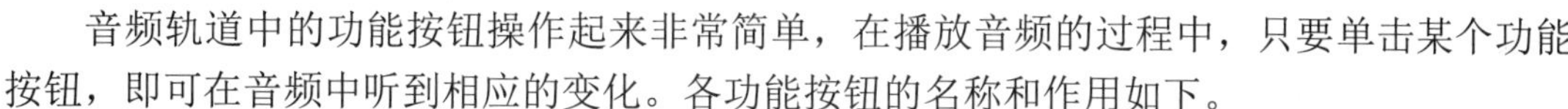



音频轨道中的功能按钮操作起来非常简单，在播放音频的过程中，只要单击某个功能按钮，即可在音频中听到相应的变化。各功能按钮的名称和作用如下。

- 【静音轨道】按钮：单击该按钮，相对应轨道中的音频将无法播放出声音。
- 【独奏轨道】按钮：当两个或两个以上的轨道同时播放音频时，单击其中一条轨道中的该按钮，即可禁止播放除该轨道以外其他轨道中的音频。
- 【启用轨道以进行录制】按钮：单击该按钮，能够启用相应的轨道进行录音。
- 【轨道音量】按钮：添加该按钮后，以数字形式显示在轨道头。单击并向左、右拖动鼠标，即可降低或提高音量。
- 【左/右平衡】按钮：该按钮以圆形滑轮形式显示在音频轨道头中，单击并向左右拖动鼠标，即可控制左右声道音量的大小。音频轨道头提供了一个水平音频计。
- 【轨道计】按钮：单击该按钮，音频轨道头将提供一个轨道计。
- 【轨道名称】按钮：添加该按钮，将显示轨道名称。
- 【显示关键帧】按钮：该按钮用来显示添加的关键帧。单击该按钮可以选择【剪辑关键帧】或者【轨道关键帧】选项。
- 【添加/移除关键帧】按钮：单击该按钮可以在轨道中添加或移除关键帧。
- 【转到上一关键帧】按钮：当轨道中添加两个或两个以上关键帧时，可以通过单击该按钮选择上一个关键帧。
- 【转到下一关键帧】按钮：当轨道中添加两个或两个以上关键帧时，可以通过单击该按钮选择下一个关键帧。

## 7.2.3　在【效果控件】面板中编辑音频

除了能够在【时间轴】面板中快速地编辑音频外，某些音频的效果还可以在【效果控件】面板中进行精确地设置。

当选中【时间轴】面板中的音频素材后，在【效果控件】面板中将显示【音量】、【声道音量】和【声像器】3 个选项组，如图 7-12 所示。

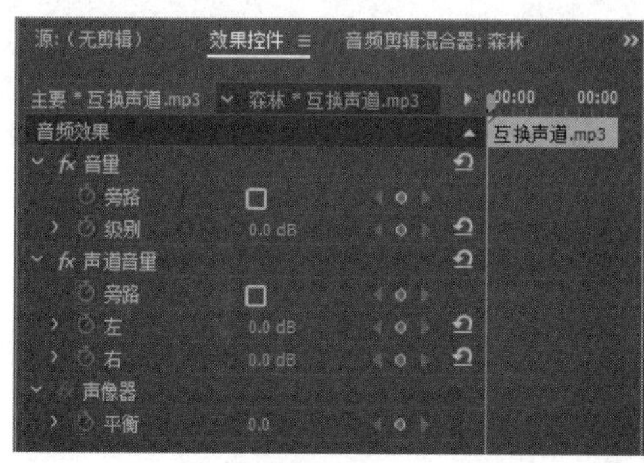


图 7-12

### 1. 音量

【音量】选项组中包括【旁路】与【级别】选项。【旁路】选项用于指定是应用还是绕过合唱效果的关键帧选项；【级别】选项则是用来控制总体音量的高低。在【级别】选项中，除了能够设置总体音量的高低，还能够为其添加关键帧，从而使音频素材在播放时的音量能够时高时低。下面介绍其操作方法。

**第 1 步** 确定【时间指示器】在时间轴中的位置，在【效果控件】面板中单击【级别】选项左侧的【切换动画】按钮，创建第一个关键帧，如图 7-13 所示。

**第 2 步** 拖动【时间指示器】改变其位置，单击【级别】选项右侧的【添加/移除关键帧】按钮，添加第二个关键帧，并修改此处的音量，如图 7-14 所示。

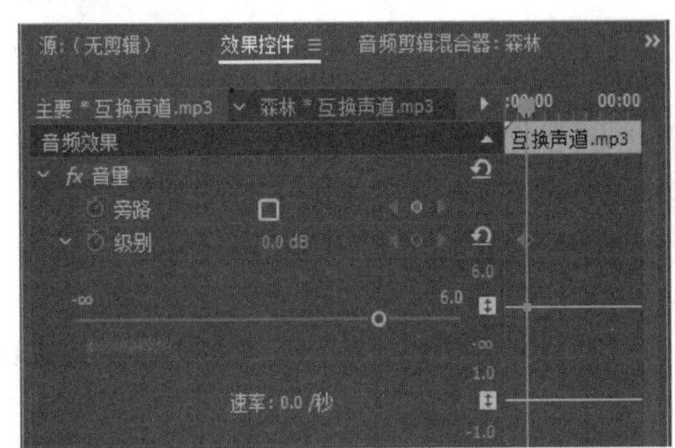


图 7-13

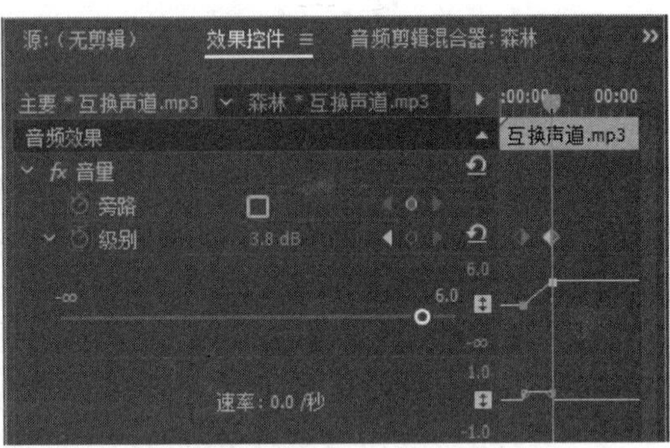


图 7-14

**第 3 步** 拖动【时间指示器】改变其位置，单击【级别】选项右侧的【添加/移除关键帧】按钮，添加第三个关键帧，并修改此处的音量，如图 7-15 所示。

**第 4 步** 完成设置后，即可在【时间轴】面板中播放音频素材，测试设置效果，如图 7-16 所示。

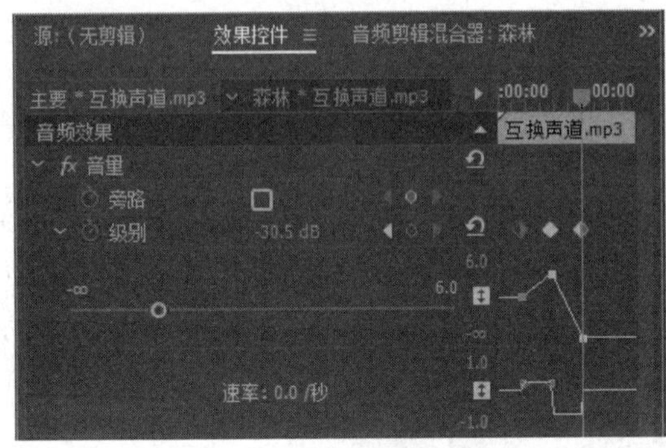


图 7-15

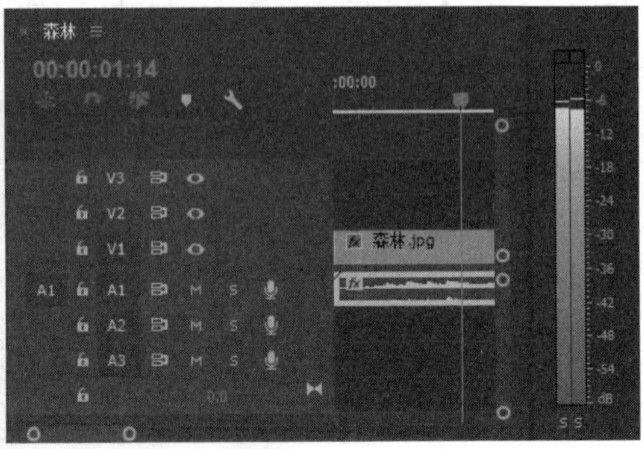

图 7-16

### 2. 声道音量

【声道音量】选项组中的选项用来设置音频素材的左右声道的音量，在该选项组中既可以同时设置左右声道的音量，还可以分别设置左右声道的音量。其设置方法与【音量】选项组中的方法相同，如图 7-17 所示。

### 3. 声像器

【声像器】选项组用来设置音频的立体声声道，使用【音量】选项可以创建多个关键帧，通过拖动关键帧下方相对应的点，同时还可以通过拖动改变点与点之间的弧度，从而控制声音变化的缓急，改变音频轨道中音频的立体声效果，如图 7-18 所示。

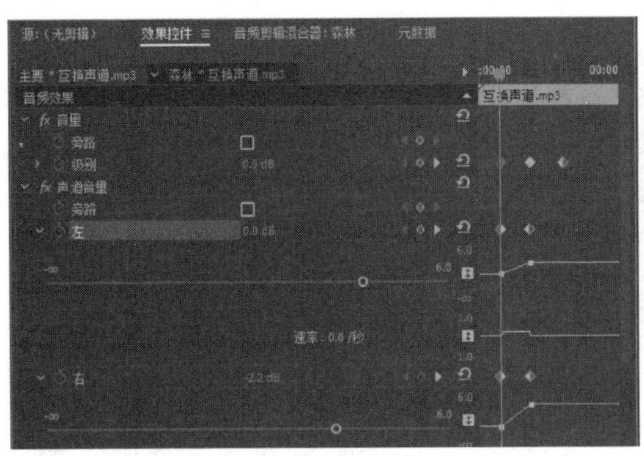

图 7-17

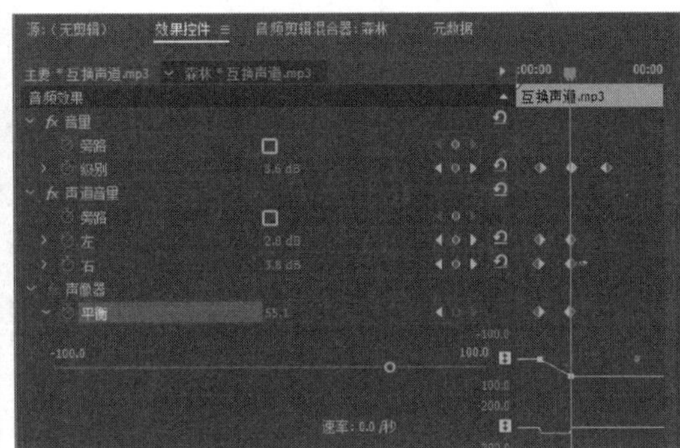

图 7-18

## 7.2.4　声道映射

声道是指录制或者播放音频素材时，在不同控件位置采集或回访的相互独立的音频信号。在 Premiere Pro CC 中，不同的音频素材具有不同的音频声道，如左右声道、立体声道和单声道等。

### 1. 源声道映射

在编辑影片的过程中，经常会遇到卡拉 OK 等双声道或多声道的音频素材。此时，如果只需要使用其中一个声道中的声音，则应当利用 Premiere Pro CC 中的源声道映射功能，对音频素材中的声音进行转换。

转换声音的操作方法非常简单，下面详细介绍声音转换的操作方法。

**第 1 步**　在【项目】面板中选中声音文件，1. 单击【剪辑】主菜单，2. 在弹出的菜单中选择【修改】选项，3. 在弹出的子菜单中选择【音频声道】选项，如图 7-19 所示。

**第 2 步**　弹出【修改剪辑】对话框，1. 在该对话框中设置参数，2. 设置完成后单击【确定】按钮即可完成转换声音的操作，如图 7-20 所示。

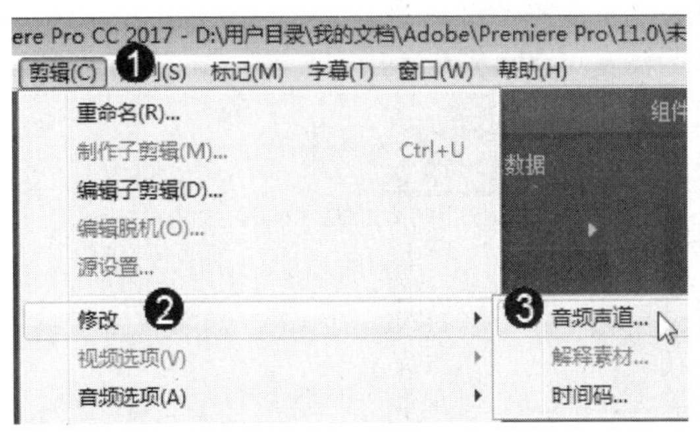


图 7-19

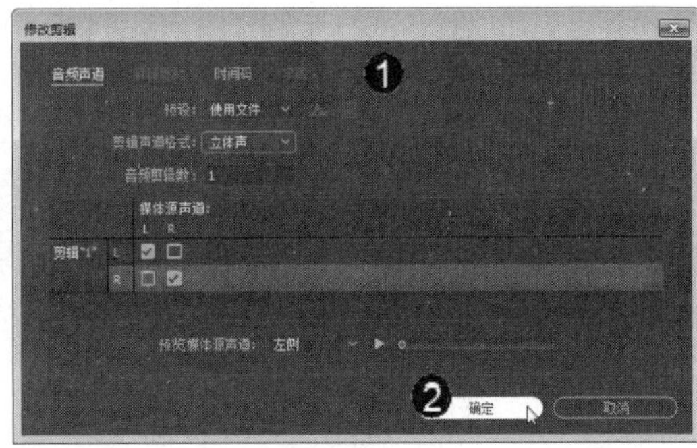


图 7-20

### 2. 拆分为单声道

Premiere Pro CC 除了具备修改素材声道的功能外，还可以将音频素材中的各个声道分离为单独的音频素材。下面详细介绍将音频素材中的各个声道分离为单独的音频素材的操作方法。

**第 1 步** 在【项目】面板中选中声音文件，1. 单击【剪辑】主菜单，2. 在菜单中选择【音频选项】选项，3. 在弹出的子菜单中选择【拆分为单声道】选项，如图 7-21 所示。

**第 2 步** 通过以上步骤即可完成拆分为单声道的操作，如图 7-22 所示。

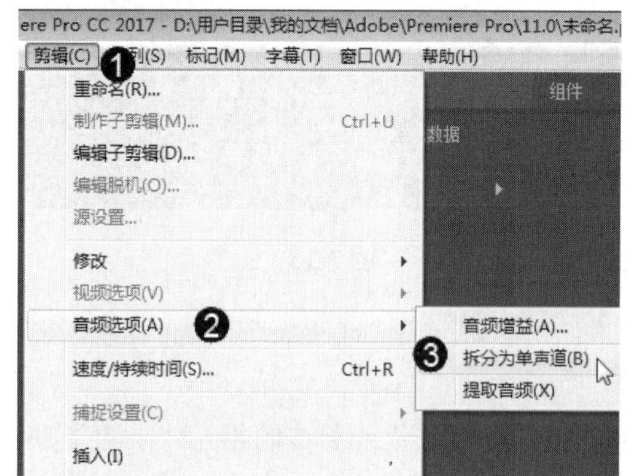


图 7-21

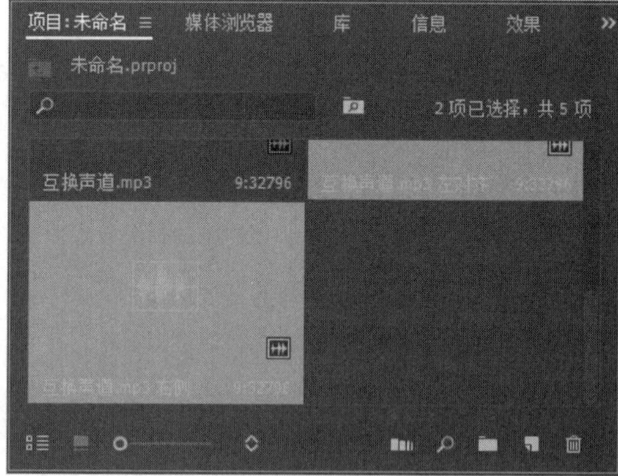


图 7-22

### 3. 提取音频

在编辑某些影视节目时，可能只是需要某段视频素材中的音频部分，此时就需要将素材中的音频部分提取为独立的音频素材。在【项目】面板中选中要提取音频的视频素材，单击【剪辑】主菜单，在弹出的菜单中选择【音频选项】选项，在弹出的子菜单中选择【提取音频】选项即可完成操作，如图 7-23 所示。

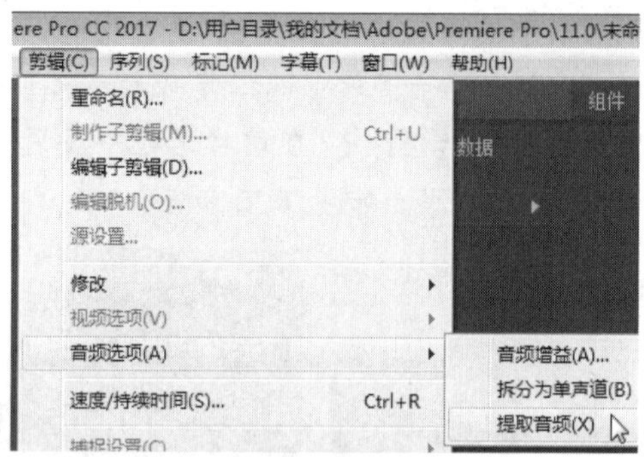


图 7-23

## 7.2.5 增益、均衡和淡化

在 Premiere Pro CC 中，音频素材内音频信号的声调高低称为增益，而音频素材内各声道间的平衡状况被称为均衡。下面将介绍调整音频增益，以及调整音频素材均衡状态的操作方法。

### 1. 调整增益

制作影视节目时，整部影片内往往会使用多个音频素材。此时，就需要对各个音频素材的增益进行调整，以免部分音频素材出现声调过高或过低的情况，最终影响整个影片的制作效果。下面详细介绍调整增益的方法。

**第 1 步** 选中音频素材，1. 单击【剪辑】主菜单，2. 在弹出的菜单中选择【音频选项】选项，3. 在弹出的子菜单中选择【音频增益】选项，如图 7-24 所示。

**第 2 步** 弹出【音频增益】对话框，1. 选中【将增益设置为】单选按钮，2. 在右侧文本框中输入增益数值，3. 单击【确定】按钮即可完成调整增益的操作，如图 7-25 所示。

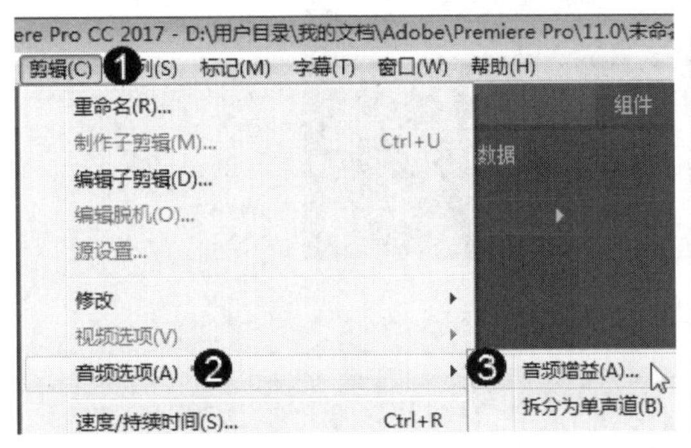


图 7-24

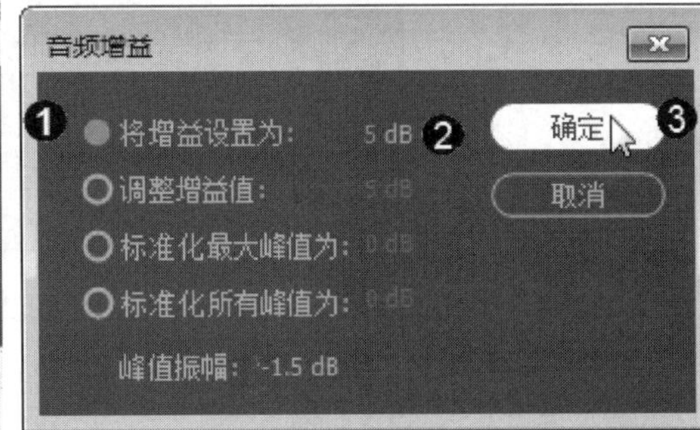


图 7-25

## 2. 均衡立体声

利用 Premiere 中的钢笔工具，用户可以直接在【时间轴】面板上为音频素材添加关键帧，并调整关键帧位置上的音量大小，从而达到均衡立体声的目的。

**第 1 步** 在【时间轴】面板中鼠标右键单击音频素材，1. 在弹出的快捷菜单中选择【显示剪辑关键帧】命令，2. 在弹出的子菜单中选择【声像器】选项，3. 在弹出的子菜单中选择【平衡】选项，如图 7-26 所示。

**第 2 步** 单击相应音频轨道中的【添加/移除关键帧】按钮，并使用【工具】面板中的【钢笔工具】调整关键帧调节线，即可调整立体声的均衡效果，如图 7-27 所示。

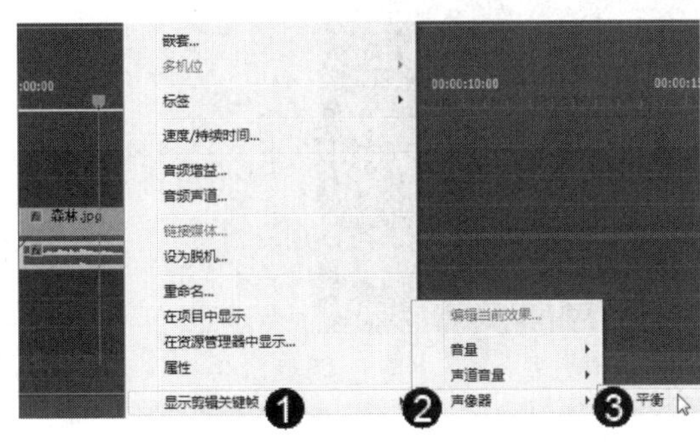


图 7-26

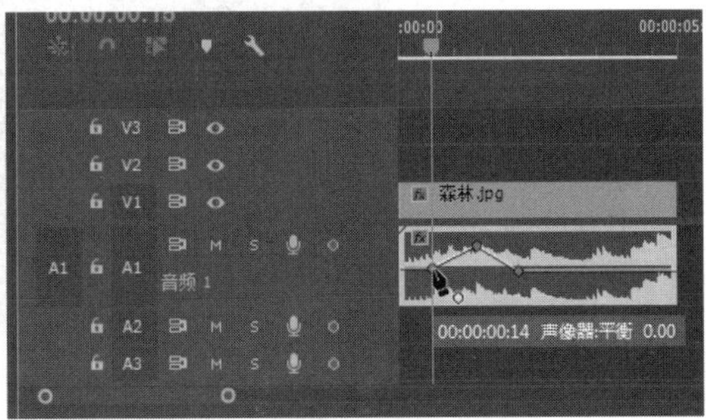


图 7-27

## 3. 淡化声音

在影视节目中，背景音乐是随着影片的播放，背景音乐的声音逐渐减小，直至消失，这种效果称为声音的淡化处理，可以通过调整关键帧的方式来制作。

如果要实现音频素材的淡化效果，至少应当为音频素材添加两处音量关键帧：一处位于声音开始淡化的起始阶段，另一处位于声音淡化效果的末尾阶段，在【工具】面板内选择【钢笔工具】，并使用【钢笔工具】降低淡化效果末尾关键帧的增益，即可实现相应音频素材的逐渐淡化至消失的效果，如图 7-28 所示。

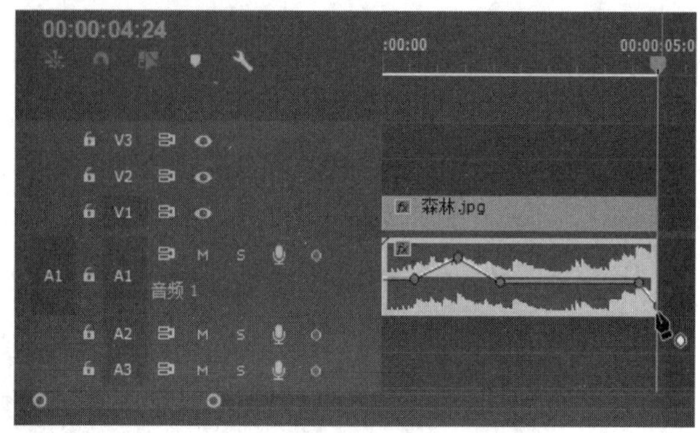


图 7-28

## 7.2.6　音频过渡效果

在制作音频的过程中，为音频素材添加音频过渡效果，能够使音频素材间的连接更为自然、融洽，从而提高影片的整体质量。也可以快速地利用 Premiere CC 内置的音频效果制作出想要的音频效果。

与视频切换效果相同，【音频过渡】也放在【效果】面板中。在【效果】面板中依次展开【音频过渡】→【交叉淡化】文件夹后，即可显示 Premiere CC 内置的 3 种音频过渡效果，如图 7-29 所示。

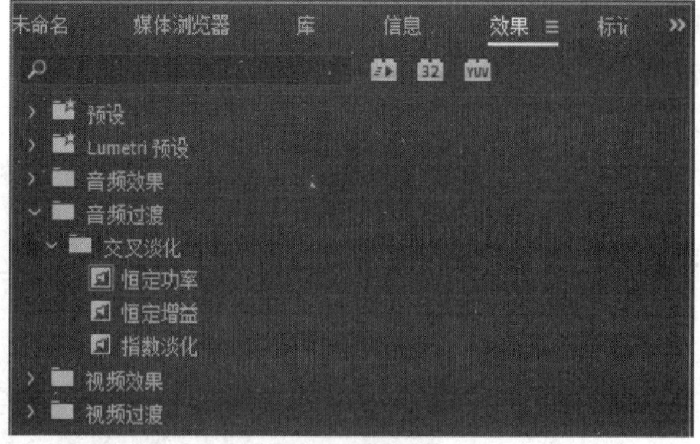


图 7-29

【交叉淡化】文件夹内的不同音频过渡可以实现不同的音频处理效果。若要为音频素材应用过渡效果，只需先将音频素材添加至【时间轴】面板后，将相应的音频过渡效果拖动至音频素材的开始或末尾位置即可。

# 7.3　音轨混合器

在音轨混合器中，可在听取音频轨道和查看视频轨道时调整设置。每条音频轨道混合器轨道均对应于活动序列时间轴中的某个轨道，并会在音频控制台布局中显示时间轴音频轨道。

↑扫码看视频

## 7.3.1　音频轨道混合器

音轨混合器是 Premiere 为用户制作高质量音频所准备的多功能音频素材处理平台。利用 Premiere 音轨混合器，用户可以在现有音频素材的基础上创建复杂的音频效果。

从【音轨混合器】面板内可以看出，音轨混合器由若干音频轨道控制器和播放控制器所组成，而每个轨道控制器内又由对应轨道的控制按钮和音量控制器等控件组成，如图 7-30 所示。

默认情况下，【音轨混合器】面板内仅显示当前所激活序列的音频轨道。因此，如果希望在该面板内显示指定的音频轨道，就必须将序列嵌套至当前被激活的序列中。

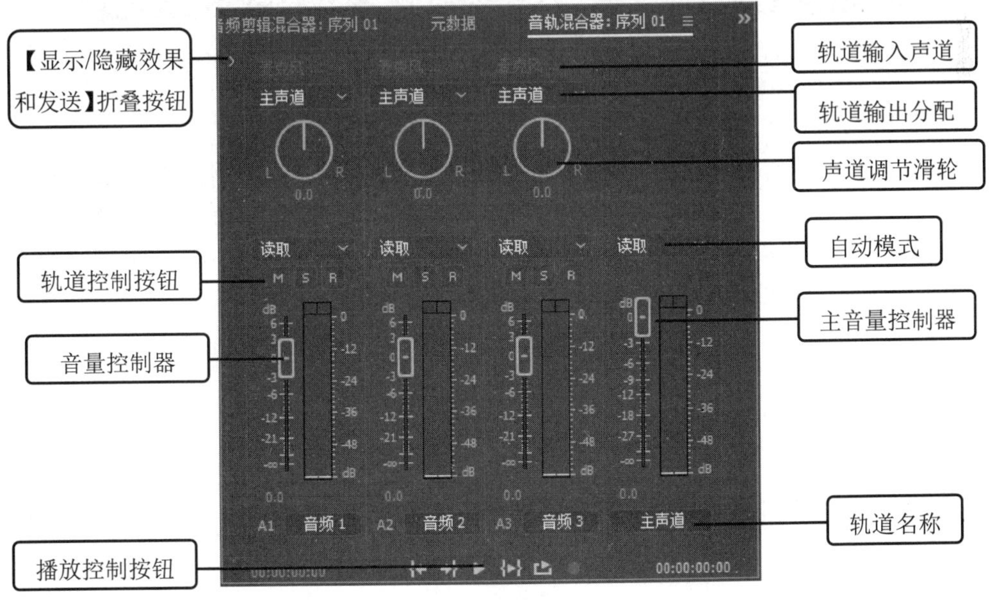


图 7-30

### 1. 自动模式

在【音轨混合器】面板中，自动模式控件对音频的调节作用主要分为调节音频素材和调节音频轨道两种方式。当调节对象为音频素材时，音频调节效果仅对当前素材有效，且调节效果会在用户删除素材后一同消失。如果是对音频轨道进行调节，则音频效果将应用于整个音频轨道内，即所有处于该轨道的音频素材都会在调节范围内受到影响。

在实际应用中，将音频素材添加到时间轴上，在【音轨混合器】面板内单击相应轨道中的【自动模式】下拉按钮，即可选择所要应用的自动模式选项，如图 7-31 所示。

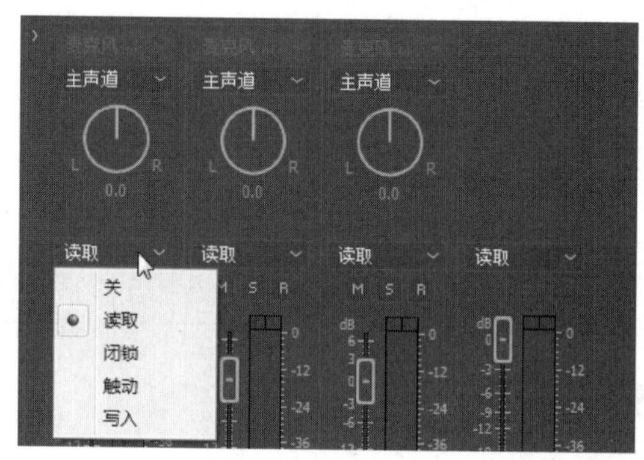


图 7-31

### 2. 轨道控制按钮

在【音轨混合器】面板中，【静音轨道】M、【独奏轨道】S、【启用轨道以进行录制】R等按钮的作用是在用户预听音频素材时，让指定轨道以完全静音或独奏的方式进行播放，如图 7-32 所示。

图 7-32

### 3. 声调调节滑轮

当调节的音频素材只有左、右两个声道时，声道调节滑轮可用来切换音频素材的播放声道。例如，当用户向左拖动声道调节滑轮时，相应轨道音频素材的左声道音量将会得到提升，而右声道音量会降低；如果是向右拖动声道调节滑轮，则右声道音量得到提升，而左声道音量降低，如图 7-33 所示。

图 7-33

### 4. 音量控制器

音量控制器的作用是调节相应轨道内音频素材的播放音量，由左侧的 VU 仪表和右侧的音量调节滑杆所组成，根据类型的不同分为主音量控制器和普通音量控制器。其中，普通音量控制器的数量由相应序列内的音频轨道数量所决定，而主音量控制器只有一项。

在用户预览音频素材播放效果时，VU 仪表将会显示音频素材音量大小的变化。此时，利用音量调节滑块即可调整素材的声音大小，向上拖动滑块可增大素材音量，反之则降低素材音量，如图 7-34 所示。

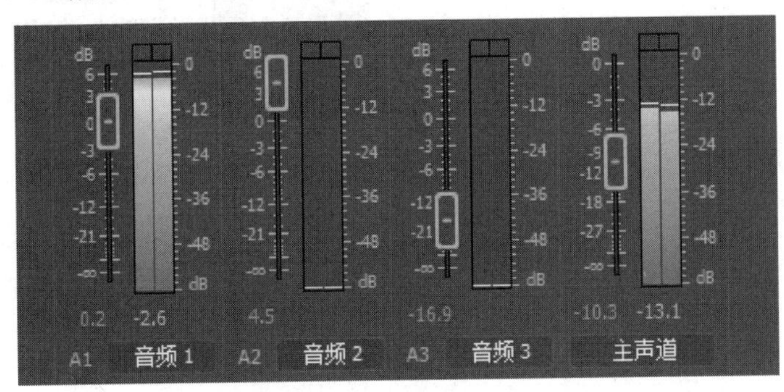


图 7-34

5. 播放控制按钮

播放控制按钮位于【音轨混合器】面板的正下方，其功能是控制音频素材的播放状态。当用户为音频素材设置入点和出点之后，就可以利用各个播放控制按钮对其进行控制，如图 7-35 所示。各按钮的名称及其作用如下。

图 7-35

- 【转到入点】按钮：将当前时间指示器移至音频素材的开始位置。
- 【转到出点】按钮：将当前时间指示器移至音频素材的结束位置。
- 【播放-停止切换】按钮：播放音频素材，可在播放或停止播放音频间进行切换。
- 【从入点播放到出点】按钮：播放音频素材入点与出点间的部分。
- 【循环】按钮：使音频素材不断进行循环播放。
- 【录制】按钮：单击该按钮，即可开始对音频素材进行录制操作。

6. 显示/隐藏效果和发送

默认情况下，效果与发送选项被隐藏在【轨道混合器】面板内，用户可以通过单击【显示/隐藏效果和发送】按钮的方式展开该区域，如图 7-36 所示。

7. 面板菜单

由于【轨道混合器】面板内的控制选项众多，Premiere Pro CC 允许用户通过【轨道混合器】面板菜单自定义【轨道混合器】面板中的功能。用户只需单击面板右上角的【面板菜单】按钮，即可显示该面板菜单，如图 7-37 所示。

8. 重命名轨道名称

在【轨道混合器】面板中，轨道名称不是固定不变的，而是能够更改的。在【轨道名称】文本框中输入文本，即可更改轨道名称，如图 7-38 所示。

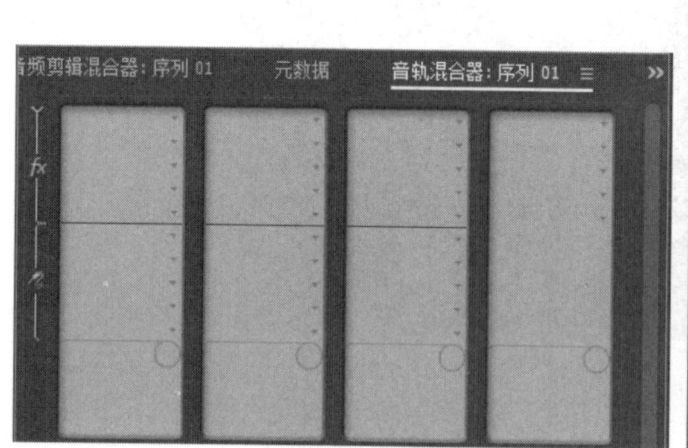


图 7-36

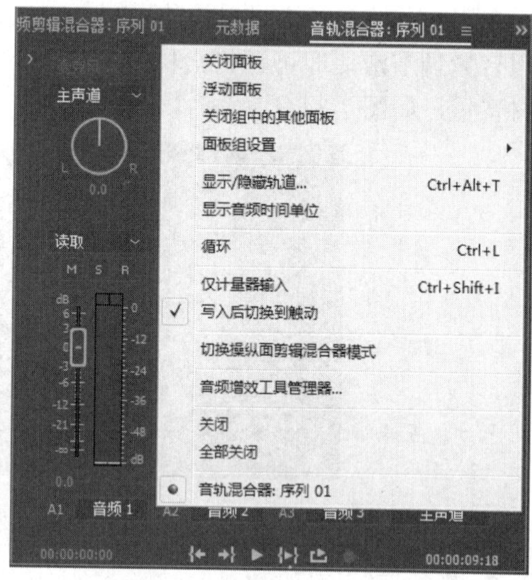


图 7-37

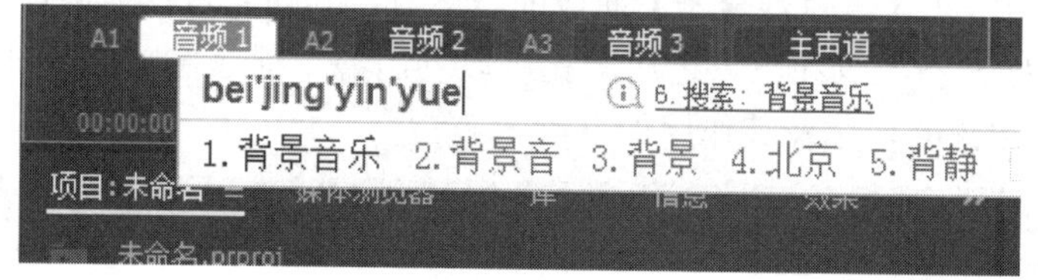


图 7-38

## 7.3.2 创建特殊效果

用户使用【音轨混合器】面板还可以创建特殊效果，下面将介绍通过效果与发送区域添加各种效果的方法来创建特殊效果。

在【音轨混合器】面板中，所有可以使用的音频效果都来源于【效果】面板中的相应滤镜。在【音轨混合器】面板内为相应音频轨道添加效果后，折叠面板的下方将会出现用于设置该音频效果的参数控件，如图 7-39 所示。

在音频效果的参数控件中，既可以通过单击参数值的方式来更改选项参数，也可以拖动控件上的指针来更改相应的参数值。如果需要更改音频滤镜的其他参数，只需单击控件下方的下拉按钮，在列表内选择所要设置的参数名称即可，如图 7-40 所示。

在应用多个音频滤镜的情况下，用户只需选择所要调整的音频效果，控件位置处即可显示相应效果的参数调整控件。如果需要在效果与发送区域内清除部分音频效果，只需单击相应音频效果右侧的下拉按钮，选择【无】选项即可，如图 7-41 所示。

如果想在不删除音频效果的情况下，暂时屏蔽音频轨道内的指定音频效果，用户可使用绕开效果。设置绕开效果时，只需在【音轨混合器】面板内选择所要屏蔽的音频效果后，单击参数控件右上角的【绕开】按钮即可，如图 7-42 所示。

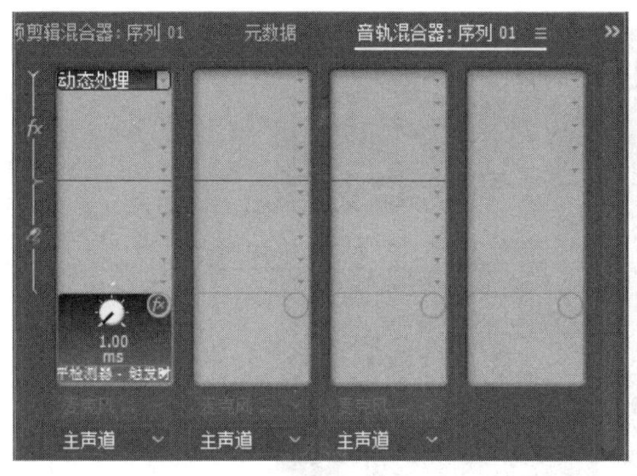


图 7-39

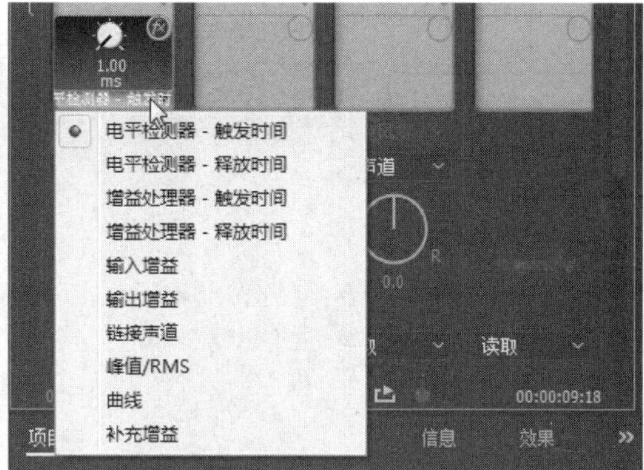


图 7-40

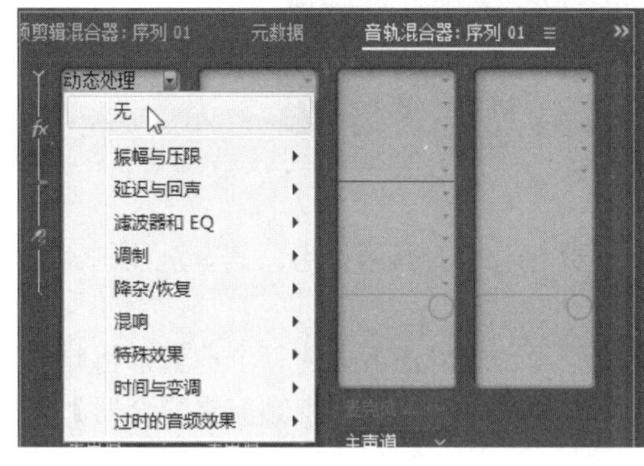


图 7-41

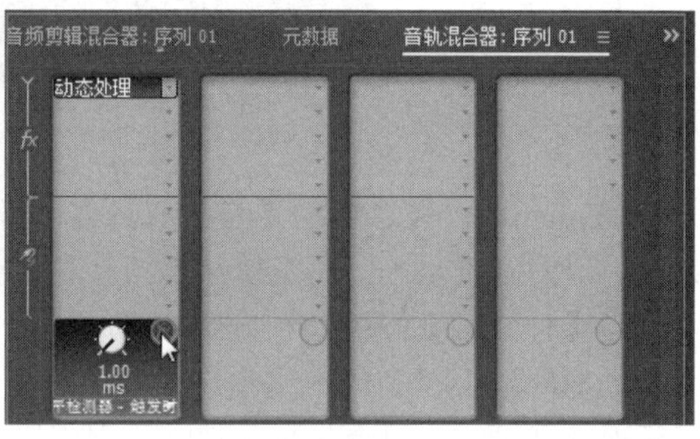


图 7-42

# 7.4　音频剪辑混合器

音频剪辑混合器是 Premiere Pro CC 中混合音频的新方式。除混合轨道外，现在还可以控制混合器界面中的单个剪辑，并创建更平滑的音频淡化效果。

↑扫码看视频

## 7.4.1　音频剪辑混合器概述

【音频剪辑混合器】面板与【音轨混合器】面板之间相互关联，但是当【时间轴】面板是目前所选中的面板时，可以通过【音频剪辑混合器】监视并调整序列中剪辑的音量和声像；同样，当【源】监视器面板是所选中的面板时，可以通过【音频剪辑混合器】监视源监视器中的剪辑，如图 7-43 所示。

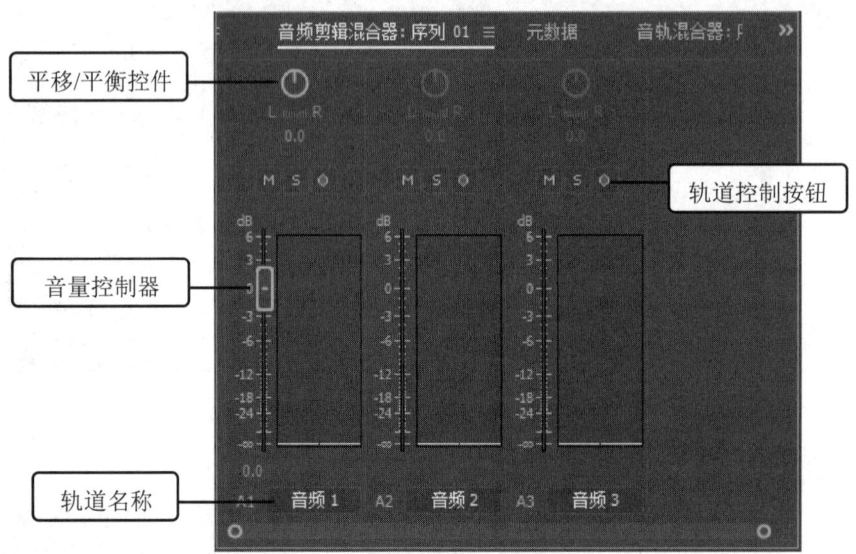


图 7-43

Premiere Pro CC 中的【音频剪辑混合器】面板起着检查器的作用。其音量控制器会映射至剪辑的音量水平，而声像控制器会映射至剪辑的声像。

当【时间轴】面板处于选中状态时，播放指示器当前位置下方的每个剪辑都将映射到【音频剪辑混合器】的声道中。只有播放指示器下存在剪辑时，【音频剪辑混合器】才会显示剪辑音频。当轨道包含间隙时，则剪辑混合器中相应的声道为空。

## 7.4.2 声道音量

【音频剪辑混合器】面板与【音轨混合器】面板相比，除了能够进行音量的设置外，还能够进行声道音量的设置。

在【音频剪辑混合器】面板中除了能够设置音频轨道中的总体音量外，还可以单独设置声道音量。但是在默认情况下是禁用的。如果想要单独设置声道音量，首先要在【音频剪辑混合器】面板中右键单击音量表，在弹出的快捷菜单中选择【显示声道音量】命令，即可显示出声道衰减器，当鼠标指向【音频剪辑混合器】面板中的音量表时，衰减器会变成按钮形式，这时上下单击并拖动衰减器，可以单独控制声道音量，如图 7-44 和图 7-45 所示。

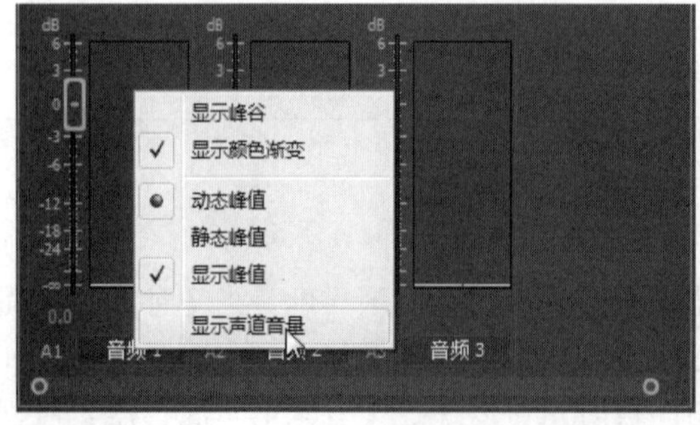


图 7-44

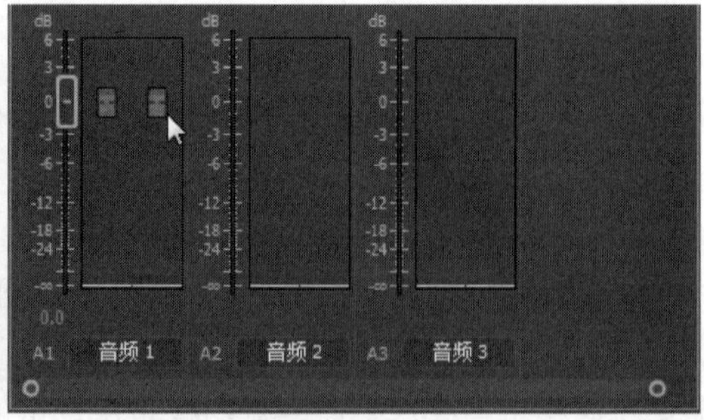


图 7-45

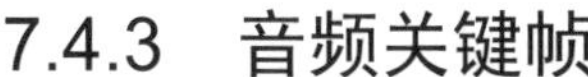

### 7.4.3　音频关键帧

【音频剪辑混合器】面板中的【写关键帧】按钮状态，决定着对音量或声像器进行更改的性质。在该面板中不仅能够设置音频轨道中音频总体音量与声道音量，还能够设置不同时间段的音频音量。下面详细介绍设置不同时间段的音频音量的方法。

**第 1 步** 在时间轴上确定播放指示器在音频片段中的位置，在【音频剪辑混合器】面板中单击【写关键帧】按钮，如图 7-46 所示。

**第 2 步** 按空格键播放音频片段后，在不同的时间段中单击并拖动【音频剪辑混合器】面板中的控制音量的衰减器，创建关键帧，设置音量高低，如图 7-47 所示。

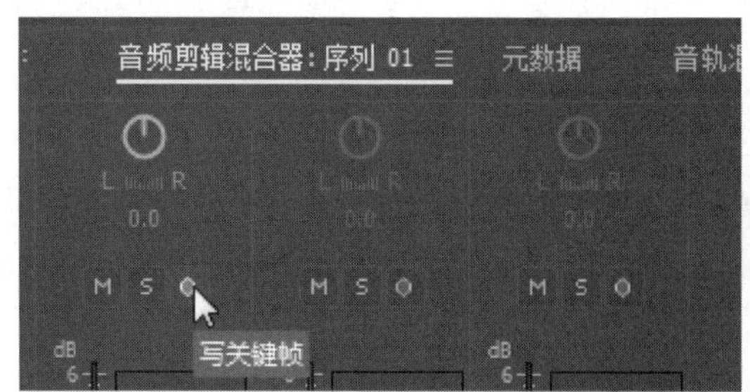


图 7-46

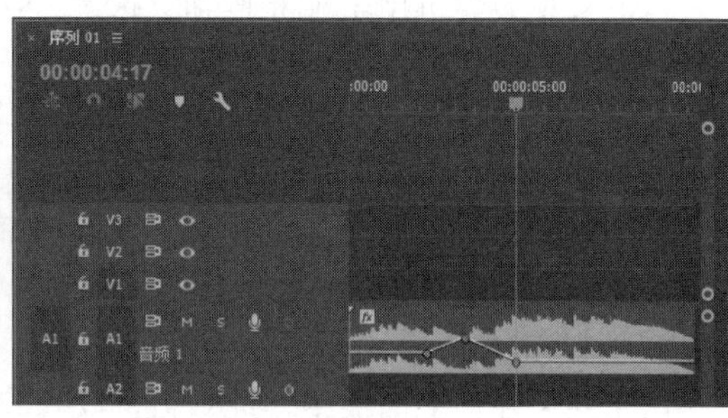


图 7-47

## 7.5　制作音频特效

在 Premiere Pro CC 中，声音可以如同视频那样被添加各种特效。音频特效不仅可以应用于音频素材，还可以应用于音频轨道。本节将详细介绍音频特效相关的知识。

↑扫码看视频

### 7.5.1　音频效果简介

虽然 Premiere Pro CC 将音频素材根据声道数量划分为不同的类型，但是在【效果】面板内的【音频效果】文件夹中，Premiere Pro CC 则没有进行分类，而是将所有音频效果罗列在一起。

#### 1. 平衡效果

平衡效果可用于控制左右声道的相对音量。正值增加右声道的比例，负值增加左声道的比例。此效果仅适用于立体声剪辑。

### 2. 带通效果

带通效果是指在指定范围外发生的频率或频段。此效果适用于 5.1、立体声或单声道剪辑。

### 3. 低音效果

低音效果可用于增大或减小低频(200Hz 及更低)，提升低频的分贝数。此效果适用于 5.1、立体声或单声道剪辑。

### 4. 声道音量效果

声道音量效果可用于独立控制立体声、5.1 剪辑或轨道中的每条声道的音量。每条声道的音量级别以分贝衡量。

### 5. 自动咔嗒声移除效果

自动咔嗒声移除效果用于消除来自音频信号的多余咔嗒声。咔嗒声通常是因为胶片剪辑拼接不良或音频素材数字编辑不良造成的。消除咔嗒声对于消除因敲击麦克风而产生的小爆破声非常有用。

在【效果控件】面板中，此效果的【自定义设置】会显示【输入】和【输出】监视器。第一个监视器显示已检测到任何咔嗒声的输入信号。第二个监视器显示已消除咔嗒声的输出信号。

### 6. 消除齿音效果

消除齿音效果可以消除齿音和其他高频 S 类型的声音，这类声音通常是在解说员或歌手发出字母“s”和 “t”的读音时产生。此效果适用于 5.1、立体声或单声道剪辑。

### 7. 消除嗡嗡声效果

消除嗡嗡声效果是从音频中消除不需要的 50Hz/60Hz 嗡嗡声。此效果适用于 5.1、立体声或单声道剪辑。

### 8. 延迟效果

延迟效果添加音频剪辑声音的回声，用于在指定时间量之后播放。此效果适用于 5.1、立体声或单声道剪辑。

### 9. 平衡效果

平衡效果只能用于立体声音频素材，用于控制左右声道的相对音量。

### 10. 左声道、右声道效果

使用左声道效果复制音频剪辑的左声道信息，并且将其放置在右声道中，丢弃原始剪辑的右声道信息。使用右声道效果复制右声道信息，并将其放置在左声道中，丢弃现有的左声道信息。此效果仅应用于立体声音频剪辑。

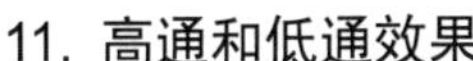

### 11. 高通和低通效果

高通效果消除低于指定屏蔽度频率的频率。低通效果消除高于指定屏蔽度频率的频率。高通和低通效果适用于 5.1、立体声或单声道剪辑。

### 12. 反转效果

反转效果反转所有声道的相位。此效果适用于 5.1、立体声或单声道剪辑。

### 13. 多频段压缩器效果

多频段压缩器效果是一种三频段压缩器，其中有对应每个频段的控件。当需要更柔和的声音压缩器时，可使用此效果代替动力学效果中的压缩器。

使用【自定义设置】视图中的图形控件，或在【各个参数】视图中调整值。【自定义设置】视图在【频率】窗口中显示 3 个频段(低、中、高)。通过调整补偿增益和频率范围所对应的手柄，可以控制每个频段的增益。中频段的手柄确定频段的交叉频率，拖动手柄可调整相应的频率。此效果适用于 5.1、立体声或单声道剪辑。

### 14. 参数均衡器效果

参数均衡器效果用于增大或减小位于指定中心频率附近的频率。此效果适用于 5.1、立体声或单声道剪辑。

### 15. 互换声道效果

互换声道效果用于切换左右声道信息的位置。此效果仅应用于立体声剪辑。

### 16. 高音效果

高音效果用于增高或降低高频(4000 Hz 及以上)，【提升】控件指定以分贝为单位的增减量。此效果适用于 5.1、立体声或单声道剪辑。

### 17. 音量效果

如果想在其他标准效果之前渲染音量，请使用音量效果代替固定音量效果。音量效果为剪辑创建包络，以便可以在不出现剪峰的情况下增加音频音量。当信号超过硬件所能接受的动态范围时，就会发生剪峰，通常导致音频失真。正值表示增加音量，负值表示降低音量。音量效果仅适用于 5.1、立体声或单声道轨道中的剪辑。

### 18. Chorus/Flanger 效果

Chorus(合唱)效果通过添加多个短延迟和少量反馈，模拟一次性播放的多种声音或乐器。结果将产生丰富动听的声音。可以使用合唱效果来增强声轨或将立体声空间感添加到单声道音频中，也可将其用于创建独特效果。

Premiere Pro CC 使用达到合唱效果的直接模拟法，通过稍微更改时间设置、声调和颤音使每个声音(或图层)听起来与原来不同。

### 19. 室内混响效果

混响效果通过模拟室内音频播放的声音，为音频剪辑添加气氛和温馨感。使用【自定义设置】视图中的图形控件，或在【各个参数】视图中调整值。此效果适用于 5.1、立体声或单声道剪辑。

## 7.5.2 山谷回声效果

电影、电视中经常会有回声效果的出现，山谷回声的效果是利用延迟音频效果实现的。下面将详细介绍山谷回声效果的制作方法。

**第 1 步** 在【项目】面板的空白处双击鼠标，弹出【导入】对话框，1. 选择音频素材，2. 单击【打开】按钮，如图 7-48 所示。

**第 2 步** 将导入的音频素材添加至【时间轴】面板中的音频 1 轨道内，如图 7-49 所示。

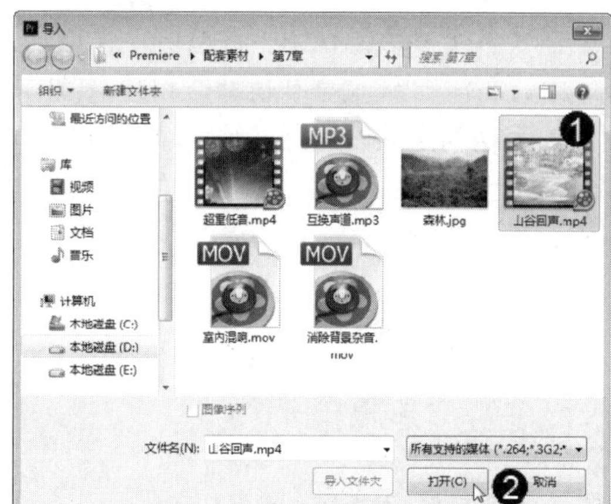

图 7-48

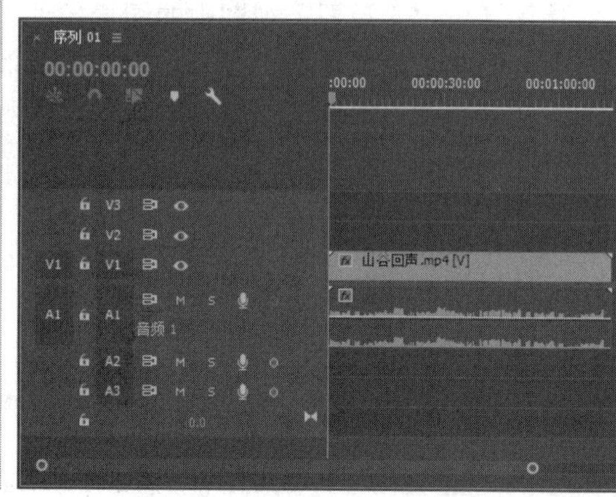

图 7-49

**第 3 步** 在音频 1 轨道对应的效果列表内单击任意一个【效果选择】下拉按钮，1. 在弹出的菜单中选择【延迟与回声】选项，2.在弹出的子菜单中选择【多功能延迟】选项，如图 7-50 所示。

**第 4 步** 在该音频效果对应的参数控件中，将【延迟 1】的参数设置为 1 秒，如图 7-51 所示。

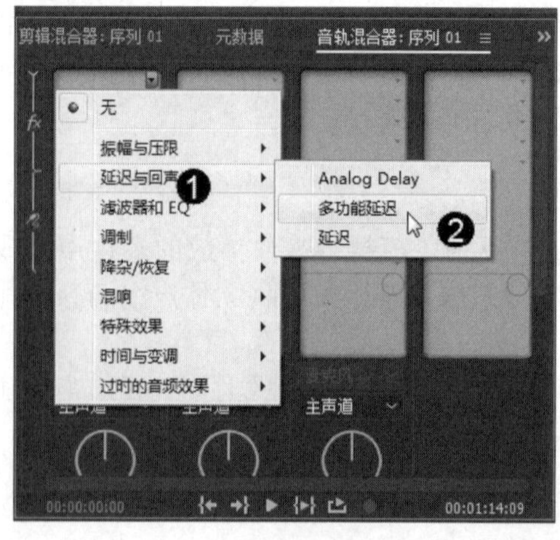

图 7-50

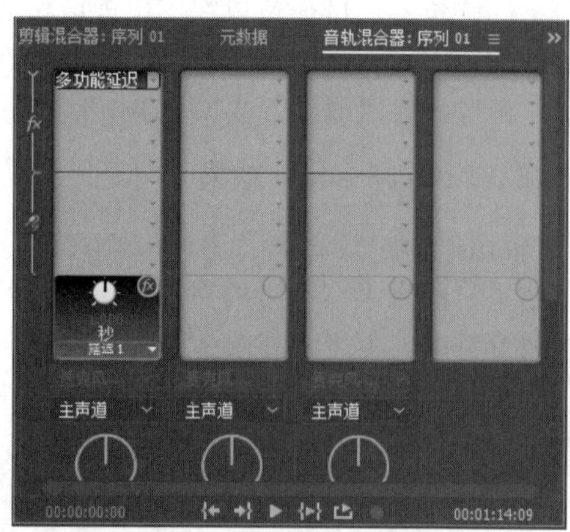

图 7-51

**第 5 步** 在该音频效果对应的参数控件中，将【反馈 1】的参数设置为 10%，如图 7-52 所示。

**第 6 步** 在该音频效果对应的参数控件中，将【混合】的参数设置为 60%，如图 7-53 所示。

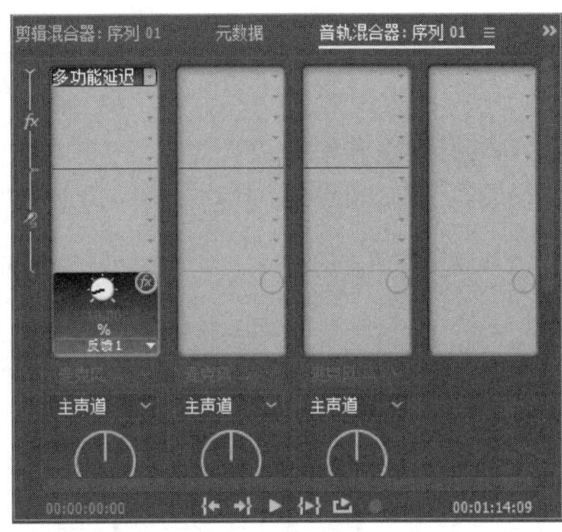


图 7-52

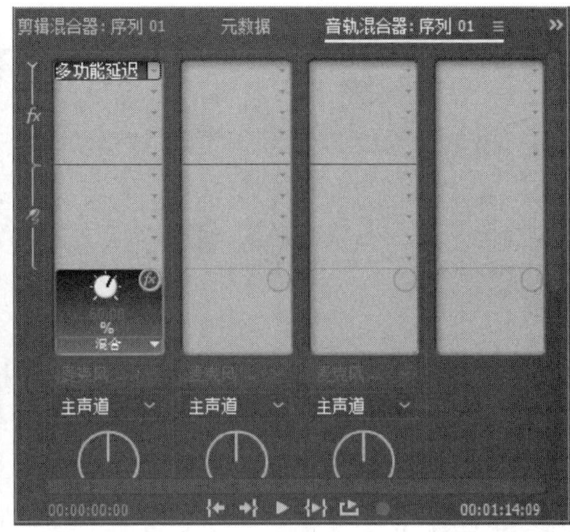


图 7-53

**第 7 步** 依次将【延迟 2】、【延迟 3】和【延迟 4】的参数设置为 1.5 秒、1.8 秒和 2 秒，如图 7-54 所示。

**第 8 步** 将音频 1 轨道的音量调节按钮移至 1 的位置即可完成设置山谷回声的操作，如图 7-55 所示。

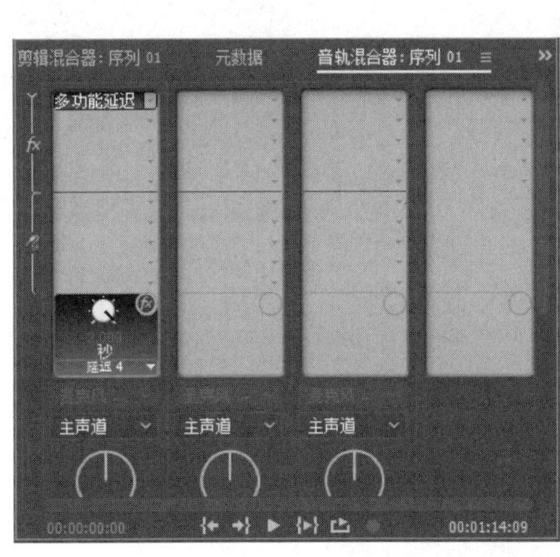


图 7-54

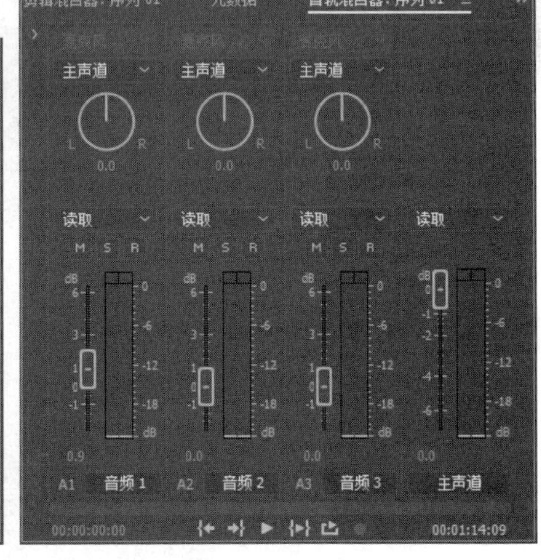


图 7-55

## 7.5.3　消除背景杂音

信息采集过程中，经常会采集到一些噪音，这时就需要我们将其消除，下面将详细介绍消除背景杂音的操作方法。

**第 1 步** 在【项目】面板的空白处双击鼠标，弹出【导入】对话框，1. 选择素材文件，2. 单击【打开】按钮，如图 7-56 所示。

**第 2 步** 将导入的音频素材添加至【时间轴】面板中，如图 7-57 所示。

图 7-56

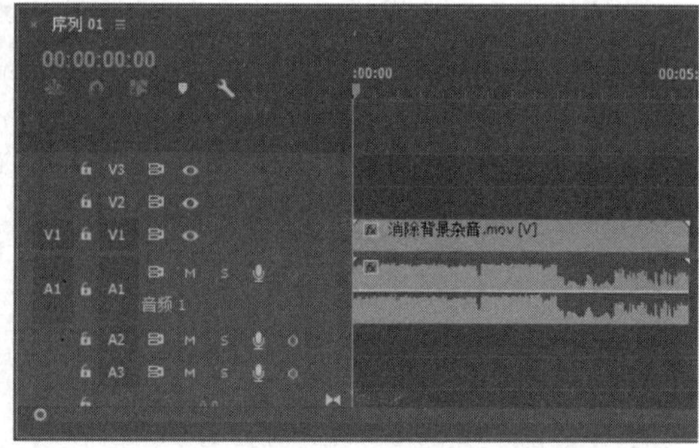


图 7-57

**第 3 步** 在【效果】面板下的【音频效果】卷展栏中，选择【自适应降噪】音频特效，并将其拖曳到时间轴的素材上，如图 7-58 所示。

**第 4 步** 在【效果控件】面板中，单击【自定义设置】选项右边的【编辑】按钮，如图 7-59 所示。

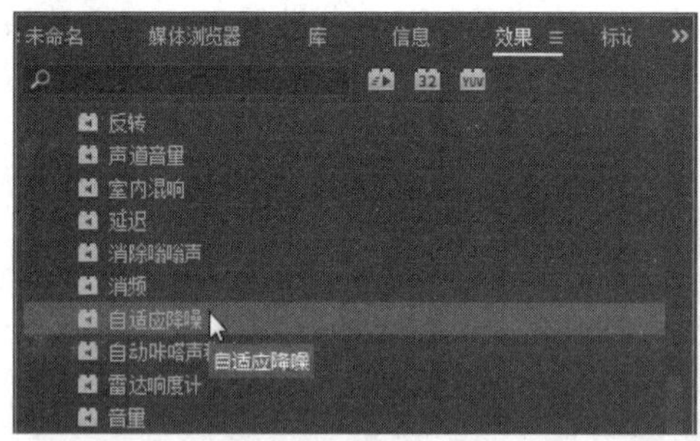


图 7-58

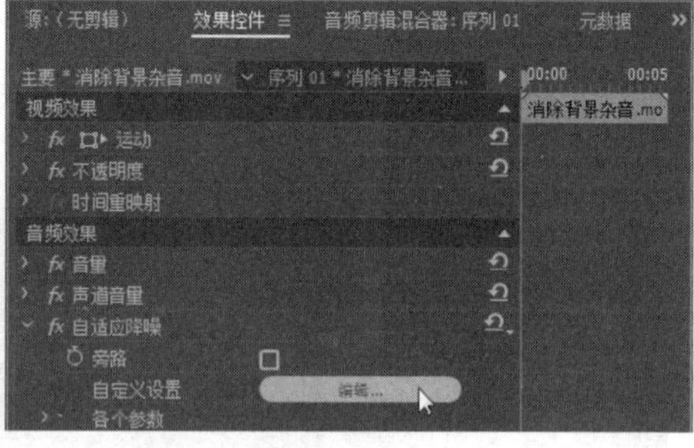


图 7-59

**第 5 步** 弹出剪辑效果编辑器对话框，在该对话框中设置参数，设置完成后单击【关闭】按钮即可完成消除背景杂音的操作，如图 7-60 所示。

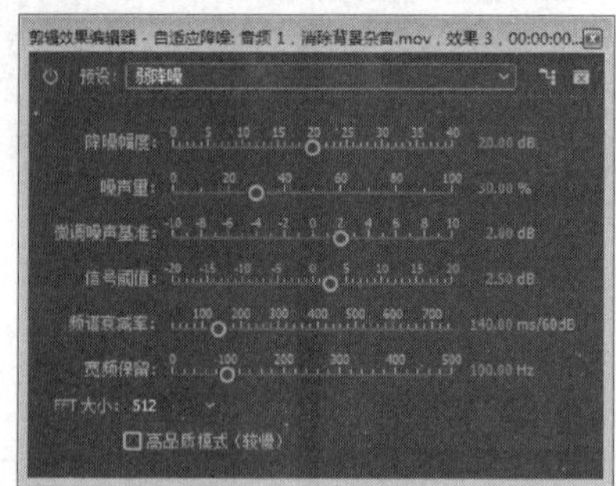


图 7-60

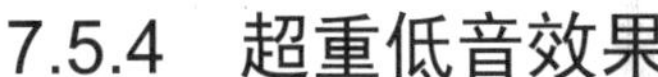

## 7.5.4　超重低音效果

影视剪辑工作中，经常会对音频进行效果处理，其中低音音场效果对于氛围塑造作用重大。下面将介绍超重低音效果的操作方法。

**第 1 步** 在【项目】面板的空白处双击鼠标，弹出【导入】对话框，**1.** 选择素材文件，**2.** 单击【打开】按钮，如图 7-61 所示。

**第 2 步** 将导入的音频素材添加至【时间轴】面板中，如图 7-62 所示。

图 7-61

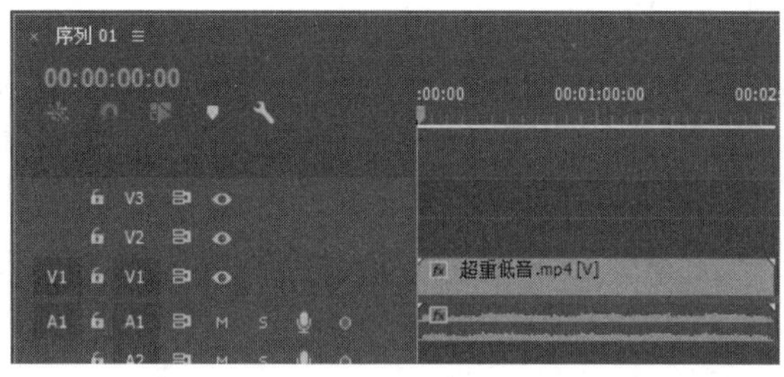


图 7-62

**第 3 步** 在【效果】面板下的【音频效果】卷展栏中，选择【低通】音频特效，并将其拖曳到时间轴的素材上，如图 7-63 所示。

**第 4 步** 在【效果控件】面板中，单击【屏蔽度】选项左侧的【切换动画】按钮，添加第一个关键帧，如图 7-64 所示。

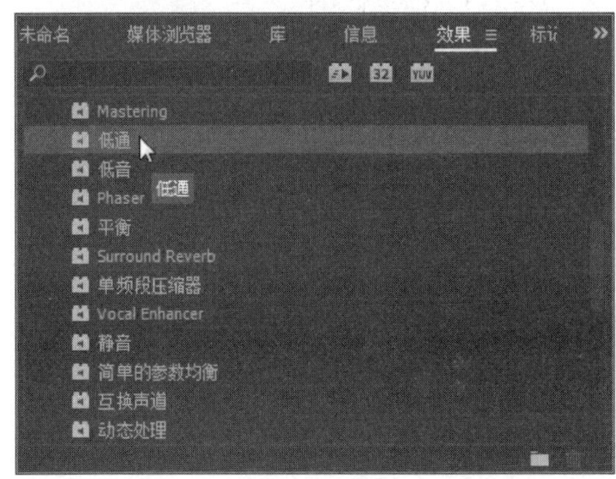


图 7-63

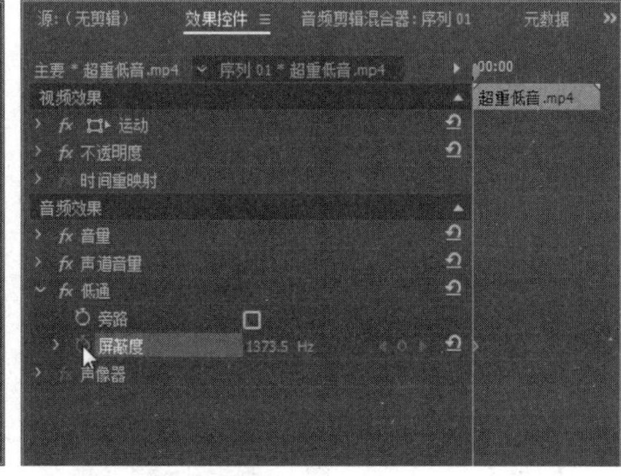


图 7-64

**第 5 步** 拖曳时间指示器到 00:01:00:00 处，添加一个关键帧，设置屏蔽度为 500Hz，通过以上步骤即可完成设置超重低音效果的操作，如图 7-65 所示。

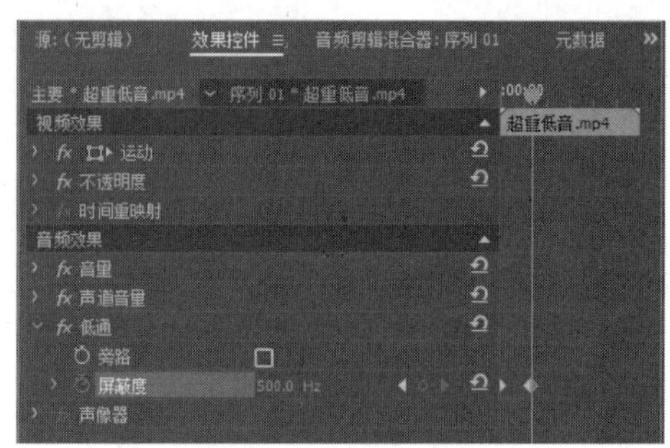


图 7-65

# 7.6 录制音频

与复杂的视频素材采集设备相比，录制音频素材所要用到的设备要简单许多。通常情况下，用户只需要拥有一台计算机、一块声卡和一个麦克风即可，本节将详细介绍录制音频方面的知识。

↑扫码看视频

## 7.6.1 制作录音

用计算机录制音频素材的方法有很多，其中最为简单的是利用操作系统自带的 Windows 录音机程序进行录制。

**第 1 步** 在系统桌面中，1. 单击【开始】按钮，2. 在弹出的菜单中单击【所有程序】按钮，3. 在弹出的菜单中选择【附件】选项，4. 在弹出的子菜单中选择【录音机】选项，如图 7-66 所示。

**第 2 步** 弹出【录音机】对话框，单击【开始录制】按钮，如图 7-67 所示。

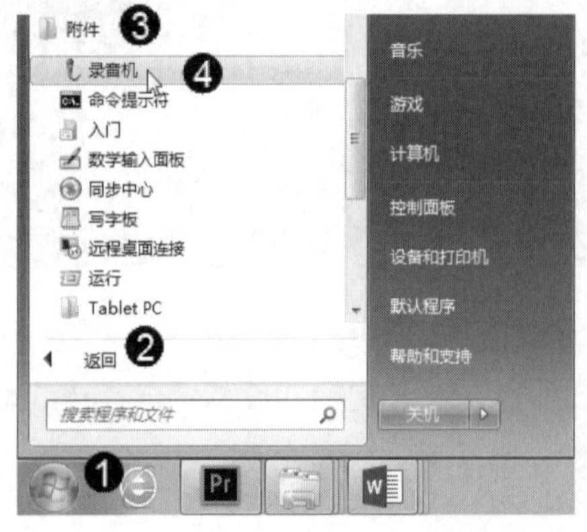


图 7-66

图 7-67

**第 3 步** 计算机将记录从麦克风处获取的音频信息，录制完成后单击【停止录制】按钮，如图 7-68 所示。

**第 4 步** 弹出【另存为】对话框，**1.** 选择语音文件保存的位置，**2.** 在【文件名】文本框中输入名称，**3.** 单击【保存】按钮即可完成制作录音的操作，如图 7-69 所示。

图 7-68

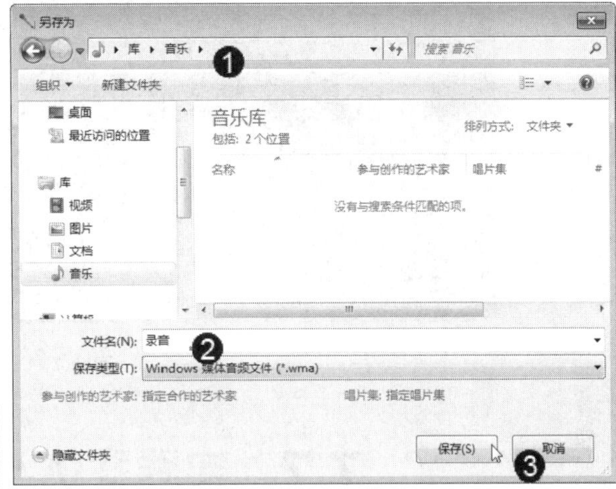


图 7-69

## 7.6.2　添加与设置子轨道

为混音效果创建独立的混音轨道能够使整个项目内的音频编辑工作看起来更具条理性，从而便于进行修改或其他类似操作。下面介绍添加与设置子轨道的方法。

**第 1 步** 启动 Premiere CC 程序，**1.** 单击【序列】主菜单，**2.** 在弹出的菜单中选择【添加轨道】选项，如图 7-70 所示。

**第 2 步** 弹出【添加轨道】对话框，**1.** 在【视频轨道】和【音频轨道】区域中的【添加】文本框中输入 1，**2.** 单击【确定】按钮，如图 7-71 所示。

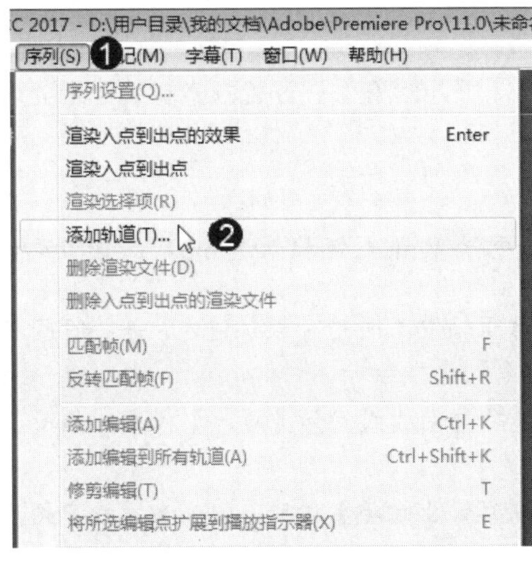


图 7-70

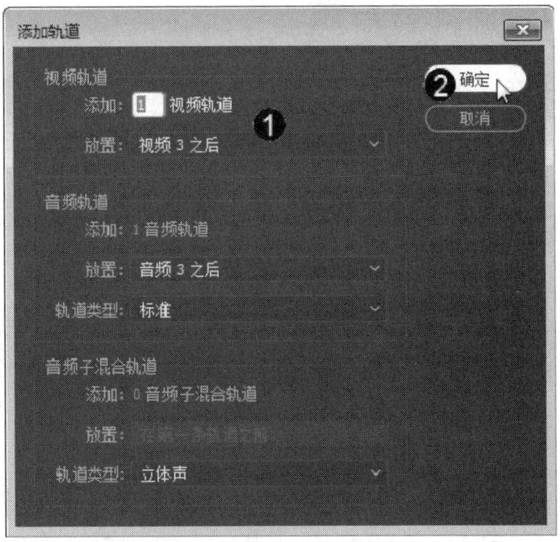

图 7-71

**第 3 步** 在【时间轴】面板中可以看到视频和音频轨道各添加了一条新轨道，通过以上步骤即可完成添加子轨道的操作，如图 7-72 所示。

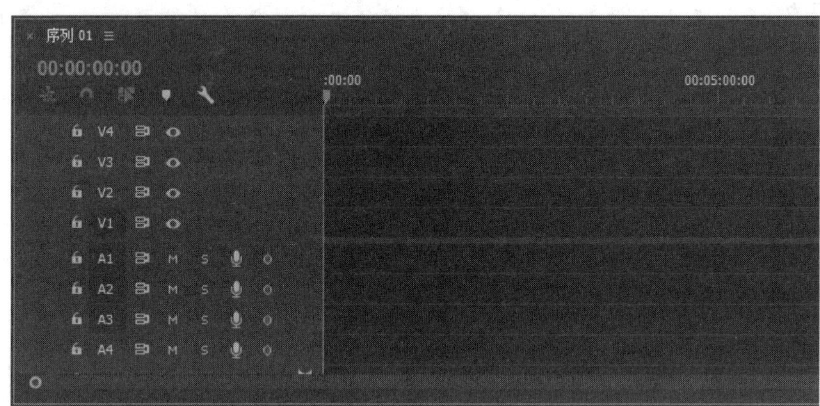


图 7-72

# 7.7 实践案例与上机指导

通过本章的学习，读者可以掌握编辑与添加音频的基本知识以及一些常见的操作方法。下面通过练习操作，以达到巩固学习、拓展提高的目的。

↑扫码看视频

## 7.7.1 混合音频

在了解自动模式列表内各个选项的作用后，即可开始着手进行音频素材的混音处理工作。下面详细介绍混合音频的操作方法。

素材保存路径：配套素材\第 7 章

素材文件名称：效果-混合音频.prproj、超重低音.mp4、互换轨道.mp4、山谷回声.mp4

**第 1 步** 将待合成的音频素材分别放置在时间轴中不同的音频轨道内，并将时间指示器移至音频素材的开始位置，如图 7-73 所示。

**第 2 步** 在【音轨混合器】面板内为音频选择自动模式，如【写入】模式，如图 7-74 所示。

**第 3 步** 单击【音轨混合器】面板内的【播放-停止切换】按钮，即可在播放音频素材的同时对相应控件进行设置，如调整素材音量，如图 7-75 所示。

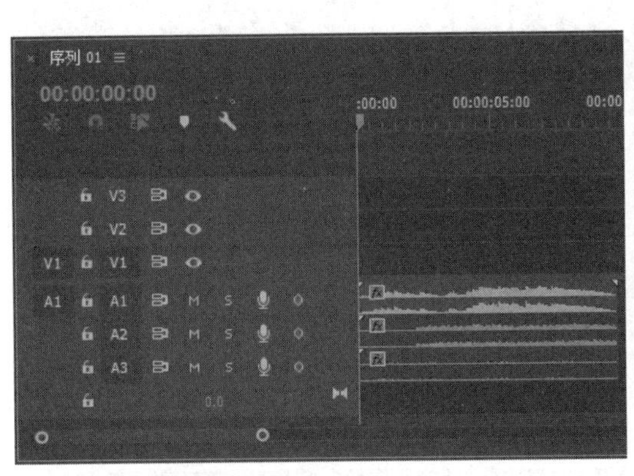


图 7-73

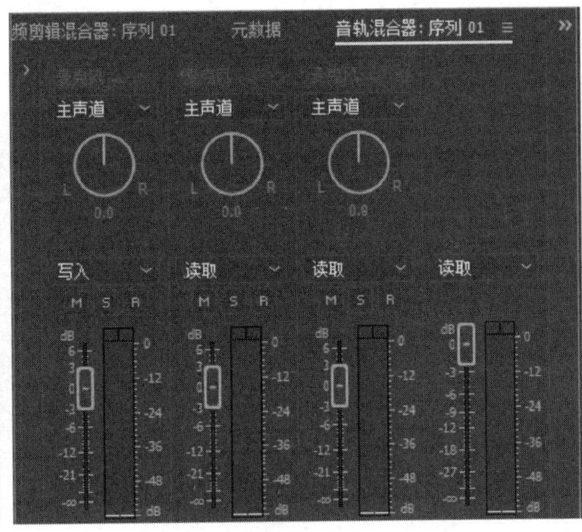


图 7-74

**第 4 步** 通过以上步骤即可完成混合音频的操作，此时可以在【时间轴】面板中试听混音效果，如图 7-76 所示。

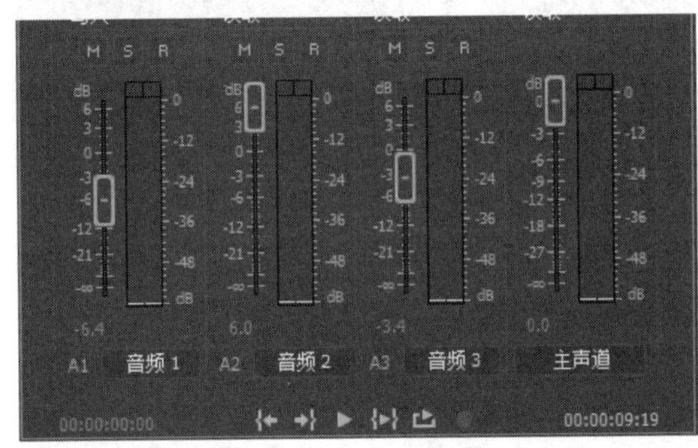


图 7-75

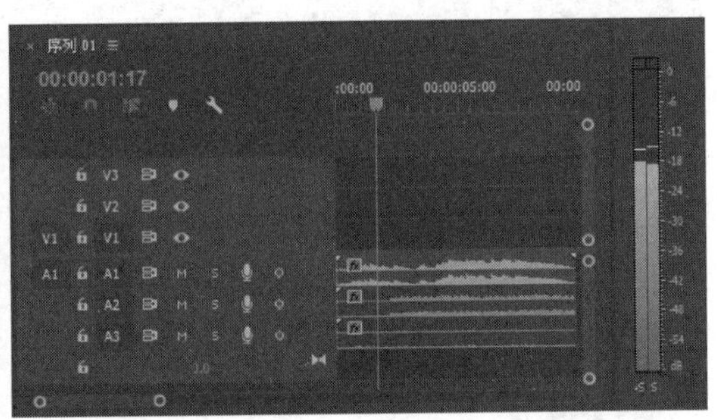


图 7-76

## 7.7.2　制作环绕声混响音频效果

在音频编辑操作中，经常需要制作环绕声混响的效果，以增强音乐的感染氛围。下面介绍环绕声混响效果的制作方法。

素材保存路径：配套素材\第 7 章

素材文件名称：效果-环绕声混响.prproj、环绕声混响.mov

**第 1 步** 在【项目】面板的空白处双击鼠标，弹出【导入】对话框，**1.** 选择素材，**2.** 单击【打开】按钮，如图 7-77 所示。

**第 2 步** 将导入的素材添加至【时间轴】面板中的轨道内，如图 7-78 所示。

**第 3 步** 在【效果】面板下的【音频效果】卷展栏中，选择 Surround Reverb 音频特效，并将其拖曳到时间轴的素材上，如图 7-79 所示。

**第 4 步** 通过以上步骤即可完成混合音频的操作，此时可以在【时间轴】面板中试听混音效果，如图 7-80 所示。

图 7-77

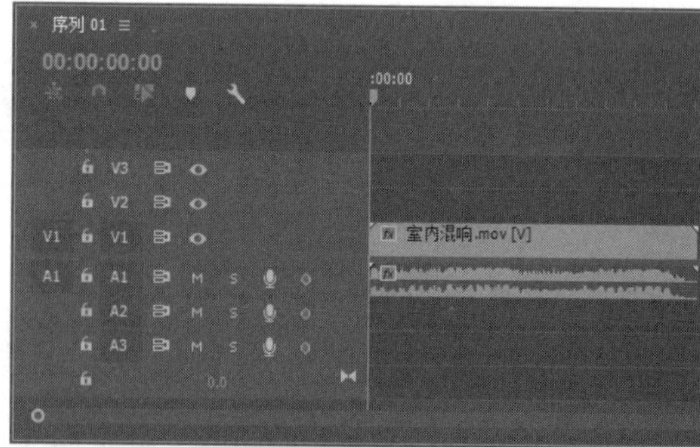
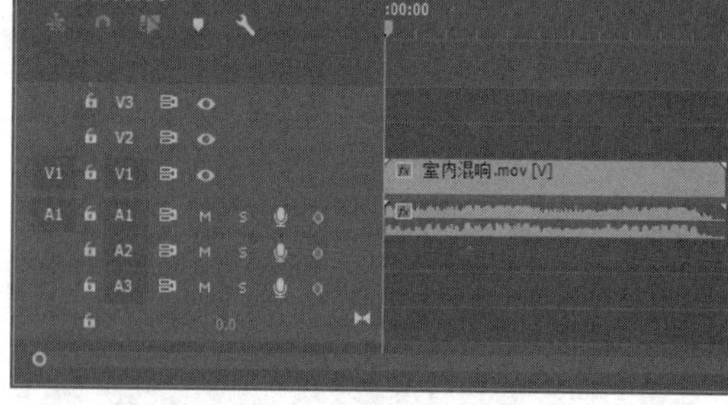

图 7-78

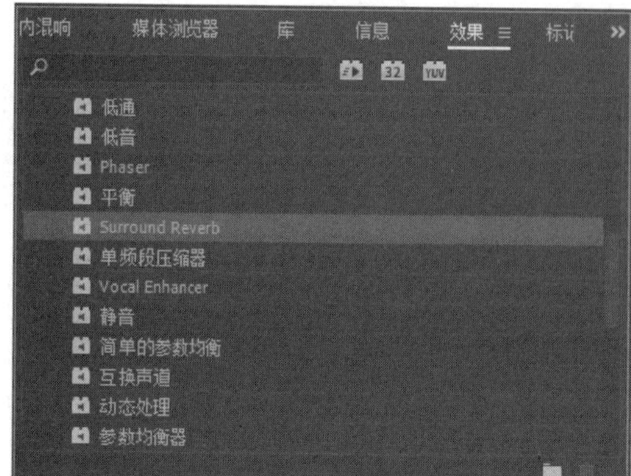

图 7-79

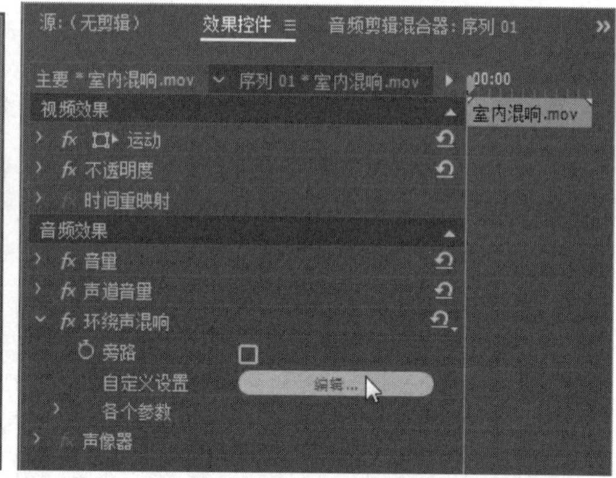

图 7-80

**第 5 步** 弹出环绕声混响对话框，在该对话框中设置相应参数，设置完成后单击【关闭】按钮即可完成制作环绕声混响的操作，如图 7-81 所示。

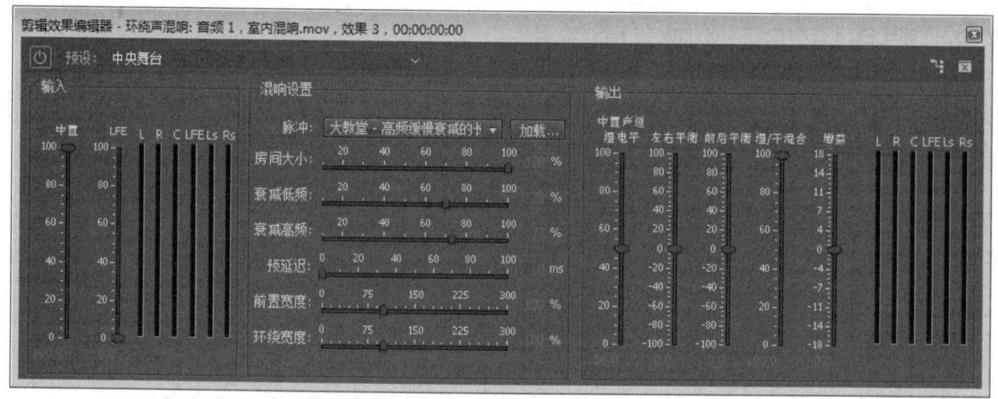

图 7-81

# 7.8　思考与练习

## 1. 填空题

(1) 5.1 声道是指中央声道，前置＿＿＿＿＿＿，后置＿＿＿＿＿＿，及所谓的 0.1 声道(重低音声道)。一套系统总共可连接＿＿＿＿＿＿个喇叭。其中 0.1 声道，是一个专门设计的超低音声道，这一声道可以产生频响范围＿＿＿＿＿＿的超低音。

(2) 在影视节目中，对背景音乐最为常见的一种处理效果是随着影片的播放，背景音乐的声音逐渐减小，直至消失，这种效果称为声音的＿＿＿＿＿＿，可以通过调整＿＿＿＿＿＿的方式来制作。

(3) 在【音轨混合器】面板中，自动模式控件对音频的调节作用主要分为＿＿＿＿＿＿和＿＿＿＿＿＿两种方式。当调节对象为音频素材时，音频调节效果仅对当前素材有效，且调节效果会在用户删除素材后一同消失。如果是对音频轨道进行调节，则音频效果将应用于整个音频轨道内，即所有处于该轨道的音频素材都会在调节范围内受到影响。

## 2. 判断题

(1) 在单声道的音频素材只包含一个音轨，其录制技术是最早问世的音频制式，若使用双声道的扬声器播放单声道音频，两个声道的声音不相同。　　(　　)

(2) 在【项目】面板中鼠标右键单击要添加的音频素材，在弹出的快捷菜单中选择【插入】命令，即可将音频添加到时间轴上。除了使用菜单添加音频之外，用户还可以直接在【项目】面板中单击并拖动要添加的音频素材到时间轴上。　　(　　)

(3) 音频素材的持续时间是指音频素材的播放长度，用户可以通过设置音频素材的入点和出点来调整其持续时间。Premiere 不允许用户通过更改素材长度和播放速度的方式来调整其持续时间。　　(　　)

## 3. 思考题

(1) 如何制作山谷回声音频效果？

(2) 如何制作超重低音音频效果？

新起点
电脑教程

# 第 8 章

# 设计动画与视频效果

本章要点

- 关键帧动画
- 应用视频效果
- 视频变形效果
- 调整画面质量
- 其他视频特效

本章主要内容

本章主要介绍了关键帧动画、应用视频效果、视频变形效果和调整画面质量方面的知识与技巧，同时讲解了其他视频特效，在本章的最后还针对实际的工作需求，讲解了制作水中的倒影、制作夕阳斜照和制作怀旧老照片的方法。通过本章的学习，读者可以掌握设计动画与视频效果方面的知识，为深入学习 Premiere CC 知识奠定基础。

# 8.1 关键帧动画

运动效果是指在原有视频画面的基础上，通过后期制作与合成技术为画面添加的移动、变形和缩放等效果。由于拥有强大的运动效果生成功能，用户只需在 Premiere 中进行少量设置，即可使静态的素材画面产生运动效果。本节将介绍关键帧动画的知识。

↑ 扫码看视频

## 8.1.1 设置关键帧

Premiere 中的关键帧可以帮助用户控制视频或音频效果内的参数变化，并将效果的渐变过程附加在过渡帧中，从而形成个性化的节目内容。

### 1. 添加关键帧

在【时间轴】面板内选择素材后，打开【效果控件】面板，此时需在某一视频效果栏内单击属性选项前的【切换动画】按钮，即可开启该属性的切换动画设置。同时，Premiere 会在【当前时间指示器】所在位置为之前所选的视频效果属性添加关键帧，如图 8-1 所示。

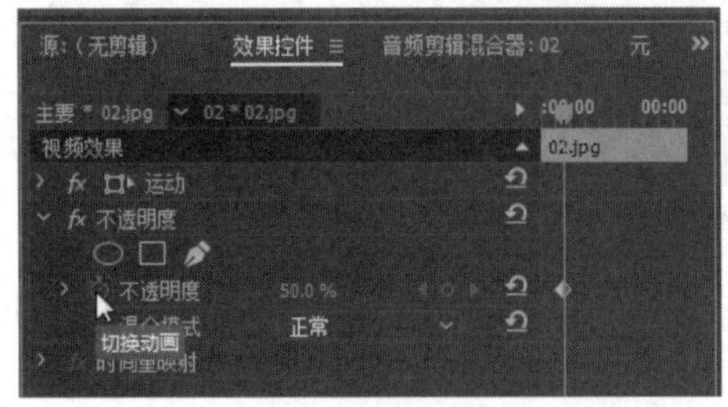


图 8-1

此时，已开启【切换动画】选项的属性栏，【添加/移除关键帧】按钮被激活。如果要添加新的关键帧，只需移动【当前时间指示器】的位置，然后单击【添加/移除关键帧】按钮即可，如图 8-2 所示。

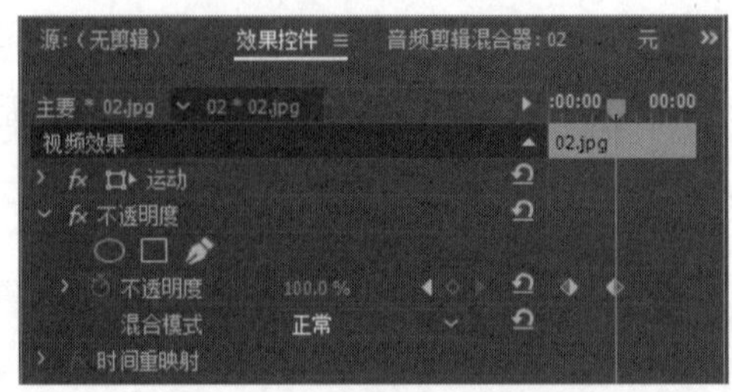


图 8-2

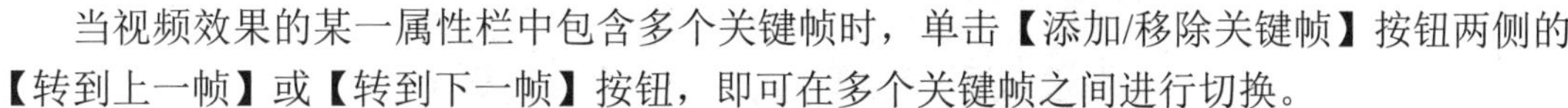



当视频效果的某一属性栏中包含多个关键帧时，单击【添加/移除关键帧】按钮两侧的【转到上一帧】或【转到下一帧】按钮，即可在多个关键帧之间进行切换。

### 2. 移动关键帧

为素材添加关键帧后，只需在【效果控件】面板内单击并拖动关键帧，即可完成移动关键帧的操作。

### 3. 复制与粘贴关键帧

在创建运动效果的过程中，如果多个素材中的关键帧具有相同的参数，则可以利用复制和粘贴关键帧的功能来提高操作效率。

用鼠标右键单击要复制的关键帧，在弹出的快捷菜单中选择【复制】命令，如图 8-3 所示。

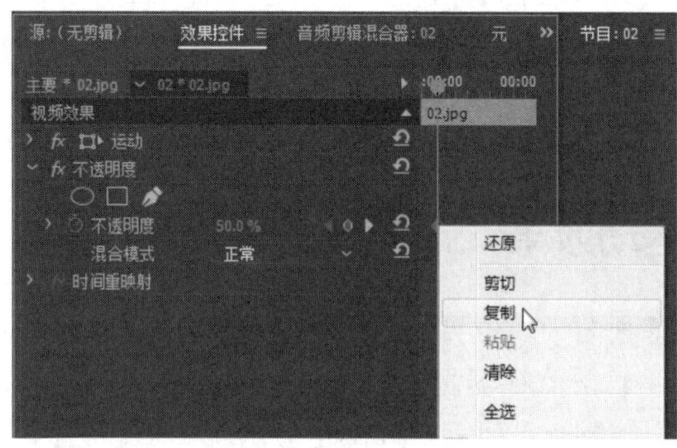


图 8-3

移动【当前时间指示器】至合适位置后，在【效果控件】面板内用鼠标右键单击轨道区域，在弹出的快捷菜单中选择【粘贴】命令，即可在当前位置创建一个与之前对象完全相同的关键帧，如图 8-4 所示。

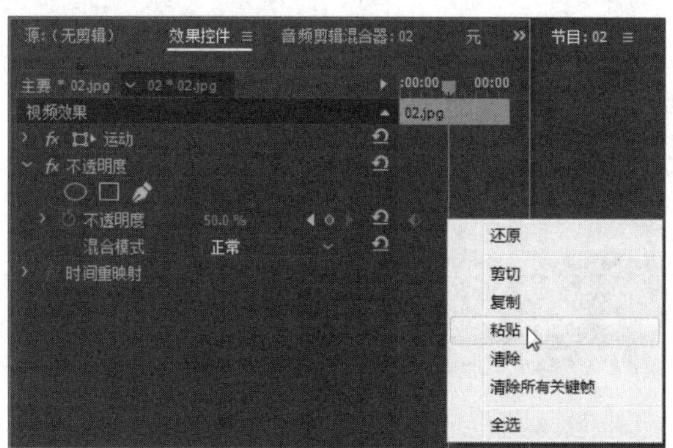


图 8-4

### 4. 删除关键帧

用鼠标右键单击要删除的关键帧，在弹出的快捷菜单中选择【清除】命令，即可删除关键帧，如图 8-5 所示。

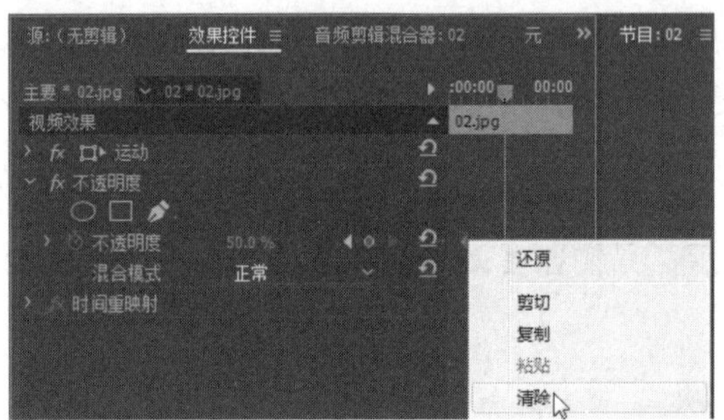


图 8-5

智慧锦囊

用鼠标右键单击【效果控件】面板内的轨道区域，在弹出的快捷菜单中选择【清除所有关键帧】命令，Premiere 将会移除当前素材中的所有关键帧，无论该关键帧是否被选中。

## 8.1.2 快速添加运动效果

通过更改素材在屏幕画面中的位置，即可快速创建出各种不同的素材运动效果。

在【节目】面板中，双击监视器画面，即可选中屏幕最顶层的视频素材。此时，所选素材上将会出现一个中心控制点，而素材周围也会出现 8 个控制柄，如图 8-6 所示。直接在【节目】面板的监视器画面区域拖动所选素材，即可调整该素材在屏幕画面中的位置，如图 8-7 所示。

图 8-6

图 8-7

如果在移动素材画面之前创建了【位置】关键帧，并对【当前时间指示器】的位置进行了调整，则 Premiere 将在监视器画面上创建一条表示素材画面运动轨迹的路径，如图 8-8 所示。

默认情况下，新的运动路径全部为直线。在拖动路径端点附近的锚点后，还可以将素材画面的运动轨迹更改为曲线状态。

图 8-8

## 8.1.3　更改不透明度

制作影片时，降低素材的不透明度可以使素材画面呈现半透明效果，从而利于各素材之间的混合处理。在 Premiere 中，选择需要调整的素材后，在【效果控件】面板内单击【不透明度】折叠按钮，即可打开用于所选素材的【不透明度】滑杆，如图 8-9 所示。

在开启【不透明度】属性的【切换动画】选项后，为素材添加多个【不透明度】关键帧，并为各个关键帧设置不同的【不透明度】参数值，即可完成一段简单的【不透明度】过渡帧动画效果，如图 8-10 所示。

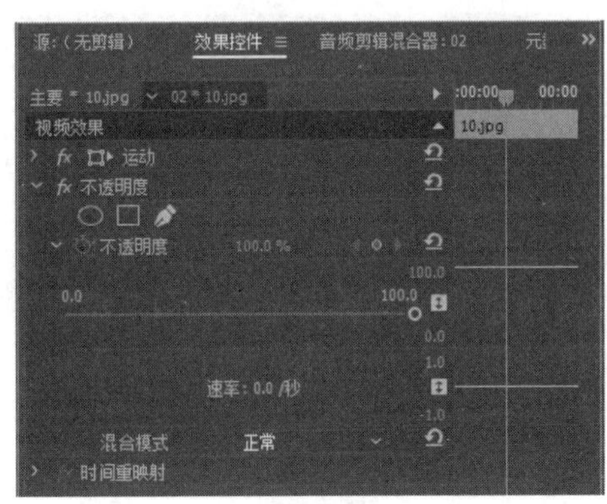


图 8-9

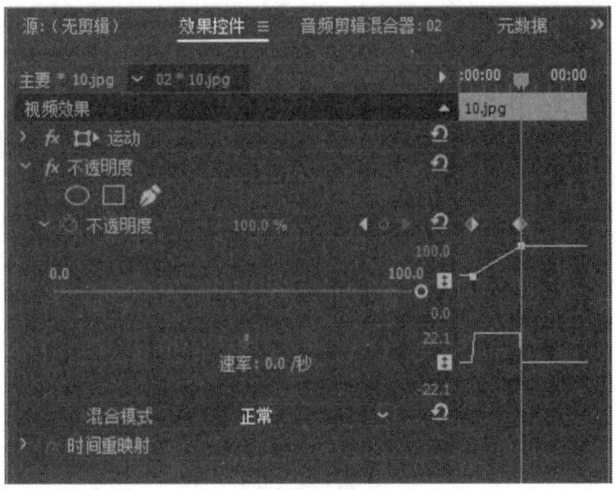

图 8-10

## 8.1.4　缩放与旋转效果

除了通过调整素材位置实现的运动效果外，对素材进行旋转和缩放也是较为常见的两种运动效果。下面详细介绍制作缩放与旋转效果的方法。

### 1. 缩放效果

缩放运动效果是通过调整素材在不同关键帧上的大小来实现的，下面详细介绍制作缩放效果的方法。

**第 1 步**　在【效果控件】面板中将【当前时间指示器】移至开始位置，单击【缩放】

栏中的【切换动画】按钮，创建第一个关键帧，如图 8-11 所示。

**第 2 步** 移动【当前时间指示器】的位置，调整【缩放】选项参数，添加第二个关键帧，通过以上步骤即可完成制作缩放效果的操作，如图 8-12 所示。

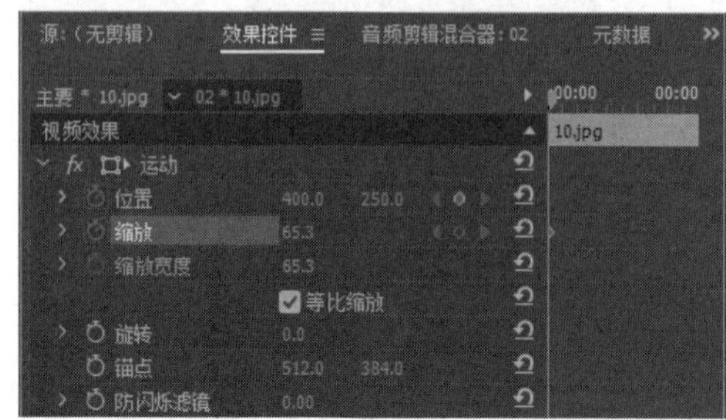


图 8-11

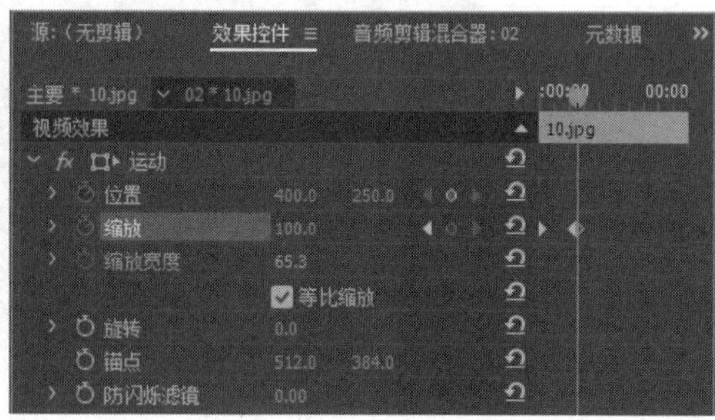


图 8-12

2. 旋转效果

旋转运动效果是指素材图像围绕指定轴线进行转动，并最终使其固定至某一状态的运动效果。在 Premiere 中，用户可以通过调整素材旋转角度的方法来制作旋转效果。

**第 1 步** 在【效果控件】面板中将【当前时间指示器】移至开始位置，单击【旋转】栏中的【切换动画】按钮，创建第一个关键帧，如图 8-13 所示。

**第 2 步** 移动【当前时间指示器】的位置，调整【旋转】选项参数，添加第二个关键帧，通过以上步骤即可完成制作旋转效果的操作，如图 8-14 所示。

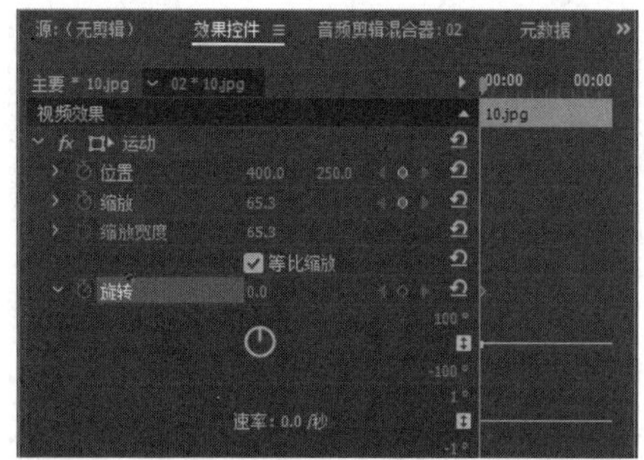


图 8-13

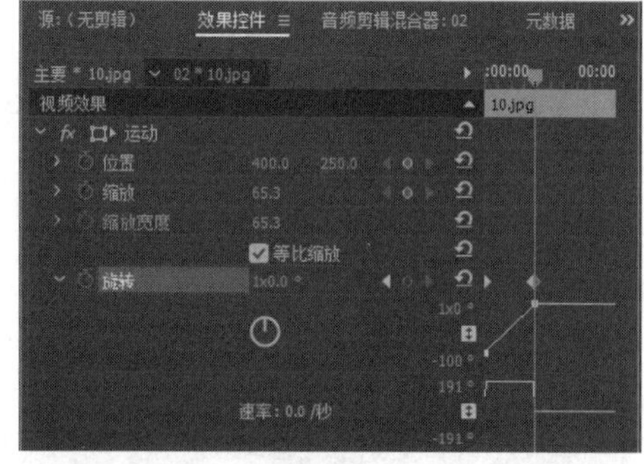


图 8-14

# 8.2 应用视频效果

随着影视节目的制作迈入数字时代，即使是刚刚学习非线性编辑的初学者，也能够在 Premiere 的帮助下快速完成多种视频效果的应用。本节将详细介绍应用视频效果的知识。

↑扫码看视频

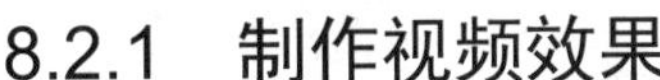

## 8.2.1 制作视频效果

Premiere 强大的视频效果功能，使得用户可以在原有素材的基础上创建出各种各样的艺术效果。而且，应用视频效果的方法也非常简单，用户可以为任意轨道中的视频素材添加一个或者多个效果。

### 1. 添加视频效果

Premiere Pro CC 共为用户提供了 130 多种视频效果，所有效果按照类别被放置在【效果】面板【视频效果】文件夹下的 18 个子文件夹中，如图 8-15 所示，方便用户查找指定视频效果。

为素材添加视频效果的方法主要有两种：一种是利用【时间轴】面板添加，另一种则是利用【效果控件】面板添加。

在通过【时间轴】面板为视频素材添加视频效果时，只需在【视频效果】文件夹内选择所要添加的视频效果，然后将其拖曳至视频轨道中的相应素材上即可。

使用【效果控件】面板为素材添加视频效果，是最为直观的一种添加方式。即使用户为同一段素材添加了多种视频效果，也可以在【效果控件】面板内一目了然地查看。

### 2. 删除视频效果

当不再需要影片剪辑应用视频效果时，可以利用【效果控件】面板将其删除，在【效果控件】面板中右击视频效果，在弹出的快捷菜单中选择【清除】命令，如图 8-16 所示。

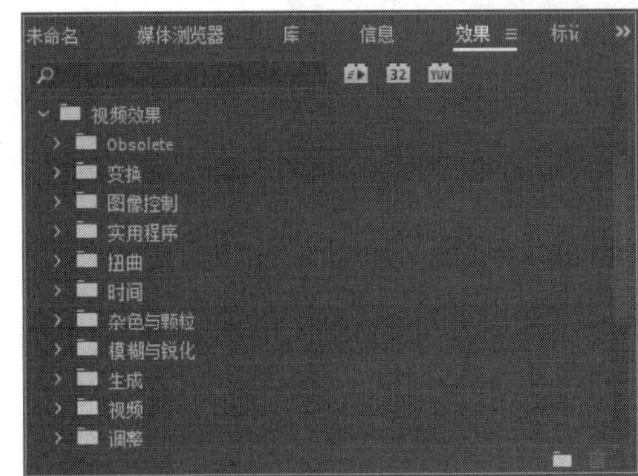


图 8-15

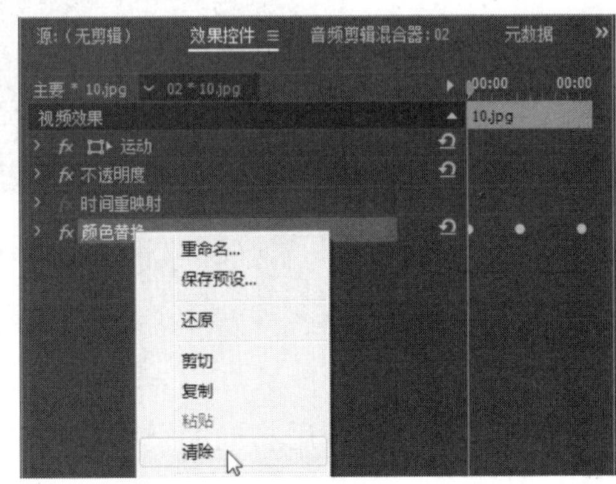


图 8-16

### 3. 复制视频效果

当多个影片剪辑使用相同的视频效果时，复制、粘贴视频效果可以减少操作步骤，加快影片剪辑的速度。在【效果控件】面板中右击视频效果，在弹出的快捷菜单中选择【复制】命令。选择新的素材，右击【效果控件】面板空白区域，选择【粘贴】命令即可完成操作，如图 8-17 和图 8-18 所示。

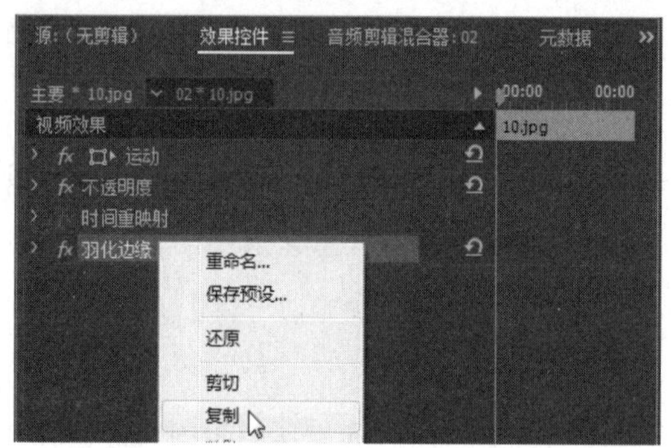


图 8-17

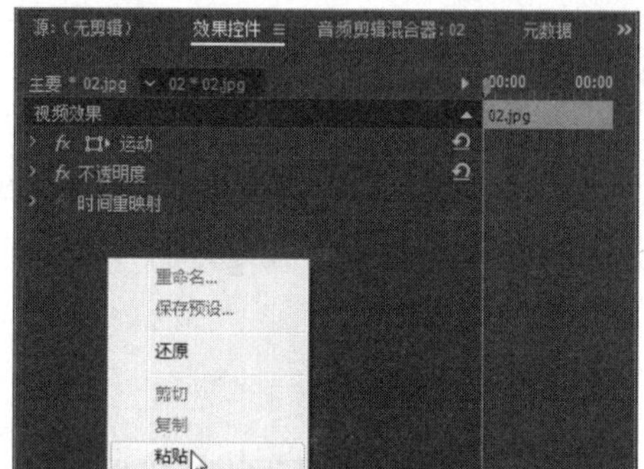


图 8-18

## 8.2.2 编辑视频效果

当用户为影片剪辑应用视频效果后，还可对其属性参数进行设置，从而使效果的表现更为突出，为用户打造精彩影片提供了更为广阔的创作空间。

在【效果控件】面板内单击视频效果前的【折叠/展开】按钮，即可显示该效果所具有的全部参数；如果要调整某个属性参数的数值，只需单击参数后的数值，使其进入编辑状态，输入具体数值即可；展开参数的详细设置面板，用户还可以通过拖动其中的指针或滑块来更改属性的参数值，如图 8-19 所示。

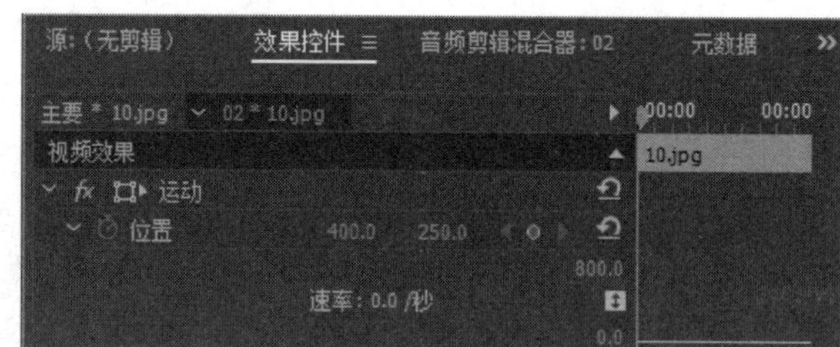


图 8-19

## 8.2.3 调整图层

当多个影片剪辑使用相同的视频效果时，除了使用复制与粘贴视频效果外，Premiere 还包括了调整图层。在调整图层中添加视频效果后，其效果即可显示在该调整图层下方的所有视频片段中。而该调整图层随时能够删除、显示与隐藏，且不破坏视频文件。

**第 1 步** 在【项目】面板中，*1.* 单击底部的【新建项】按钮，*2.* 在弹出的菜单中选择【调整图层】选项，如图 8-20 所示。

**第 2 步** 弹出【调整图层】对话框，*1.* 在其中设置参数，*2.* 设置完成后单击【确定】按钮，如图 8-21 所示。

**第 3 步** 将创建的调整图层插入图层素材片段上方的轨道内，使其播放长度与素材相等，按照视频效果的添加方法为调整图层添加视频效果，即可发现该调整图层下方的所有素材均显示被添加的视频效果，如图 8-22 所示。

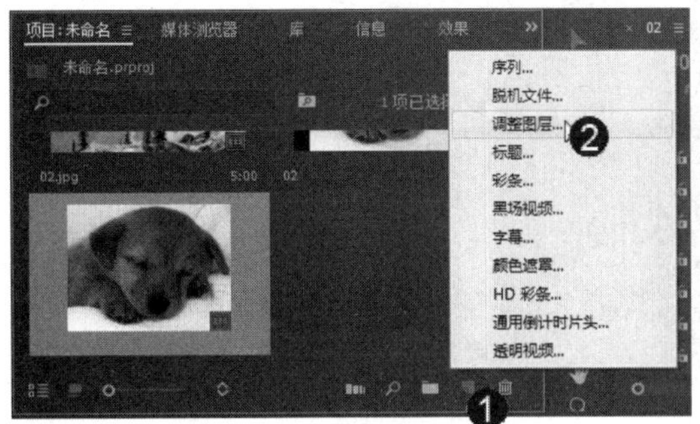

图 8-20

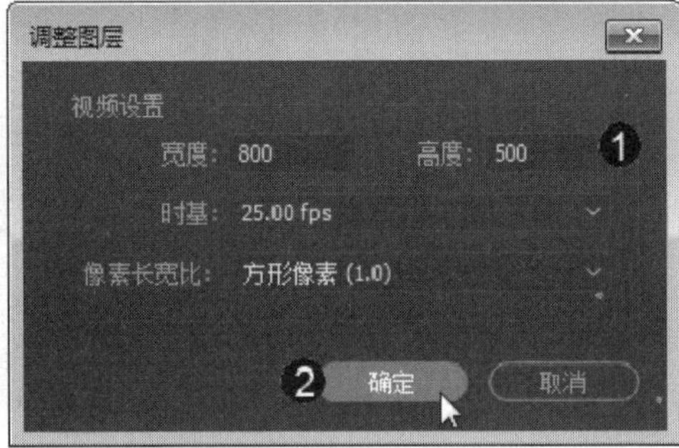


图 8-21

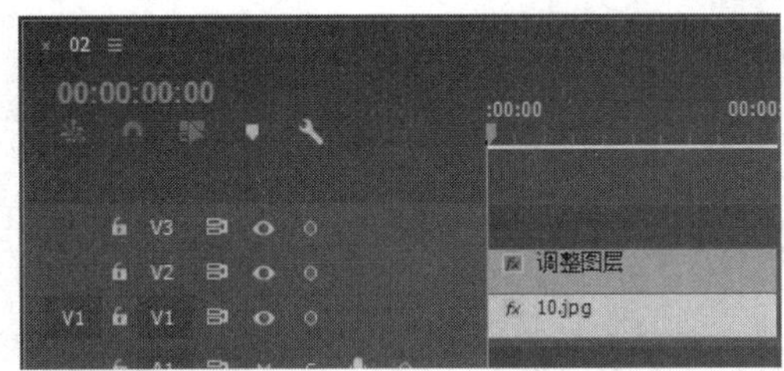


图 8-22

# 8.3　视频变形效果

在视频拍摄时，视频画面有时是倾斜的，这时可以通过【效果】面板中的【视频效果】选项下的【变换】效果组将视频画面进行校正，或者采用【扭曲】效果组中的效果对视频画面进行变形，从而丰富视频画面效果。

↑扫码看视频

## 8.3.1　变换

【变换】类视频效果可以使视频素材的形状产生二维或者三维的变化。该类视频效果中包含【垂直翻转】、【水平翻转】、【裁剪】和【羽化边缘】4 种视频效果。下面以【羽化边缘】效果为例介绍变换效果的操作方法。

**第 1 步** 在【效果】面板中的【视频效果】选项下的【变换】效果组中，将【羽化边缘】效果拖曳到时间轴的素材上，如图 8-23 所示。

**第 2 步** 在【效果控件】面板中，单击【羽化边缘】栏下的【数量】选项左侧的【切换动画】按钮，添加第一个关键帧，如图 8-24 所示。

**第 3 步** 移动【当前时间指示器】至其他位置，更改【数量】参数，添加第二个关键帧，这样即可完成给素材添加【变换】效果组中的【羽化边缘】效果的操作，如图 8-25 所示。

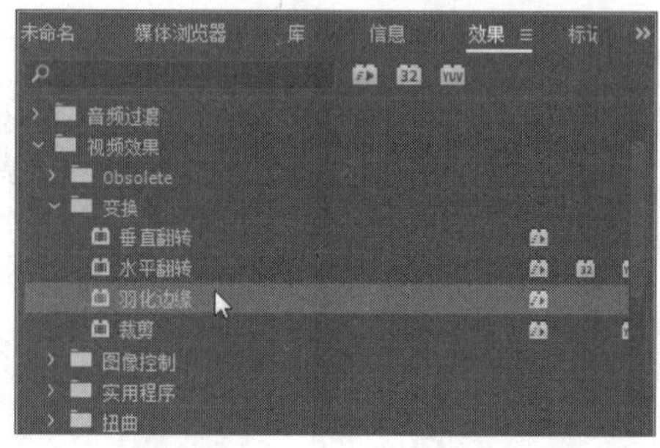

图 8-23

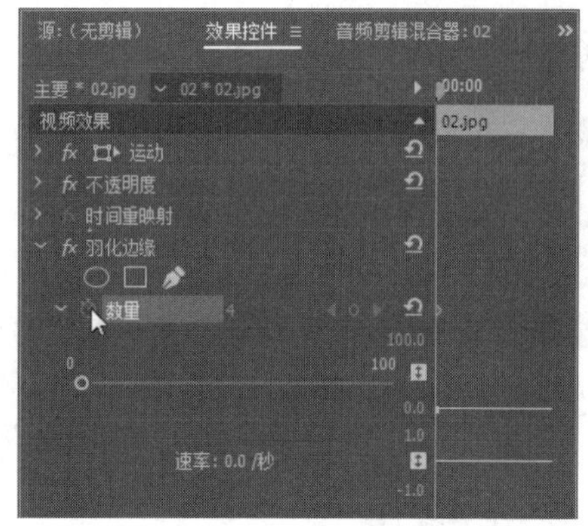

图 8-24

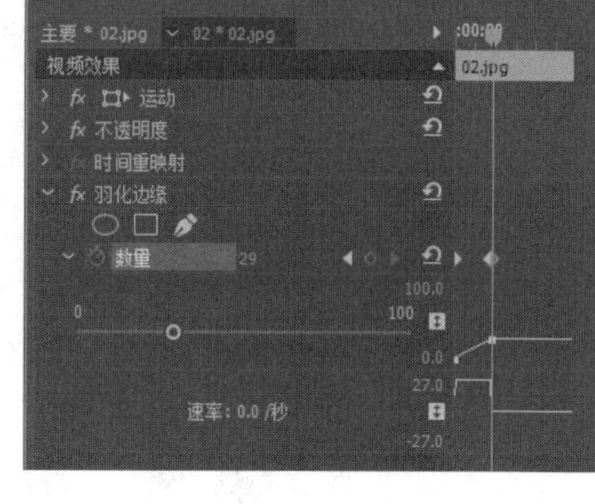

图 8-25

## 8.3.2 扭曲

应用【扭曲】类视频效果，能够使素材画面产生多种不同的变形效果。在该类型的视频效果中，共包括 13 种不同的变形样式，位移、变换、旋转、放大和紊乱置换等。下面以【波形变形】效果为例介绍扭曲效果的操作方法。

**第 1 步** 在【效果】面板中的【视频效果】选项下的【扭曲】效果组中，将【波形变形】效果拖曳到时间轴的素材上，如图 8-26 所示。

**第 2 步** 通过以上步骤即可完成给素材添加波形变形效果的操作，如图 8-27 所示。

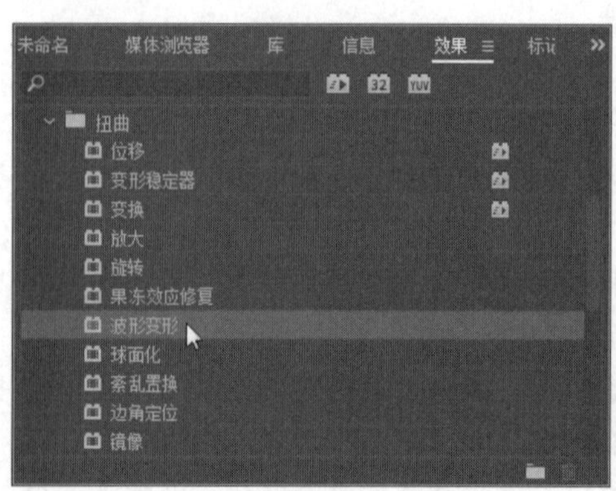

图 8-26

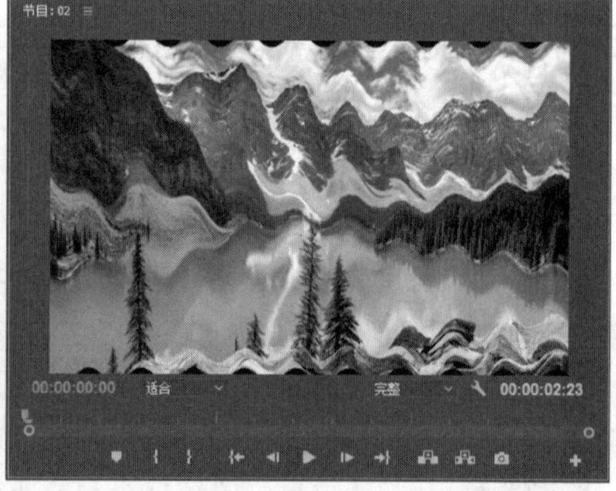

图 8-27

### 8.3.3　图像控制

【图像控制】组特效主要通过各种方法对图像中的特定颜色进行处理，从而制作出特殊的视觉效果，如图 8-28 所示。

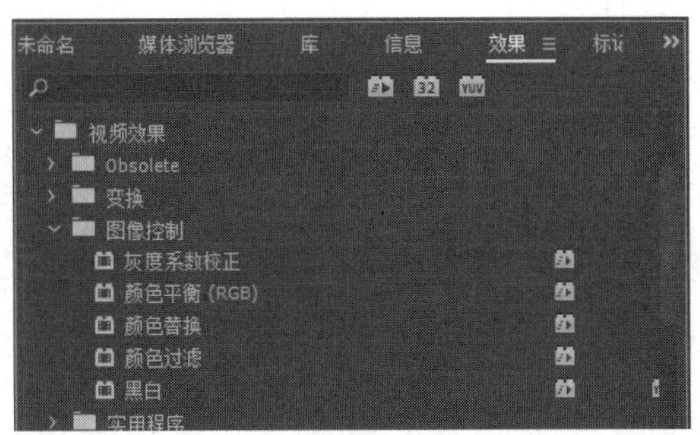


图 8-28

- 【灰色系数校正】特效：通过调整灰色系数参数的数值，可以在不改变图像高亮区域的情况下使图像变亮或变暗。
- 【颜色平衡(RGB)】特效：通过单独改变画面中像素的 RGB 值来调整图像的颜色。
- 【颜色替换】特效：通过该视频特效能够将图像中指定的颜色替换为另一种指定颜色，其他颜色保持不变。
- 【颜色过滤】特效：通过该视频特效能过滤掉图像中指定颜色之外的其他颜色，即图像中只保留指定的颜色，其他颜色以灰度模式显示。
- 【黑白】特效：该视频特效能忽略图像的颜色信息，将彩色图像转换为黑白灰度模式的图像。

## 8.4　调整画面质量

使用 DV 拍摄的视频，其画面效果并不是非常理想，视频画面中的模糊、清晰与是否出现杂点等质量问题，可以通过【杂色与颗粒】以及【模糊与锐化】等效果组中的效果来设置。

↑扫码看视频

### 8.4.1　杂色与颗粒

【杂色与颗粒】类视频效果的作用是在影片素材画面内添加细小的杂点，根据视频效果原理的不同，又可分为多种不同的效果。

### 1. 中间值

【中间值】视频效果能够将素材画面内每个像素的颜色值替换为该像素周围像素的RGB平均值，因此能够实现消除噪波或产生水彩画的效果，如图8-29所示。【中间值】视频效果仅有【半径】这一项参数，其参数值越大，Premiere在计算颜色值时参考像素范围越大，视频效果的应用效果越明显。

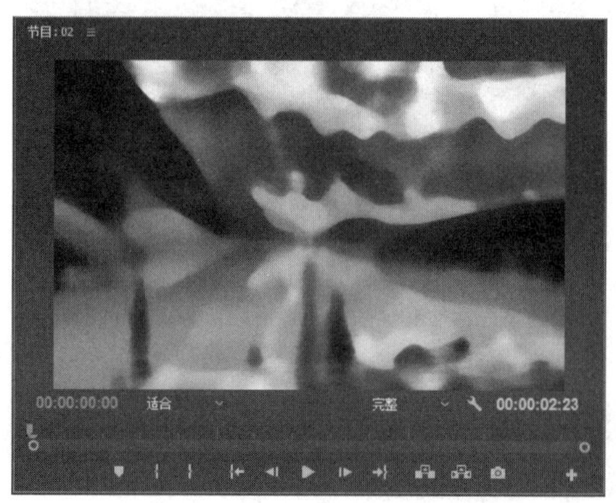


图 8-29

### 2. 杂色

【杂色】视频效果能够在素材画面上增加随机的像素杂点，其效果类似于采用较高ISO参数拍摄出的数码照片，如图8-30所示。在【杂色】视频效果中，各个选项如图8-31所示，其作用如下。

图 8-30

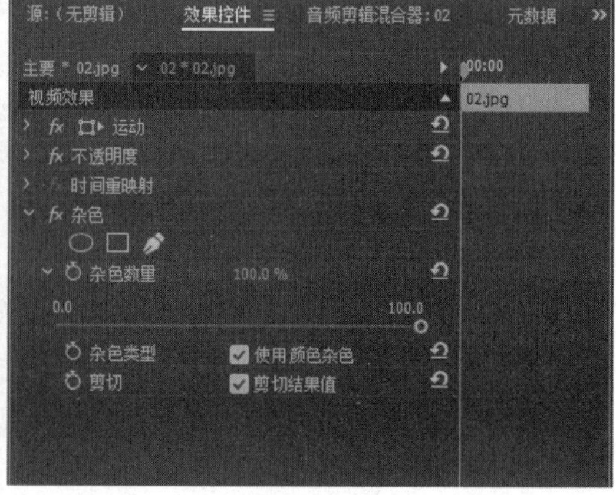


图 8-31

- 【杂色数量】选项：控制画面内的噪点数量，该选项所取的参数值越大，噪点的数量越多。
- 【杂色类型】选项：选择产生噪点的算法类型，启用或禁用该选项右侧的【使用颜色杂色】复选框会影响素材画面内的噪点分布情况。
- 【剪切】选项：决定是否将原始的素材画面与产生噪点后的画面叠放在一起，禁用【剪切结果值】复选框后将仅显示产生噪点后的画面。

3. 杂色 Alpha

通过【杂色 Alpha】视频效果，可以在视频素材的 Alpha 通道内生成噪波，从而利用 Alpha 通道内的噪波来影响画面效果，如图 8-32 所示。

4. 杂色 HLS

【杂色 HLS】视频效果能够通过调整画面色相、亮度和饱和度的方式来控制噪波效果，如图 8-33 所示。

图 8-32

图 8-33

5. 蒙尘与划痕

【蒙尘与划痕】视频效果用于产生一种附有灰尘的、模糊的噪波效果，如图 8-34 所示。

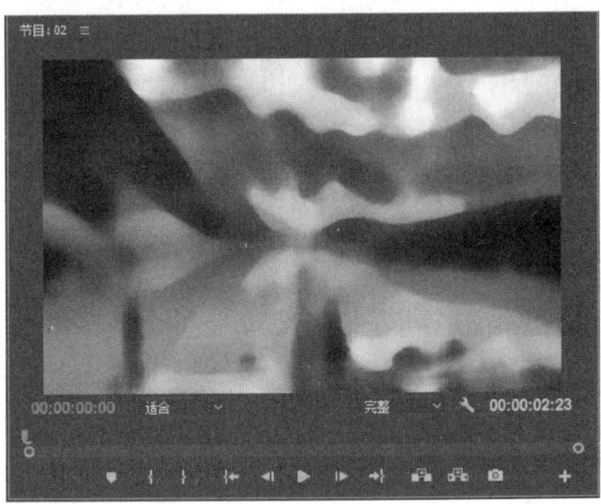


图 8-34

## 8.4.2 模糊与锐化

【模糊与锐化】类视频效果有些能够使素材画面变得更加朦胧，而有些则能够使画面变得更为清晰。【模糊与锐化】类视频效果中包含 7 种不同的效果，下面将对其中几种比较常用的效果进行讲解。

1. 方向模糊

【方向模糊】视频效果能够使画面向指定方向进行模糊处理，使画面产生动态效果。

2. 锐化

【锐化】视频效果的作用是增加相邻像素的对比度，以达到提高画面清晰度的目的。

3. 高斯模糊

【高斯模糊】视频效果能够利用高斯运算法生成模糊效果，使画面中部分区域表现效果更为细腻。

# 8.5 其他视频特效

在【视频效果】效果组中，还包括其他一些效果组，比如视频过渡效果组、时间效果组以及视频效果组。本节将介绍一些常用的其他视频特效。

↑扫码看视频

## 8.5.1 过渡特效

【过渡】类视频效果主要用于两个影片剪辑之间的切换，其作用类似于 Premiere 中的视频过渡。下面将介绍几种常用的过渡特效。

1. 块溶解

【块溶解】视频效果能够在屏幕画面内随机产生块状区域，从而在不同视频轨中的视频素材重叠部分实现画面切换，如图 8-35 所示。

2. 径向擦除

【径向擦除】视频效果能够通过一个指定的中心点，从而以旋转划出的方式切换出第二段素材的画面，如图 8-36 所示。

智慧锦囊

在【效果控件】面板下的【块溶解】栏中，勾选【柔化边缘(最佳品质)】复选框，能够使块形状的边缘更加柔和。

图 8-35

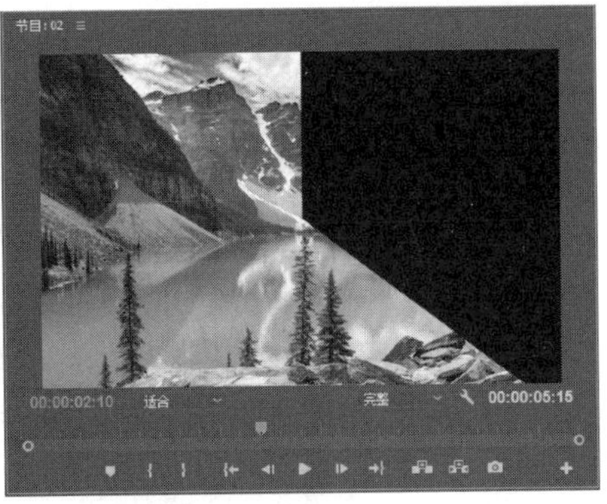

图 8-36

## 8.5.2　时间与视频特效

在【视频效果】效果组中，还能够设置视频画面的重影效果以及视频播放的快慢效果，也可以为视频画面添加时间码效果。

### 1. 抽帧时间

【抽帧时间】效果是【时间】效果组中的一个效果，也是比较常用的效果处理手段，一般用于娱乐节目和现场破案等片子当中，可以制作出具有空间停顿感的运动画面，如图 8-37 所示。

### 2. 时间码

【时间码】效果是【视频】效果组中的效果，当为视频添加该效果后，即可在画面正下方显示时间码，如图 8-38 所示。

图 8-37

图 8-38

## 8.5.3　透视特效

【透视】视频特效组中包含了 5 种视频特效，这些特效主要用于制作三维立体效果和控件效果，如图 8-39 所示。

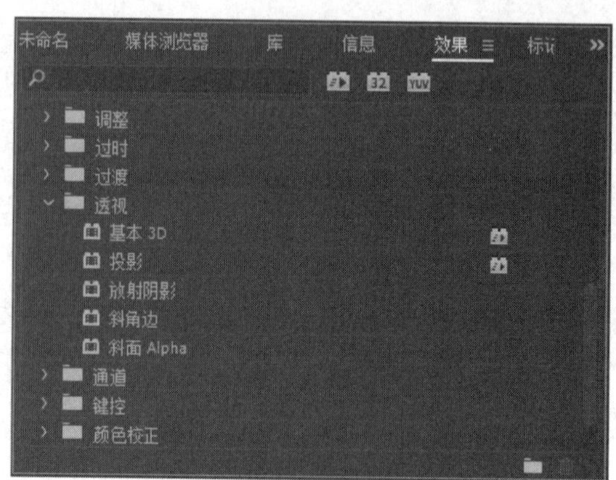


图 8-39

- 【基本 3D】特效：用于模拟平面图像在三维空间的运动效果。
- 【投影】特效：用于为素材添加阴影效果。
- 【放射阴影】特效：用于在指定位置产生的光源照射到图像上，在下层图像上投射出阴影的效果。
- 【斜角边】特效：用于让图像的边界处产生一个类似于雕刻状的三维外观。该特效的边界为矩形形状，不带有矩形 Alpha 通道的图像不能产生符合要求的视觉效果。
- 【斜面 Alpha】特效：用户使图像中的 Alpha 通道产生斜面效果。

# 8.6 实践案例与上机指导

通过本章的学习，读者基本可以掌握设计动画与视频效果的基本知识以及一些常见的操作方法，下面通过练习操作，以达到巩固学习、拓展提高的目的。

↑扫码看视频

## 8.6.1 制作水中的倒影

本例将制作汽车在水中的倒影，通过添加【波形变形】视频效果，使水素材呈现波动效果，再为汽车素材添加【垂直翻转】效果，制作出汽车在水中的倒影效果。

素材保存路径：配套素材\第 8 章
素材文件名称：效果-水中倒影.prproj、“水中倒影素材”文件夹

**第 1 步** 将素材文件导入【项目】面板中，将“水.jpg”素材拖曳到时间轴的 V1 轨道上，如图 8-40 所示。

**第 2 步** 在【效果控件】面板中设置其【不透明度】为 80%，如图 8-41 所示。

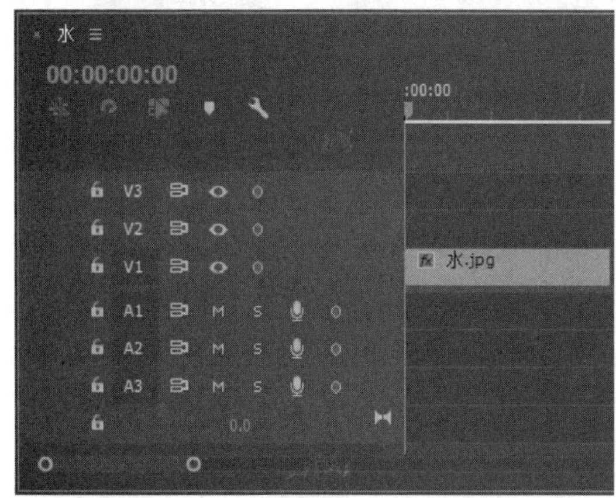

图 8-40

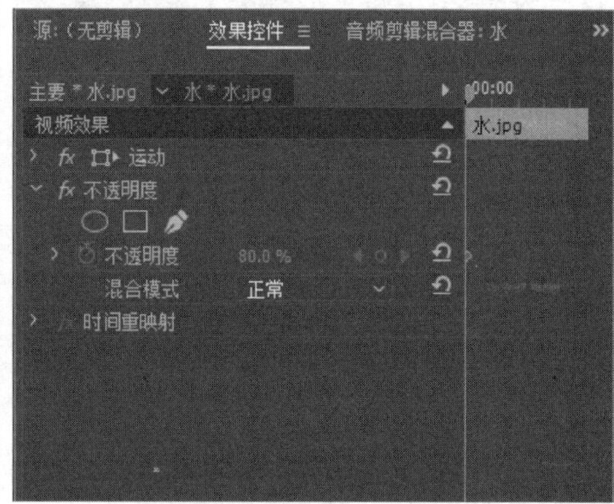

图 8-41

**第 3 步** 在【效果】面板中的【视频效果】选项下展开【扭曲】文件夹，将【波形变形】效果添加到素材上，如图 8-42 所示。

**第 4 步** 在【效果控件】面板中，设置【波形宽度】为 100，如图 8-43 所示。

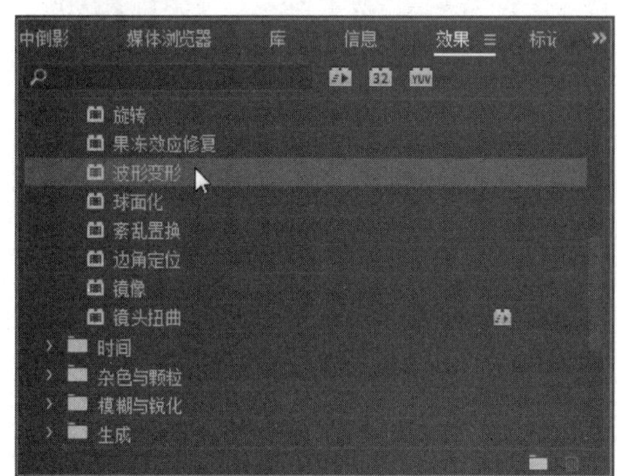

图 8-42

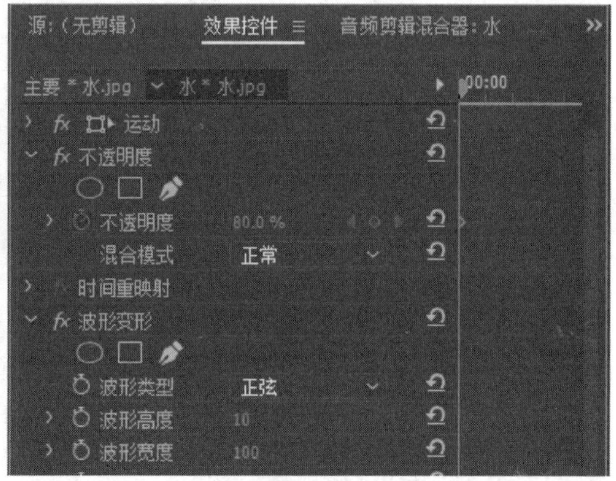

图 8-43

**第 5 步** 在【效果】面板中，展开【变换】文件夹，将【羽化边缘】效果添加到素材上，如图 8-44 所示。

**第 6 步** 在【效果控件】面板中，设置羽化边缘的【数量】为 100，如图 8-45 所示。

**第 7 步** 将素材文件导入【项目】面板中，将“汽车.jpg”素材拖曳到时间轴的 V2 轨道上，如图 8-46 所示。

**第 8 步** 在【效果控件】面板中设置其【位置】为 354.7、185.7，【缩放】参数为 50，如图 8-47 所示。

**第 9 步** 为汽车素材添加【羽化边缘】效果，在【效果控件】面板中设置羽化边缘的【数量】为 100，如图 8-48 所示。

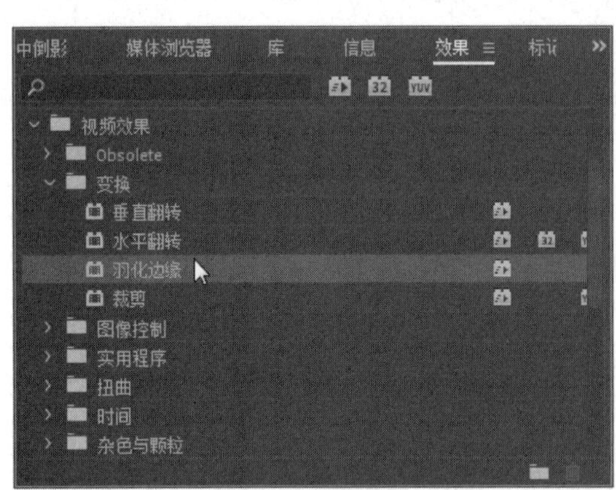

图 8-44

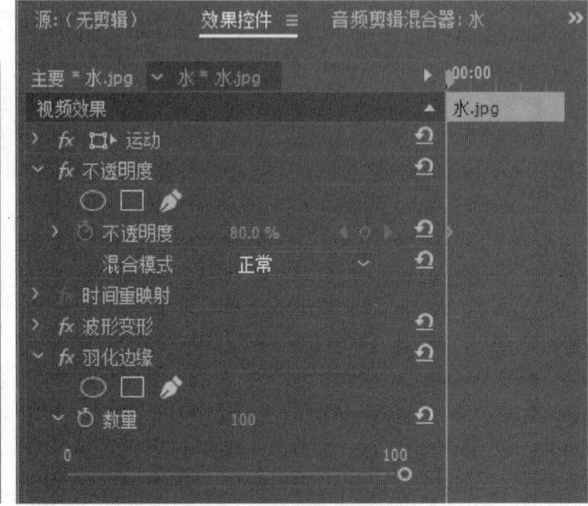

图 8-45

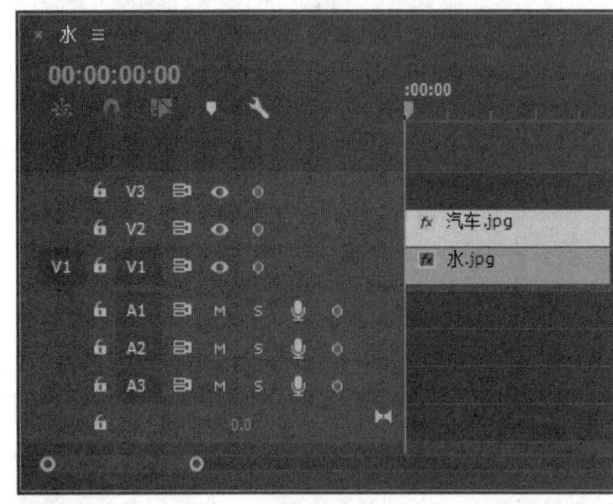

图 8-46

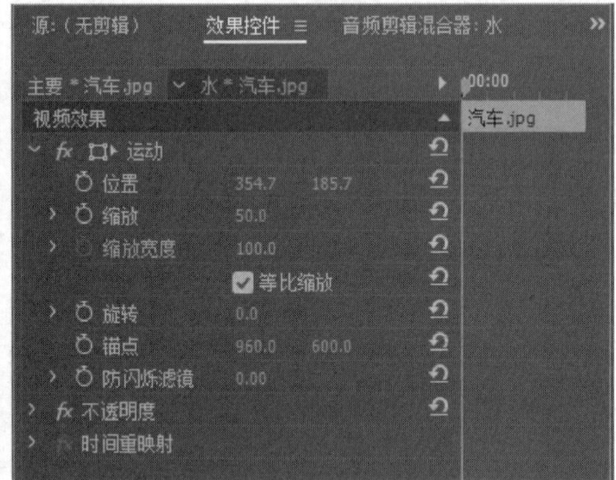

图 8-47

**第 10 步** 将汽车素材拖曳至 V3 轨道上，在【效果控件】面板中，设置其【位置】和【缩放】参数，如图 8-49 所示。

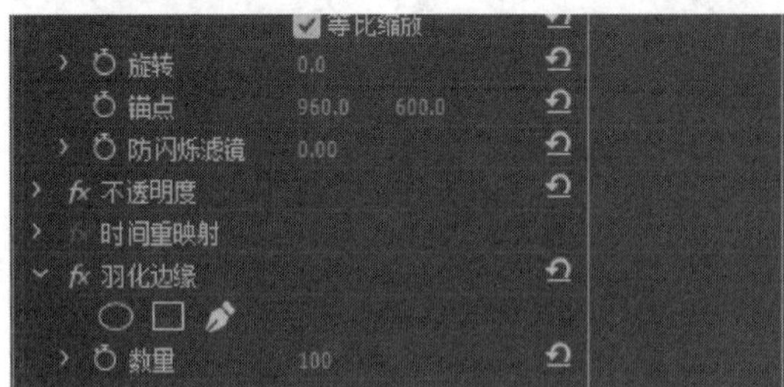

图 8-48

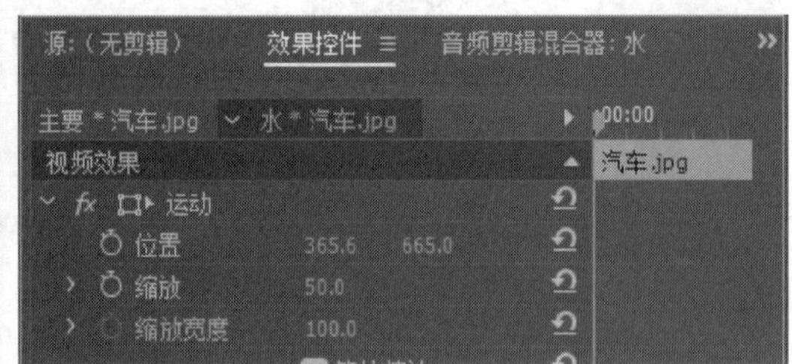

图 8-49

**第 11 步** 在【效果】面板中的【视频效果】选项下展开【变换】文件夹，将【垂直翻转】效果添加到 V3 轨道素材上，如图 8-50 所示。

**第 12 步** 再为其添加【羽化边缘】效果，**1.** 在【效果控件】面板中设置羽化边缘的【数量】为 100，**2.** 设置【不透明度】为 40%，如图 8-51 所示。

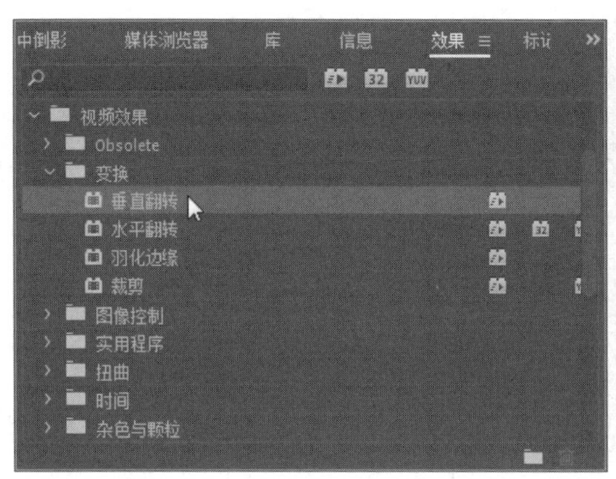


图 8-50

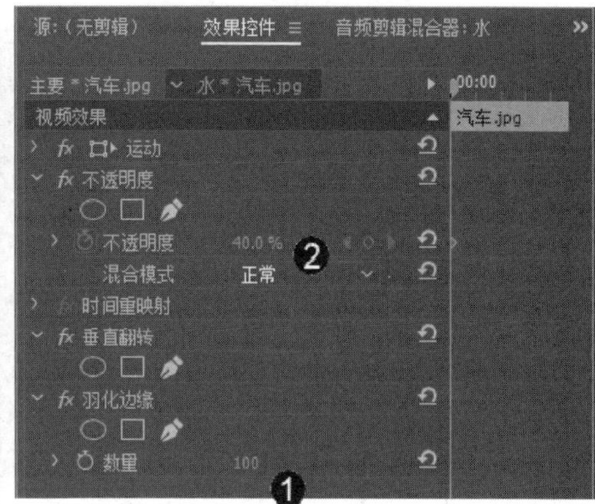


图 8-51

**第 13 步** 在【效果】面板中，选择【波形变形】效果，将其添加到 V3 轨道的素材上，在【效果控件】面板中，设置【波形宽度】为 100，如图 8-52 所示。

**第 14 步** 在【节目】面板中可预览动画效果，通过以上步骤即可完成制作水中倒影的操作，如图 8-53 所示。

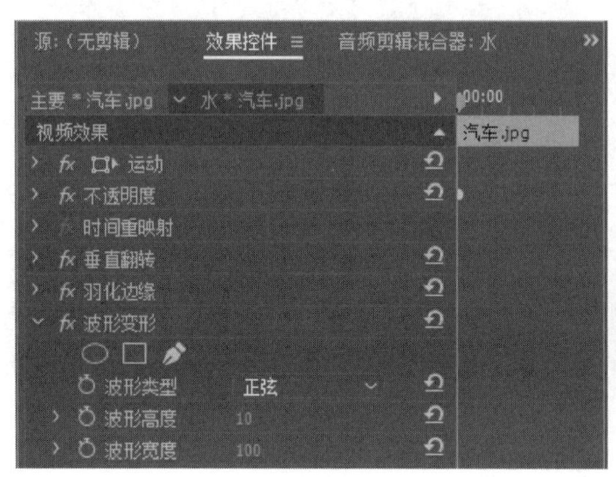


图 8-52

图 8-53

## 8.6.2　制作夕阳斜照

夕阳下的视频效果非常不易拍摄，需要长时间的拍摄以及绝佳的拍摄角度，Premiere 可以模拟夕阳斜照的效果。下面详细介绍制作夕阳斜照效果的方法。

素材保存路径：配套素材\第 8 章

素材文件名称：效果-夕阳斜照.prproj、“夕阳斜照素材”文件夹

**第 1 步** 将素材文件导入【项目】面板中，将“北海波光.avi”素材拖曳到时间轴的 V1 轨道上，如图 8-54 所示。

**第 2 步** 在【项目】面板中，1. 单击【新建项】按钮，2. 在弹出的菜单中选择【调整图层】选项，如图 8-55 所示。

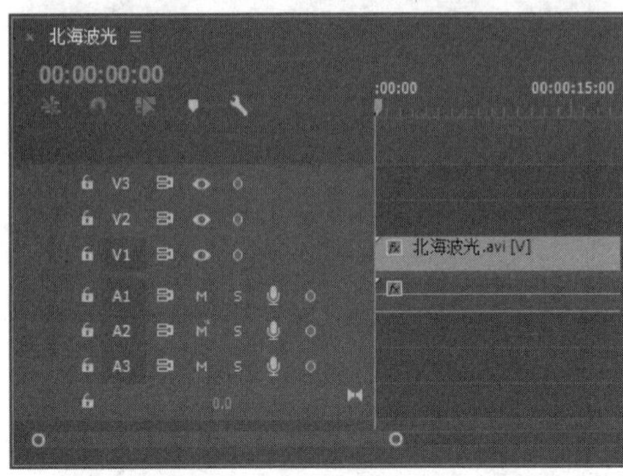


图 8-54

图 8-55

**第 3 步** 弹出【调整图层】对话框，单击【确定】按钮，如图 8-56 所示。

**第 4 步** 将调整图层拖曳至时间轴上的 V2 轨道中，并调整其长度与 V1 轨道长度相同，如图 8-57 所示。

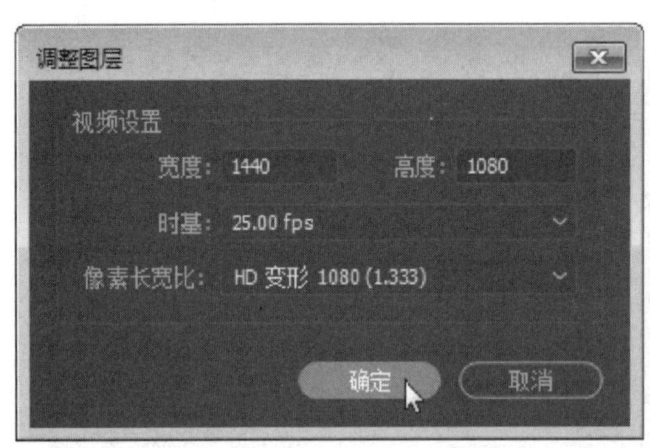


图 8-56

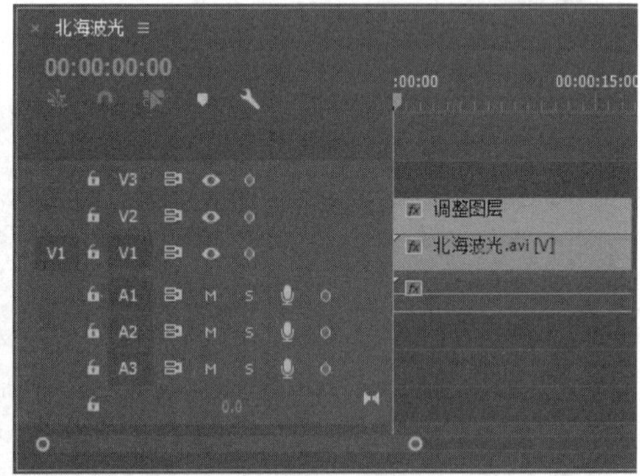


图 8-57

**第 5 步** 选中时间轴上的调整图层，在【效果】面板中的【视频效果】选项中，展开【生成】文件夹，将【镜头光晕】效果添加至调整图层上，如图 8-58 所示。

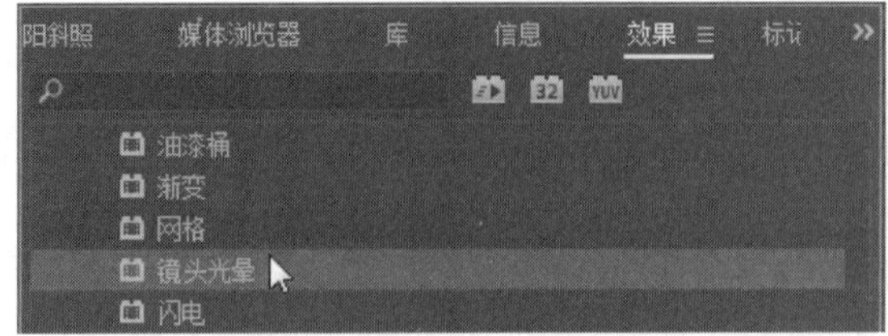


图 8-58

**第 6 步** 将时间轴上的【当前时间指示器】放置在 00:00:01:00 位置，*1.* 在【效果控件】面板中设置【光晕中心】为 234.0、-34.6，*2.* 设置【光晕亮度】为 120%，*3.* 设置【与原始图像混合】为 10%，*4.* 在【效果控件】面板中单击【光晕中心】选项左侧的【切换动画】按钮，创建第一个关键帧，如图 8-59 所示。

**第 7 步** 将时间轴上的【当前时间指示器】放置在 00:00:16:00 位置，设置【光晕中心】位置为 234.0、216.4，添加第二个关键帧，如图 8-60 所示。

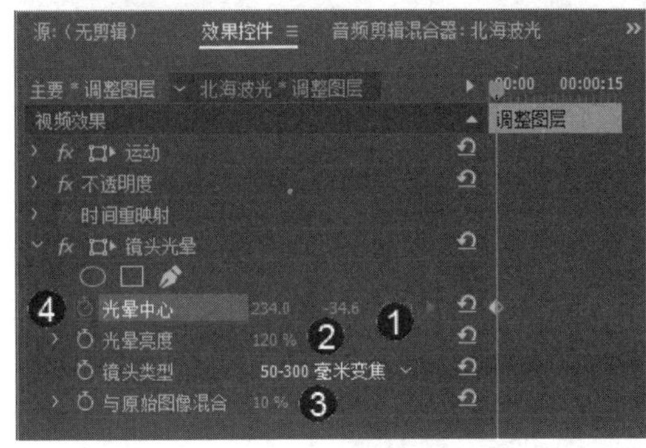

图 8-59

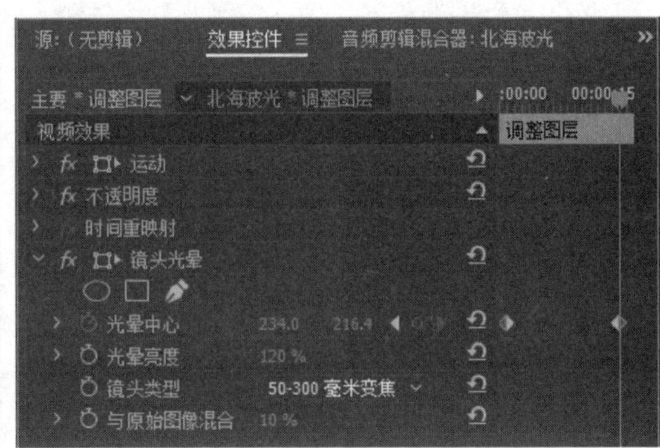

图 8-60

## 8.6.3　制作怀旧老照片

影视节目制作中，怀旧老照片效果的制作是很常见的一种效果。下面详细介绍制作怀旧老照片效果的操作方法。

**素材保存路径**：配套素材\第 8 章

**素材文件名称**：效果-怀旧照片.prproj、怀旧.jpg

**第 1 步** 将素材文件导入【项目】面板中，将“怀旧.jpg”素材拖曳到时间轴的 V1 轨道上，如图 8-61 所示。

**第 2 步** 在【效果】面板中的【视频效果】选项下，展开【图像控制】文件夹，将【灰度系数校正】效果添加到素材上，如图 8-62 所示。

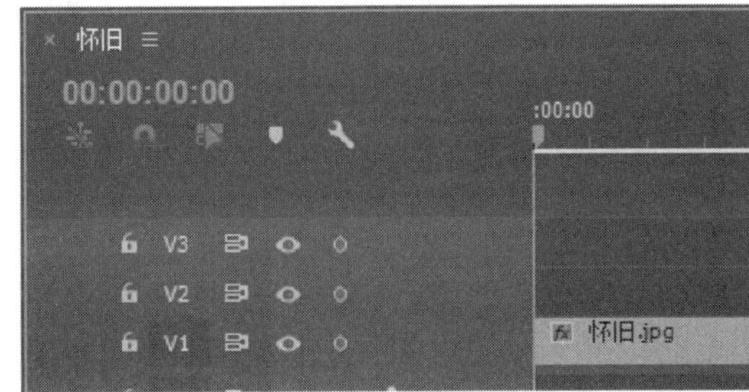

图 8-61

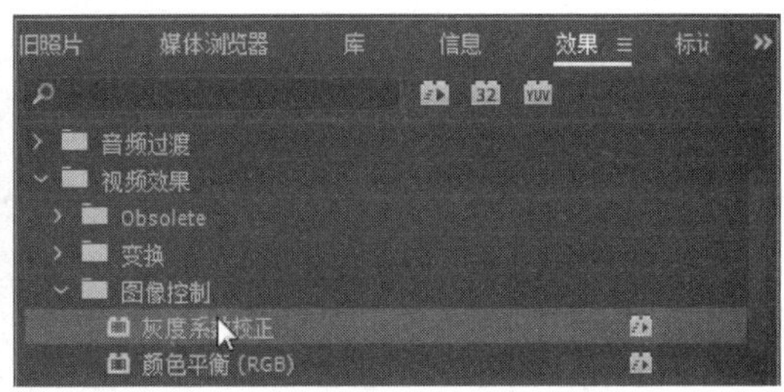

图 8-62

**第 3 步** 在【效果控件】面板中，设置其【灰度系数】参数为 15，如图 8-63 所示。

**第 4 步** 在【效果】面板中的【视频效果】选项下，展开【图像控制】文件夹，将【黑白】效果添加到素材上，如图 8-64 所示。

**第 5 步** 设置完成后即可在【节目】面板中预览效果，如图 8-65 所示。

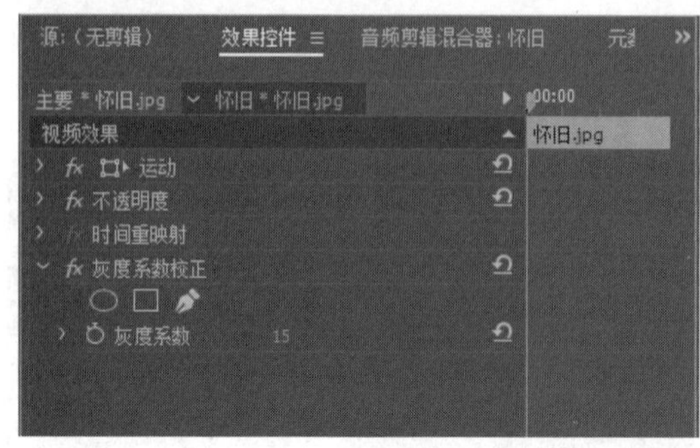


图 8-63

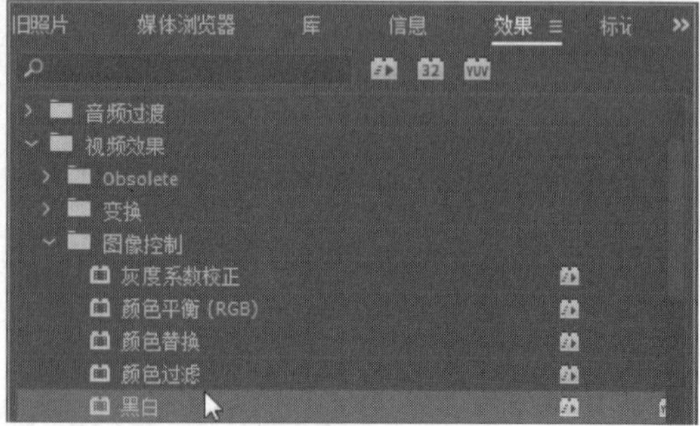


图 8-64

图 8-65

# 8.7 思考与练习

1. 填空题

(1) Premiere 中的__________可以帮助用户控制视频或音频效果内的参数变化，并将效果的渐变过程附加在__________中，从而形成个性化的节目内容。

(2) 鼠标右键单击准备删除的关键帧，在弹出的快捷菜单中选择__________命令，即可删除关键帧。

2. 判断题

(1) 缩放运动效果是通过调整素材在不同关键帧上的大小来实现的。 ( )

(2) 旋转运动效果是指素材图像围绕指定轴线进行转动，并最终使其固定至某一状态的运动效果。 ( )

3. 思考题

(1) 如何为素材添加羽化边缘效果？

(2) 如何为素材添加波形变形效果？

# 第 9 章

## 调节色彩与色调

### 本章要点

- 调节视频色彩
- 调整颜色
- 视频调整效果

### 本章主要内容

本章主要介绍了调节视频色彩和调整颜色方面的知识与技巧，同时讲解了视频调整效果，在本章的最后还针对实际的工作需求，讲解了应用 Lumetri Looks、制作黑白电影效果和应用风格化效果的方法。通过本章的学习，读者可以掌握调节色彩与色调方面的知识，为深入学习 Premiere CC 知识奠定基础。

# 9.1 调节视频色彩

图像控制类视频效果的主要功能是更改或替换素材画面内的某些颜色，从而达到突出画面内容的目的。在该效果组中，不仅包含调节画面亮度的效果、灰度的画面效果，还包括改变固定颜色以及整体颜色的颜色调整效果。

↑ 扫码看视频

## 9.1.1 调整灰度和亮度

在【效果】面板中的【视频效果】文件夹下的【图像控制】效果组中，【灰度系数校正】效果的作用是通过调整画面的灰度级别，从而达到改善图像显示效果、优化图像质量的目的，如图 9-1 所示。

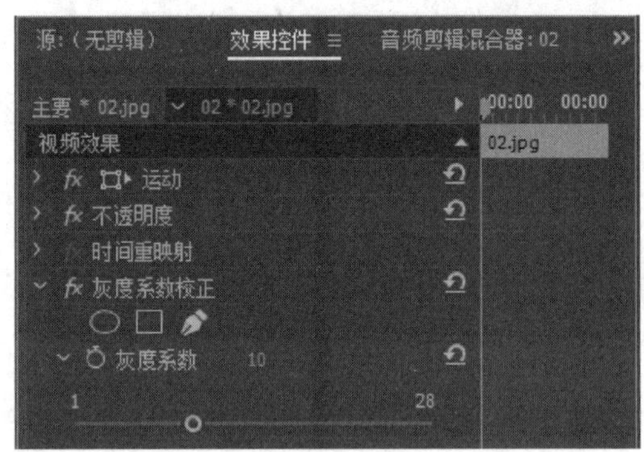


图 9-1

## 9.1.2 颜色过滤

日常生活中的视频通常是彩色的，要想制作出灰度效果的视频效果，可以通过【图像控制】效果组中的【颜色过滤】与【黑白】效果来实现。前者能够将视频画面逐渐转换为灰度，并且保留某种颜色；后者则是将画面直接变成灰度。

【颜色过滤】视频效果的功能，是将指定颜色及其相近色之外的彩色区域全部变为灰度图像。默认情况下，在为素材应用【颜色过滤】视频效果后，整个素材画面会变为灰色，如图 9-2 所示。

【黑白】效果的作用就是将彩色画面转换为灰度效果。该效果没有任何参数，只要将该效果添加至轨道中，即可将彩色画面转换为黑白色调，如图 9-3 所示。

图 9-2

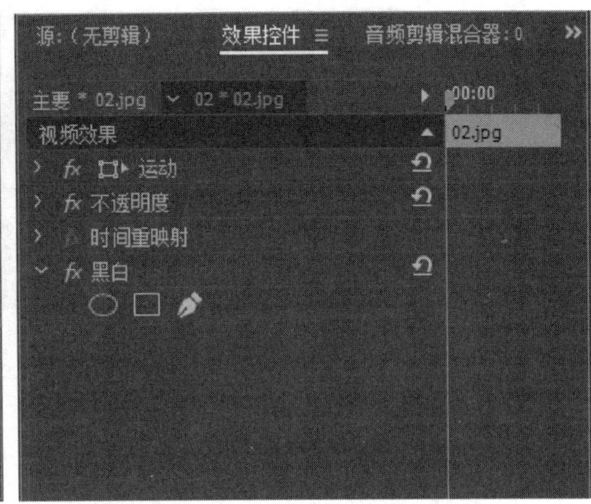


图 9-3

## 9.1.3　颜色平衡

【颜色平衡】视频效果能够通过调整素材的 R、G、B 颜色通道，达到更改色相、调整画面色彩和校正颜色的目的，如图 9-4 所示。

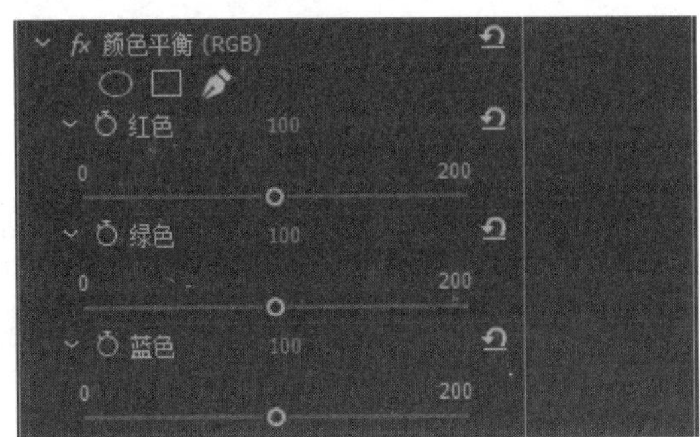


图 9-4

在【效果控件】面板的【颜色平衡】效果中，【红色】、【绿色】和【蓝色】选项后的数值分别代表红色成分、绿色成分和蓝色成分在整个画面内的色彩比重与亮度。简单地说，当三个选项的参数值相同时，表示红、绿、蓝三种成分色彩的比重无变化，则素材画面色调在应用效果前后无差别，但画面整体亮度却会随数值的增大或减小而提高或降低；当画面内某一色彩成分多于其他色彩成分时，画面的整体色调便会偏向该色彩成分；当降低某一色彩成分时，画面的整体色调便会偏向其他两种色彩成分的组合。

## 9.1.4　颜色替换

【颜色替换】效果能够将画面中的某个颜色替换为其他颜色，而画面中的其他颜色不发生变化。将该效果添加至素材所在轨道，并在【效果控件】面板中分别设置【目标颜色】与【替换颜色】选项，即可改变画面中的某个颜色，如图 9-5 所示。

图 9-5

智慧锦囊

设置【目标颜色】与【替换颜色】选项时，既可以通过单击色块来选择颜色，也可以使用习惯工具在【节目】面板中单击来确定颜色。

# 9.2 调整颜色

拍摄得到的视频，其画面会根据拍摄当天的周围情况、光照等自然因素，出现亮度不够、低饱和度或者偏色等问题。颜色校正类效果可以很好地解决此类问题。本节将详细介绍校正颜色效果的知识。

↑扫码看视频

## 9.2.1 颜色校正

在【效果】面板中，展开【视频效果】下的【颜色校正】文件夹，该文件夹中包括 11 种效果，如表 9-1 所示。

表 9-1 颜色校正效果组

| 名　称 | 说　明 |
| --- | --- |
| Lumetri Color | 为素材添加 Lumetri 视频特效后，在【效果控件】面板中单击【设置】按钮，可以在弹出的对话框中选择 Lumetri Look 颜色分级引擎链接文件，应用其中的色彩校正预设项目，对图像进行色彩校正 |
| 亮度与对比度 | 通过控制【亮度】和【对比度】两个参数调整画面的亮度和对比度效果。在设置该视频特效的参数时，要注意控制其参数，过高的参数容易使画面局部或整体曝光过度 |

续表

| 名　称 | 说　明 |
|---|---|
| 分色 | 通过保留设置的一种颜色，对其他颜色进行去色处理，以制作出画面中只有一种颜色的效果 |
| 均衡 | 用于对图像中像素的颜色值或亮度等进行平均化处理 |
| 更改为颜色 | 用于更改图像中指定的色相、饱和度和亮度等 |
| 更改颜色 | 通过调整制定颜色的色相，以制作出特殊的视觉效果 |
| 色彩 | 用于将图像中的黑色调和白色调映射转化为其他颜色 |
| 视频限幅器 | 利用视频限幅器对图像的颜色进行调整 |
| 通道混合器 | 通过调整 RGB 各个通道中的 RGB 颜色参数控制画面的整体色彩效果 |
| 颜色平衡 | 用于调整画面的色彩效果 |
| 颜色平衡(HLS) | 用于分别对图像中的色相、亮度、饱和度进行增加或降低的调整，实现图像颜色的平衡校正 |

## 9.2.2　亮度调整

【亮度与对比度】以及【亮度曲线】效果可以调整视频画面的明暗关系，前者能够大致地进行亮度与对比度调整；后者则能够针对 256 个色阶进行亮度或者对比度调整。

【颜色校正】效果组中的【亮度与对比度】效果可以对图像的色调范围进行简单的调整，如图 9-6 所示。【过时】效果组中的【亮度曲线】效果虽然也是用来设置视频画面的明暗关系，但能够更加细致地进行调节，如图 9-7 所示。

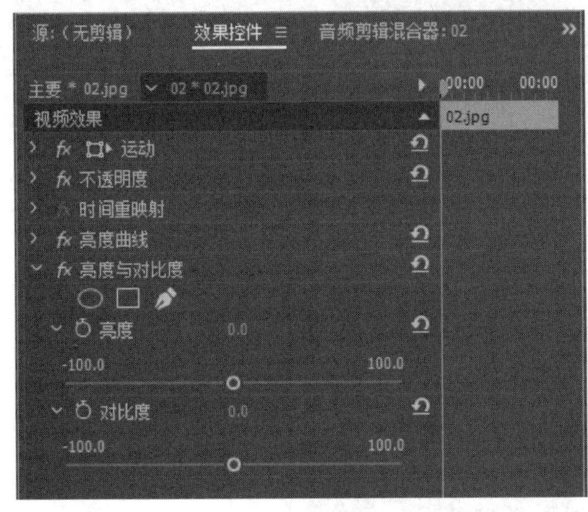


图 9-6

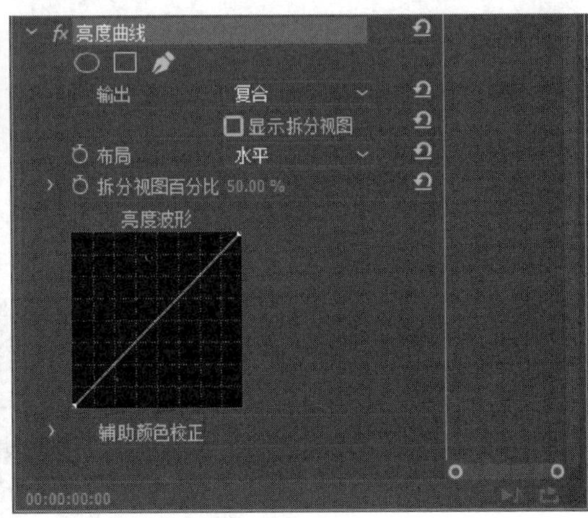


图 9-7

## 9.2.3　饱和度调整

视频颜色校正效果组中还包括一些控制画面色彩饱和度的效果，下面将详细介绍调整饱和度的方法。

1. 分色

【分色】效果专门用来控制视频画面的饱和度效果，其中还可以在保留某种色相的基础上降低饱和度，如图 9-8 所示。

当【要保留的颜色】选项为画面中没有的颜色，那么在提高【脱色量】参数值后，即可将彩色画面逐渐转换为灰度画面；当【要保留的颜色】选项设置为画面中的某种色相时，再次提高【脱色量】参数值，即可在保留该色相的同时，将画面中的其他颜色转换为灰度。

该效果中的【容差】与【边缘柔和度】选项，则是用来设置保留色相的容差范围。如果两者的参数值越大，保留颜色的范围就越大；参数值越小，保留颜色的范围就越小。

2. 色彩

【色彩】效果同样能够将彩色视频画面转换为灰度效果，同时还能够将彩色视频画面转换为双色调效果，如图 9-9 所示。

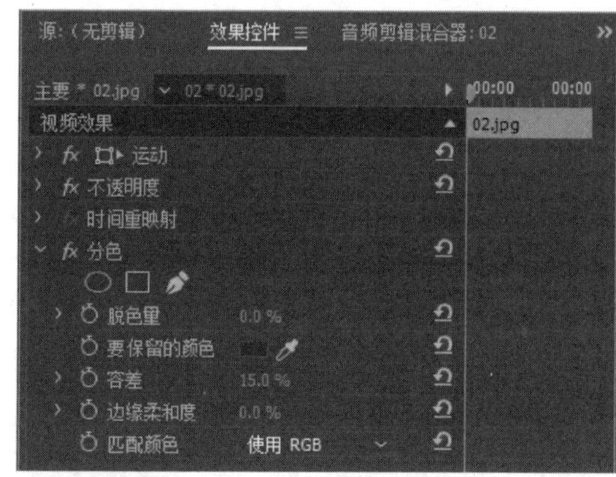


图 9-8

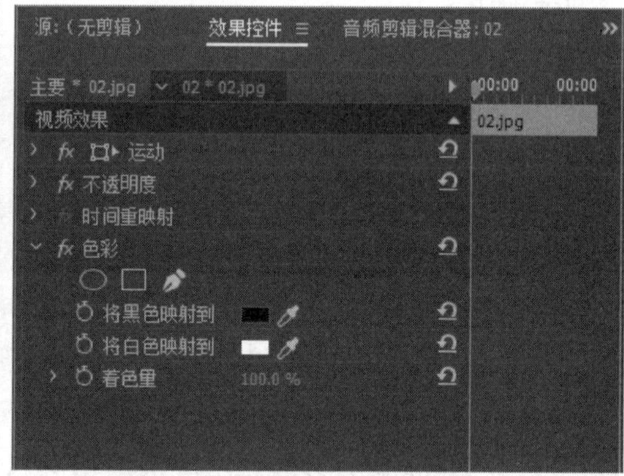


图 9-9

3. 颜色平衡(HLS)

【颜色平衡(HLS)】效果不仅能够降低饱和度，还能够改变视频画面的色相和亮度，如图 9-10 所示。

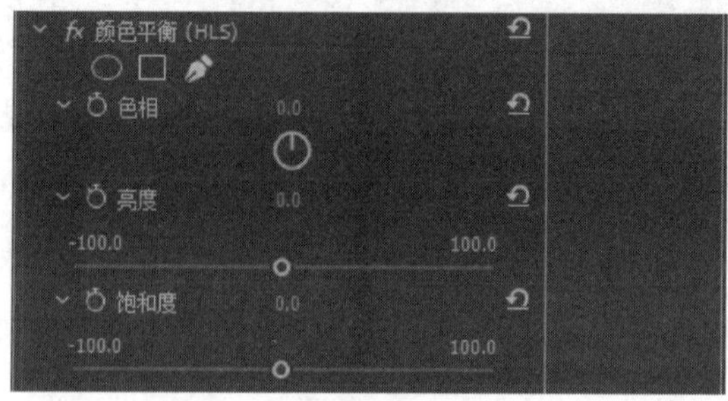


图 9-10

## 9.2.4 复杂颜色调整

在视频颜色校正效果组中，不仅能够针对校正色调、亮度调整以及饱和度调整进行效

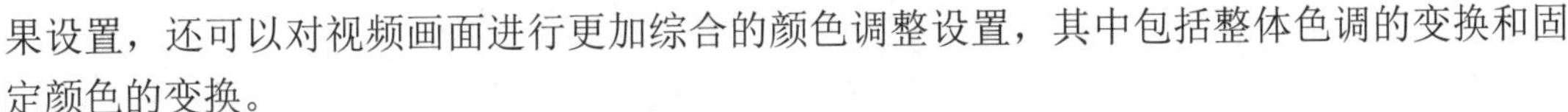

果设置，还可以对视频画面进行更加综合的颜色调整设置，其中包括整体色调的变换和固定颜色的变换。

### 1. RGB 曲线

【RGB 曲线】效果能够调整素材画面的明暗关系和色彩变化。并且能够平滑调整素材画面内的 256 级灰度，使画面调整效果更加细腻，如图 9-11 所示。

### 2. 颜色平衡

【颜色平衡】效果能够分别对画面中的高光、中间调以及暗部区域进行红、蓝、绿色调的调整，如图 9-12 所示。

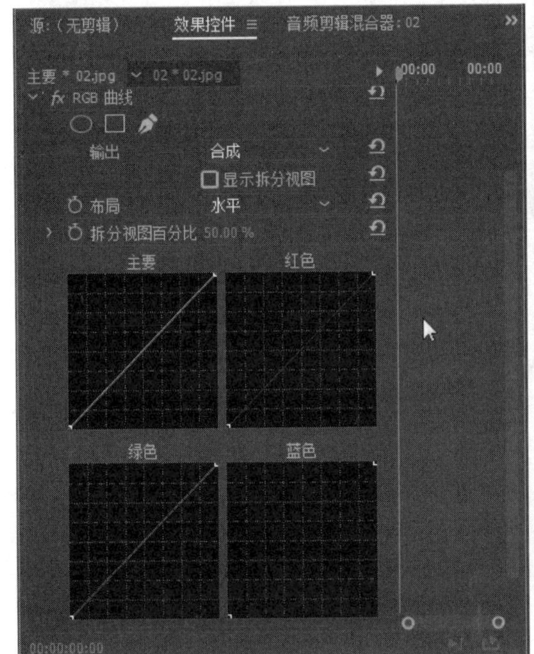


图 9-11

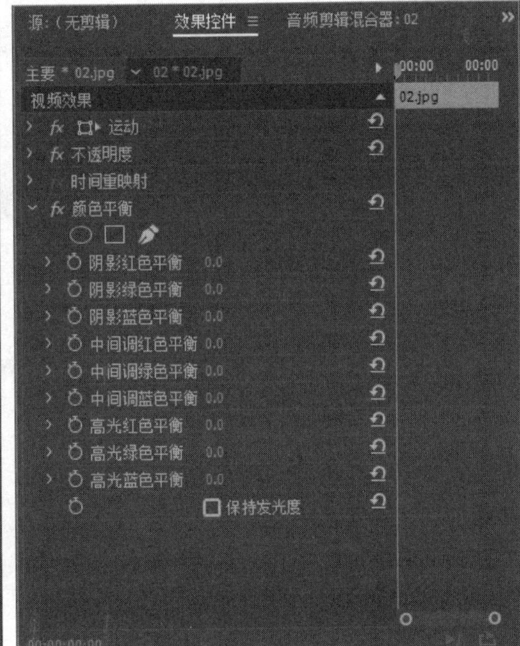


图 9-12

### 3. 通道混合器

【通道混合器】效果是根据通道颜色调整视频画面的效果，该效果中分别为红色、绿色、蓝色准备了该颜色到其他多种颜色的设置，如图 9-13 所示。

### 4. 更改颜色

要想对视频画面中的某个色相或色调进行变换，可以通过【更改颜色】效果来实现，如图 9-14 所示。

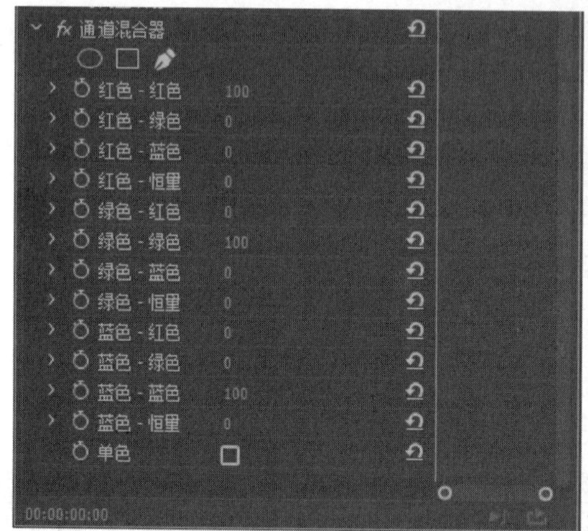


图 9-13

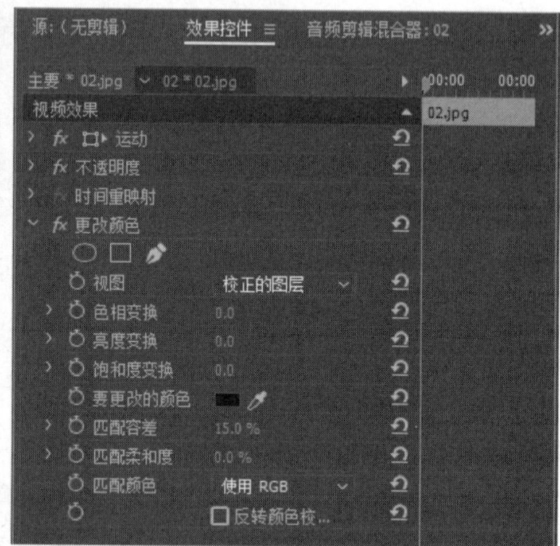


图 9-14

# 9.3 视频调整效果

调整类视频效果主要通过调整图像的色阶、阴影或高光，以及亮度、对比度等方式，达到优化影像质量或实现某种特殊画面效果的目的。

↑扫码看视频

## 9.3.1 阴影/高光

【阴影/高光】效果能够基于阴影或高光区域，使其局部相邻像素的亮度提高或降低，从而达到校正由强光而形成剪影画面的目的。

在【效果控件】面板中，展开【阴影/高光】选项后，主要通过【阴影数量】和【高光数量】等选项来调整该视频效果的应用效果，如图 9-15 所示。

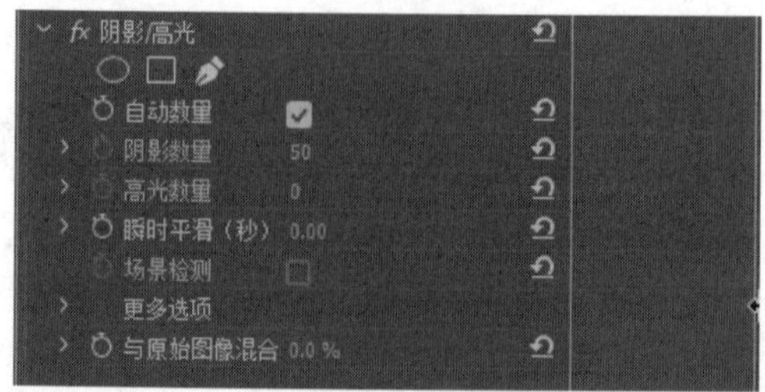


图 9-15

> 【阴影数量】选项：该选项用于控制画面暗部区域的亮度提高数量，取值越大，暗部变得越亮。
> 【高光数量】选项：该选项用于控制画面亮部区域的亮度降低数量，取值越大，高光区域的亮度越低。
> 【与原始图像混合】选项：该选项用于为处理后的画面设置不透明度，从而将其与原画面叠加后生成最终效果。

## 9.3.2　色阶

在 Premiere 数量众多的图像调整效果中，色阶是较为常用且较为复杂的视频效果之一。色阶视频效果的原理是通过调整素材画面内的阴影、中间调和高光的强度级别，从而校正图像的色调范围和颜色平衡。

为素材添加【色阶】视频效果后，在【效果控件】面板内列出一系列该效果的选项，用来设置视频画面的明暗关系以及色彩转换，如图 9-16 所示。

如果在设置参数时觉得较为烦琐，用户还可以单击【色阶】选项中的【设置】按钮，即可弹出【色阶设置】对话框，如图 9-17 所示。通过对话框中的直方图，可以分析当前图像颜色的色调分布，以便精确地调整画面颜色。

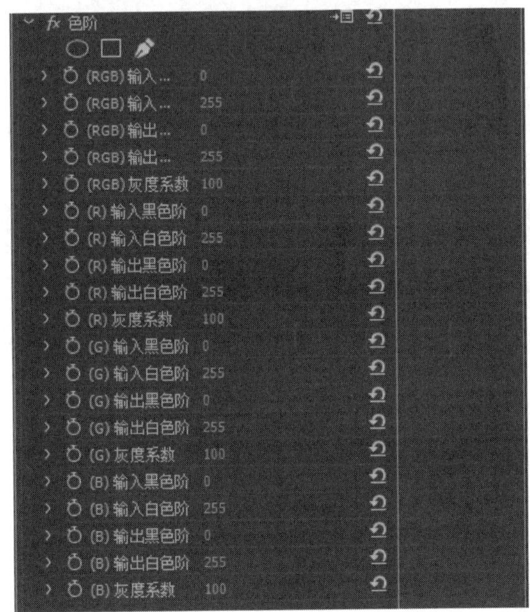


图 9-16

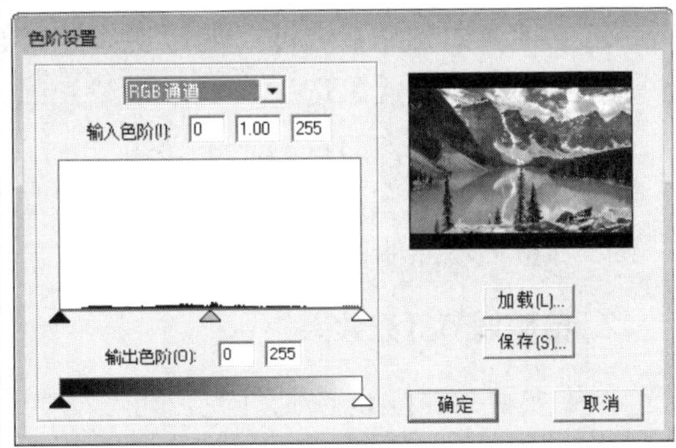


图 9-17

## 9.3.3　光照效果

利用【光照效果】视频效果，可以通过控制光源数量、光源类型及颜色，实现为画面内的场景添加真实光照效果的目的。

### 1. 默认灯光设置

应用【光照效果】视频效果后，Premiere 提供了 5 盏光源给用户使用。按照默认设置，Premiere 将只开启一盏灯光，在【效果控件】面板中单击【光照效果】选项名称后，即可在【节目】面板内通过锚点调整该灯光的位置与照明范围，如图 9-18 所示。

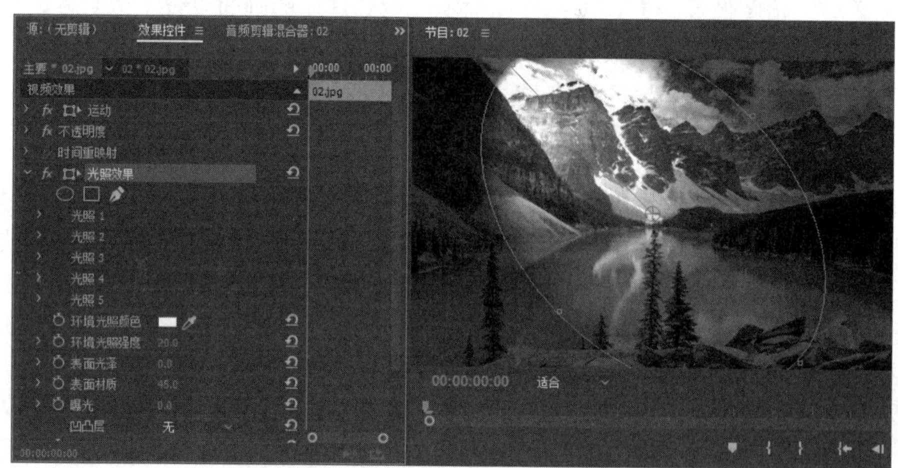


图 9-18

在【效果控件】面板中，【光照效果】选项内各项参数的作用及含义如下。

- 【环境光照颜色】选项：该选项用来设置光源色彩，在单击该选项右侧色块后，即可在弹出的【拾色器】对话框中设置光照颜色；或者单击色块右侧的【吸管】按钮，从素材画面内选择光照颜色。
- 【环境光照强度】选项：该选项用于调整环境光照的亮度，取值越小，光源强度越小；反之则越大。
- 【表面光泽】选项：调整物体高光部分的亮度与光泽度。
- 【表面材质】选项：通过调整光照范围内的中性色部分，从而达到控制光照效果细节表现力的目的。
- 【曝光】选项：控制画面的曝光强度。在灯光为白色的情况下，其作用类似于调整环境照明的强度，但【曝光】选项对光照范围内的画面影响也较大。

### 2. 精确调节灯光效果

如果要更为精确地控制灯光，可在【光照效果】选项内单击相应灯光前的展开按钮，通过各个灯光控制选项进行调节，如图 9-19 所示。

在 Premiere Pro CC 提供的光照控制选项中，各参数的含义如下。

- 【聚焦】选项：用于控制焦散范围的大小与焦点处的强度，取值越小，焦散范围越小，焦点亮度也越低；反之，焦散范围越大，焦点处的亮度也越高。
- 【光照类型】下拉按钮：Premiere Pro CC 为用户提供了全光源、点光源和平行光 3 种不同类型的光源。其中点光源的特点是仅照射指定的范围；平行光的特点以光源为中心，向周围均匀地散播光纤，强度则随着距离的增加而不断衰减；全光源的特点是光源能够均匀地照射至素材画面的每个角落。

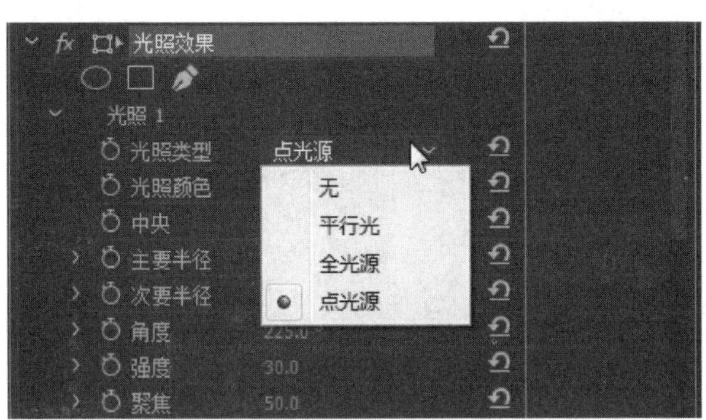


图 9-19

## 9.3.4　其他调整效果

在调整类效果组中，除了以上几种颜色调整效果外，还包括亮度调整、色彩调整以及黑白效果调整。

### 1. 卷积内核

【调整】效果组内的【卷积内核】效果是 Premiere 内部较为复杂的视频效果之一，其原理是通过改变画面内各个像素的亮度值来实现某些特殊效果，如图 9-20 所示。

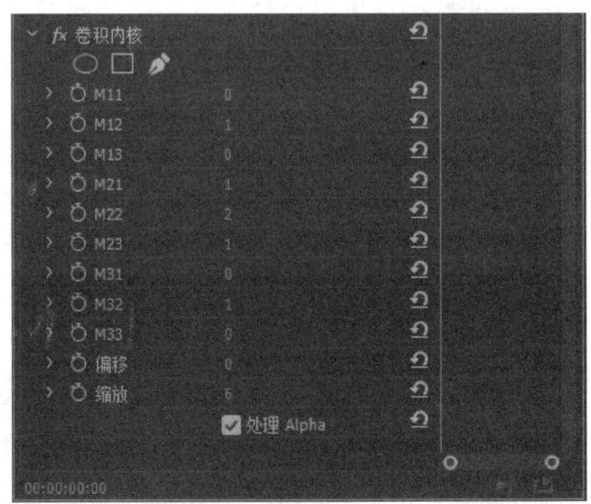


图 9-20

在【效果控件】面板内的【卷积内核】选项中，M11～M33 这 9 项参数中，每 3 项参数分为一组，如 M11～M13 为一组、M21～M23 为一组、M31～M33 为一组。调整时，通常情况下每组内的第 1 项参数与第 3 项参数应包含一个正值和一个负值，且两数之和为 0，至于第 2 项参数则用于控制画面的整体亮度。这样一来，便可在实现立体效果的同时保证画面亮度不会出现太大变化。

### 2. 提取

【提取】效果的功能是去除素材画面内的彩色信息，从而将彩色的素材画面处理为灰度画面，如图 9-21 所示。

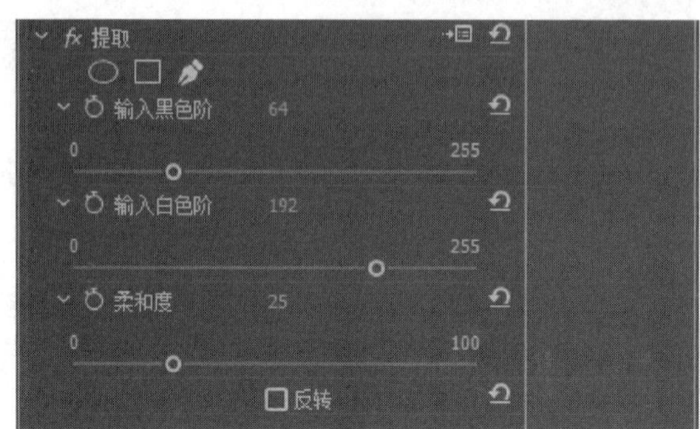


图 9-21

在【效果控件】面板中，不仅可以通过【提取】选项下的参数来控制画面效果，还可以单击【提取】效果选项中的【设置】按钮，在弹出的【提取设置】对话框内直观地调节画面效果。

- 【输入黑色阶】选项：该选项的作用是控制画面内黑色像素的数量，取值越小，黑色像素越少。
- 【输入白色阶】选项：该选项的作用是控制画面内白色像素的数量，取值越小，白色像素越少。
- 【柔和度】选项：该选项的作用是控制画面内灰色像素的阶数与数量，取值越小，上述两项目的数量也就越少，黑、白像素间的过渡就越为直接；反之，则灰色像素的阶数与数量越多，黑、白像素间的过渡就越为柔和、缓慢。
- 【反转】复选框：勾选该复选框后，Premiere 会置换图像内的黑白像素，即黑像素变为白像素，白像素变为黑像素。

### 3. ProcAmp

ProcAmp 的作用是调整素材的亮度、对比度以及色相、饱和度等基本的影像属性，从而实现优化素材质量的目的，如图 9-22 所示。

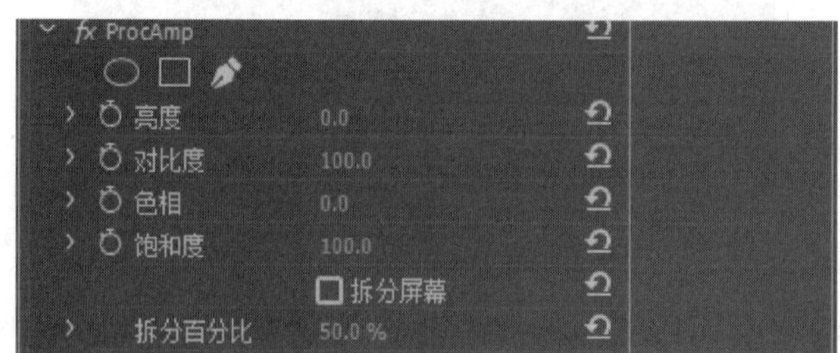


图 9-22

- 【亮度】选项：用于调整素材画面的整体亮度，取值越小画面越暗，反之则越亮。该选项的取值范围通常为-20～20。
- 【对比度】选项：调节画面亮部与暗部间的反差，取值越小反差越小，表现为色彩变得暗淡，且黑白色都开始发灰；取值越大则反差越大，表现为黑色更黑，而白色更白。

➢ 【色相】选项：该选项的作用是调整画面的整体色调。利用该选项除了可以校正画面整体偏色外，还可创造一些诡异的画面效果。
➢ 【饱和度】选项：用于调整画面色彩的鲜艳程度，取值越大色彩越鲜艳，反之则越暗淡，当取值为 0 时画面便会成为灰度图像。

# 9.4 实践案例与上机指导

通过本章的学习，读者基本可以掌握调节色彩与色调的基本知识以及一些常见的操作方法，下面通过练习操作，以达到巩固学习、拓展提高的目的。

↑扫码看视频

## 9.4.1 应用 Lumetri Looks

Premiere Pro CC 中的 Lumetri Looks 效果是一组颜色分级效果，Lumetri Looks 效果分别按照颜色、用途、色彩温度以及色彩风格等，在【效果】面板中分为 4 个效果选项组：【去饱和度】、【电影】、【色温】和【风格】，如图 9-23 所示。

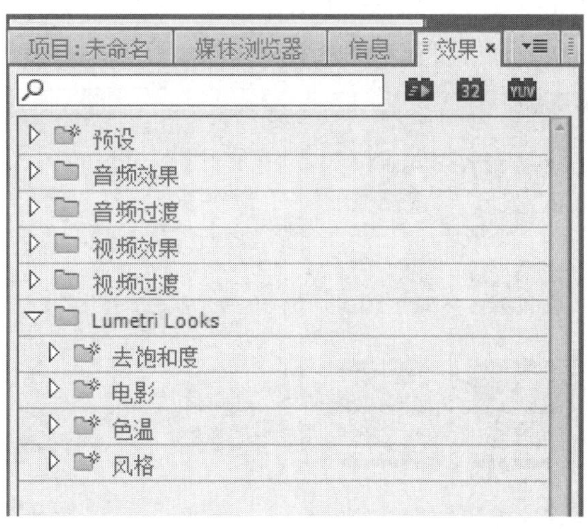


图 9-23

### 1. 去饱和度

【去饱和度】效果是针对视频画面颜色饱和度的一组效果选项组，在该效果选项组中分别提供了 8 个不同表现颜色饱和度的效果，只要选中【效果】面板 Lumetri Looks 选项组中的【去饱和度】选项组，即可在右侧查看其中各种效果的示意图，如图 9-24 所示。

### 2. 电影

【电影】效果是根据常用电影画面效果来设定的颜色效果选项组，在该效果选项组中分别提供了 8 个不同电影色彩画面的效果。只要选中【效果】面板 Lumetri Looks 选项组中的【电影】选项组，即可在右侧查看其中各种效果的示意图，如图 9-25 所示。

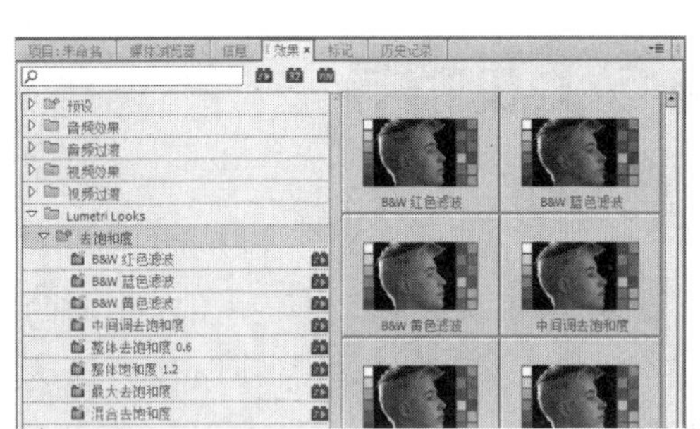

图 9-24

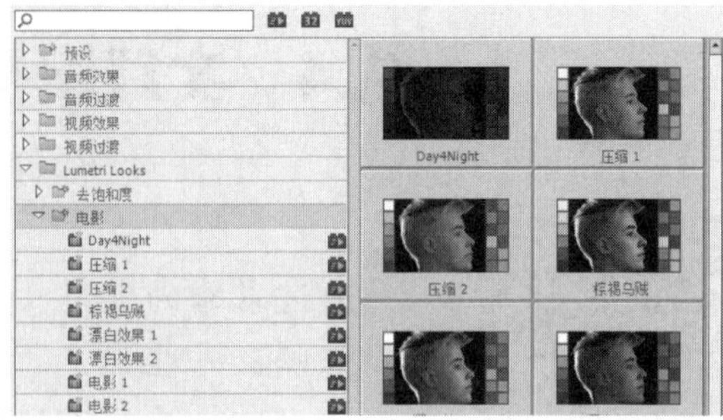

图 9-25

### 3. 色温

【色温】效果是根据颜色所表达的温度效果来设定的一组颜色效果选项组，在该效果组中分别提供了 8 个代表不同颜色温度的效果选项。只要选中【效果】面板 Lumetri Looks 选项组中的【色温】选项组，即可在右侧查看其中各种效果的示意图，如图 9-26 所示。

### 4. 风格

【风格】效果是根据不同年代的色彩以及应用来设定的一组颜色效果选项组，在该效果选项组中分别提供了 8 个代表不同年代的效果选项。只要选中【效果】面板 Lumetri Looks 选项组中的【风格】选项组，即可在右侧查看效果的示意图，如图 9-27 所示。

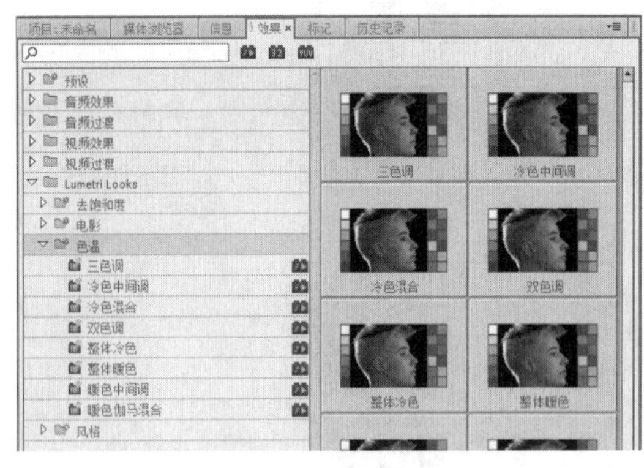

图 9-26

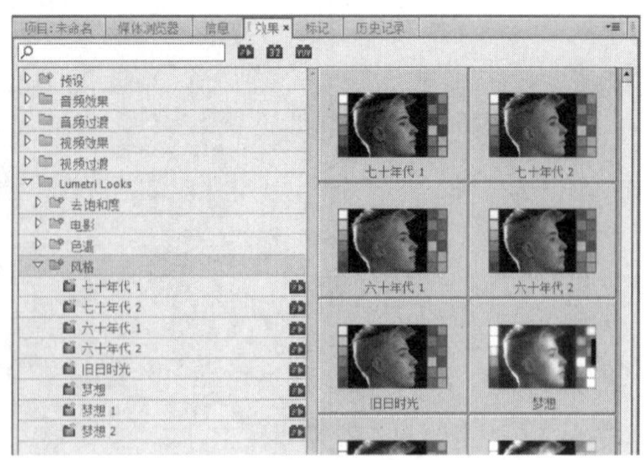

图 9-27

## 9.4.2 制作黑白电影效果

制作黑白电影效果的方法非常简单，下面将详细介绍制作黑白电影效果的操作方法。

素材保存路径：配套素材\第 9 章

素材文件名称：效果-黑白电影.prproj、“黑白电影效果素材”文件夹

**第 1 步** 将素材文件导入【项目】面板，1. 单击【新建项】按钮，2. 在弹出的菜单中选择【通用倒计时片头】选项，如图 9-28 所示。

**第 2 步** 弹出【新建通用倒计时片头】对话框，单击【确定】按钮，如图 9-29 所示。

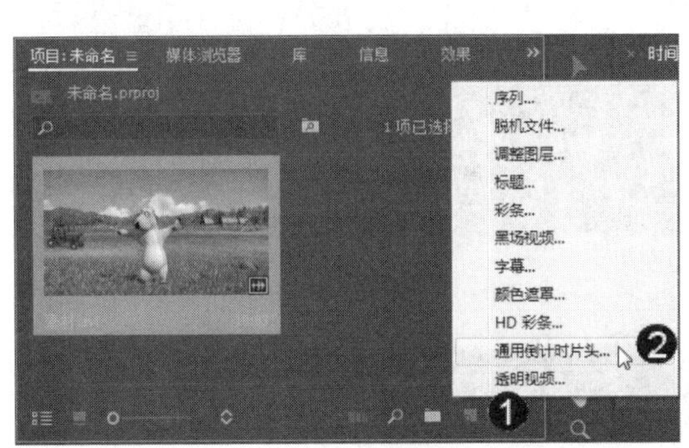


图 9-28

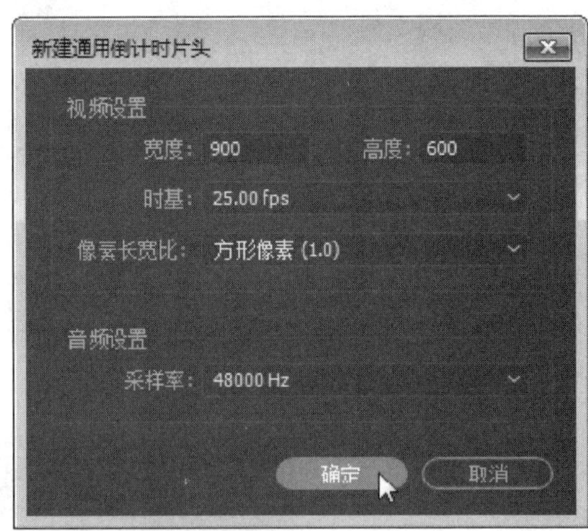


图 9-29

**第 3 步** 弹出【通用倒计时设置】对话框，1. 勾选【音频】组中的【在每秒都响提示音】复选框，2. 单击【确定】按钮，如图 9-30 所示。

**第 4 步** 将通用倒计时片头和“素材.avi”文件都添加到时间轴的 V1 轨道中，如图 9-31 所示。

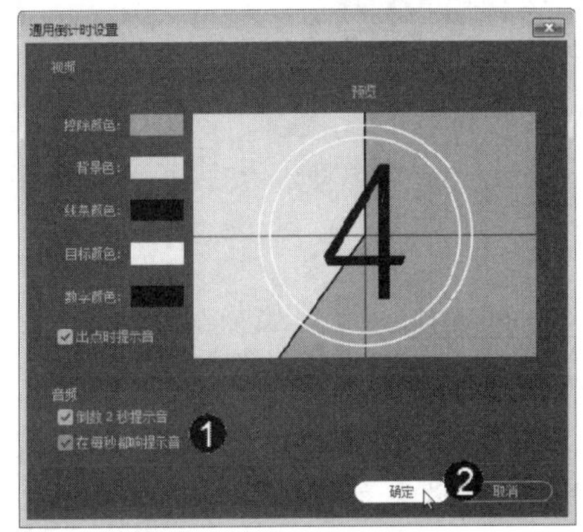


图 9-30

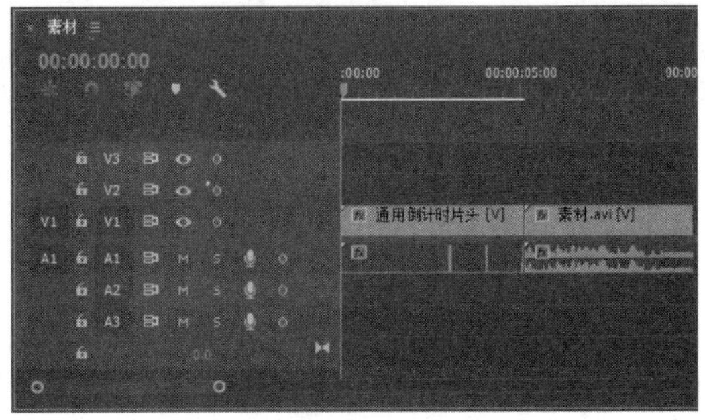


图 9-31

**第 5 步** 在【效果】面板的【视频效果】文件夹中，展开【调整】文件夹，将【提取】效果拖曳到时间轴中的“素材.avi”文件上，如图 9-32 所示。

**第 6 步** 在【效果控件】面板中，1. 设置【提取】效果的【输入黑色阶】、【输入白色阶】和【柔和度】选项的参数，2. 勾选【反转】复选框，如图 9-33 所示。

**第 7 步** 在【节目】面板中预览添加的视频特效，如图 9-34 所示。

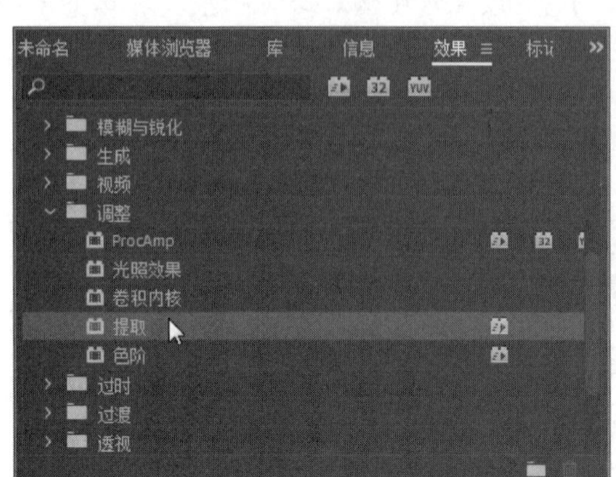


图 9-32

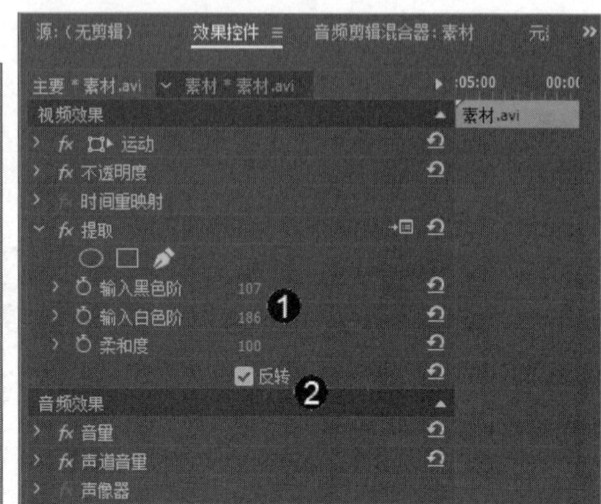


图 9-33

图 9-34

## 9.4.3 应用风格化效果

风格化组视频效果主要用于对图像进行艺术风格的美化处理，该特效组包含了 13 个效果，下面以【风格化】组中的【复制】效果为例介绍应用风格化效果的方法。

素材保存路径：配套素材\第 9 章

素材文件名称：效果-风格化.prproj、“黑白电影效果素材”文件夹

**第 1 步** 将素材文件添加到时间轴的 V1 轨道中，如图 9-35 所示。

**第 2 步** 在【效果】面板的【视频效果】文件夹中，展开【风格化】文件夹，将【复制】效果拖曳到时间轴中的素材文件上，如图 9-36 所示。

**第 3 步** 在【效果控件】面板的【复制】效果中，单击【计数】选项前的【切换动画】按钮，如图 9-37 所示。

**第 4 步** 将时间指示器拖到 00:00:04:00 处，设置【计数】参数为 4，如图 9-38 所示。

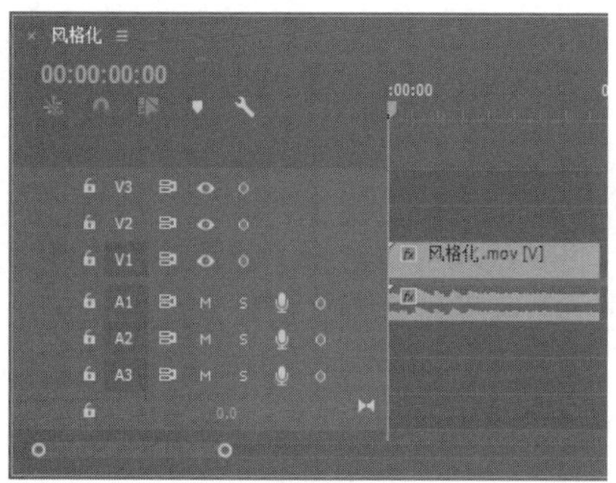


图 9-35

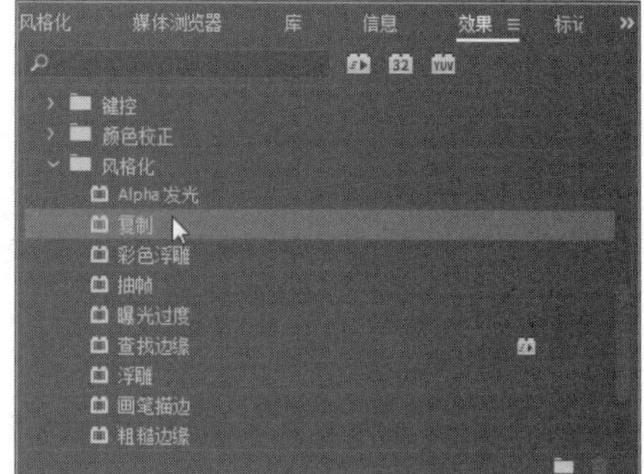
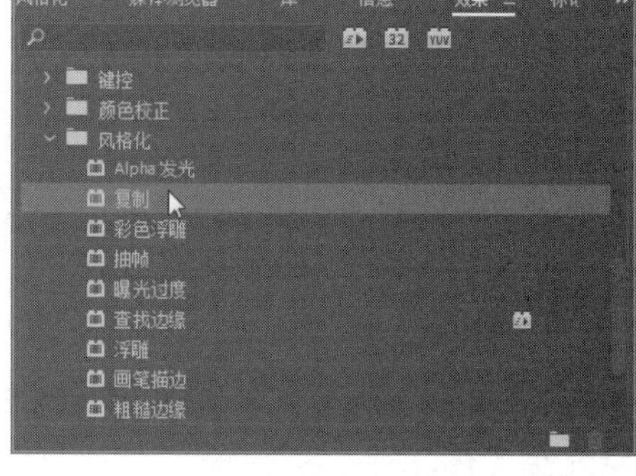


图 9-36

图 9-37

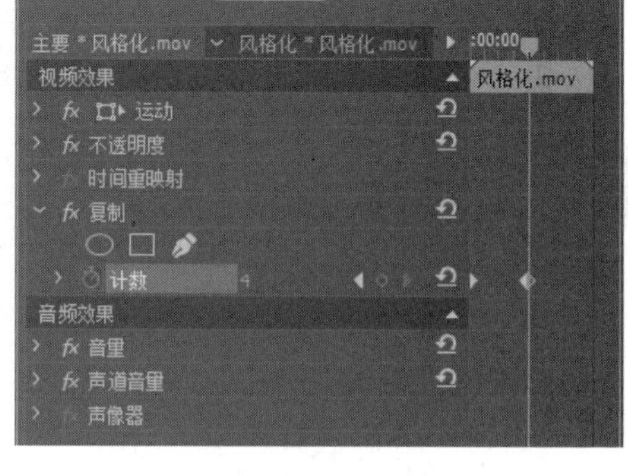


图 9-38

**第 5 步**　将时间指示器拖到 00:00:08:00 处，设置【计数】参数为 2，如图 9-39 所示。

**第 6 步**　在【节目】面板中预览添加的复制特效，如图 9-40 所示。

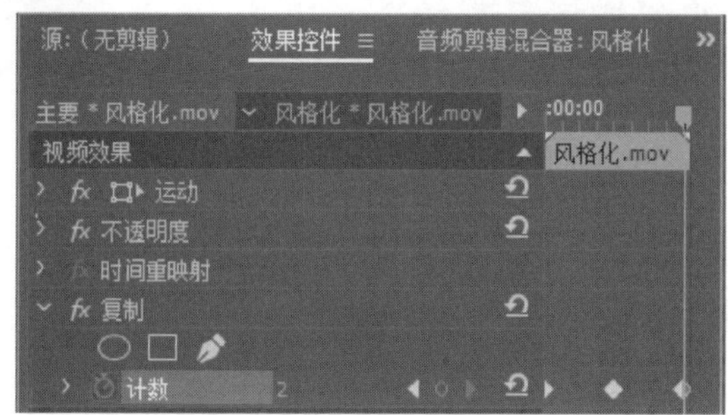


图 9-39

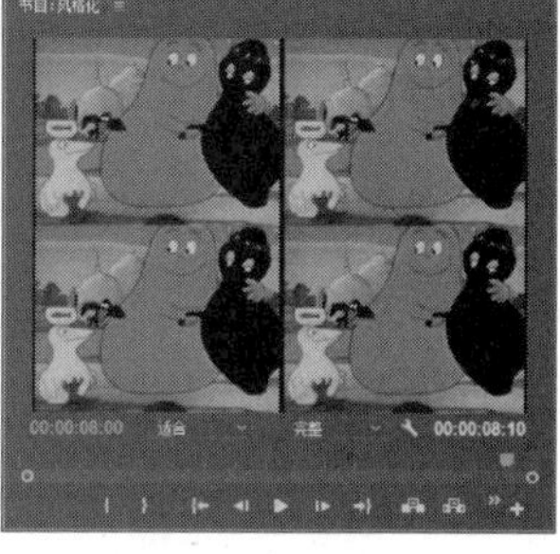

图 9-40

# 9.5　思考与练习

## 1. 填空题

(1) 日常生活中的视频通常为彩色的，要想制作出灰度效果的视频效果，可以通过【图像控制】效果组中的__________与__________效果。

(2) 颜色平衡(HLS)效果用于分别对图像中的色相、________、________进行增加或降低的调整，实现图像颜色的平衡校正。

2. 判断题

(1) 在【效果】面板中的【视频效果】文件夹下的【图像控制】效果组中，【灰度系数校正】效果的作用是通过调整画面的灰度级别，从而达到改善图像显示效果、优化图像质量的目的。 (　)

(2) 【颜色替换】效果能够将画面中的某个颜色替换为其他颜色，并且画面中的其他颜色也随之发生变化。 (　)

3. 思考题

(1) 如何制作黑白电影效果？

(2) 如何应用【风格化】中的【复制】效果？

新起点 电脑教程

# 第 10 章

## 合成与抠像

### 本章要点

- 合成效果
- 差异遮罩效果
- 颜色遮罩效果

### 本章主要内容

本章主要介绍合成效果和差异遮罩效果方面的知识与技巧，同时讲解了颜色遮罩效果，在本章的最后还针对实际的工作需求，讲解了制作望远镜画面效果、制作夕阳中的白塔和彩色浮雕效果的方法。通过本章的学习，读者可以掌握合成与抠像方面的知识，为深入学习 Premiere CC 知识奠定基础。

# 10.1 合成效果

合成视频是非线性视频编辑类视频效果中的一个重要功能，而所有合成效果都具有共同点，即能够让视频画面中的部分内容成为透明状态，从而显露出其下方的视频画面。

↑ 扫码看视频

## 10.1.1 调节不透明度

在 Premiere 中，操作最为简单、使用最为方便的视频合成方式，就是通过降低顶层视频轨道中的素材透明度，从而显现出底层视频轨道上的素材内容。操作时，只需选择顶层视频轨道中的素材，在【效果控件】面板中直接降低【不透明度】选项的参数值，所选视频素材的画面将会呈现一种半透明状态，从而隐约透出底层视频轨道中的内容，如图 10-1 所示。

图 10-1

上述操作多应用于两段视频素材的重叠部分。也就是说，通过添加【不透明度】关键帧，影视编辑人员可以使用降低素材透明度的方式来实现过渡效果。

## 10.1.2 导入含 Alpha 通道的 PSD 图像

所谓 Alpha 通道，是指图像额外的灰度图层，其功能用于定义图形或者字幕的透明区域。利用 Alpha 通道，可以将某一视频轨道中的图像素材、徽标或文字与另一视频轨道内的背景组合在一起。

若要使用 Alpha 通道实现图像合并，就要首先在图像编辑程序中创建具有 Alpha 通道的素材。比如，在 Photoshop 内打开所要使用的图像素材，然后将图像主题抠取出来，并在【通道】面板内创建新通道后，使用白色填充主体区域，如图 10-2 所示。

接下来将包含 Alpha 通道的图像素材添加至影视编辑项目内，并将其添加至视频轨道中，可以看到图像素材除主体外的其他内容都被隐藏了，产生这一效果的原因是之前我们在图像素材内创建的 Alpha 通道，如图 10-3 所示。

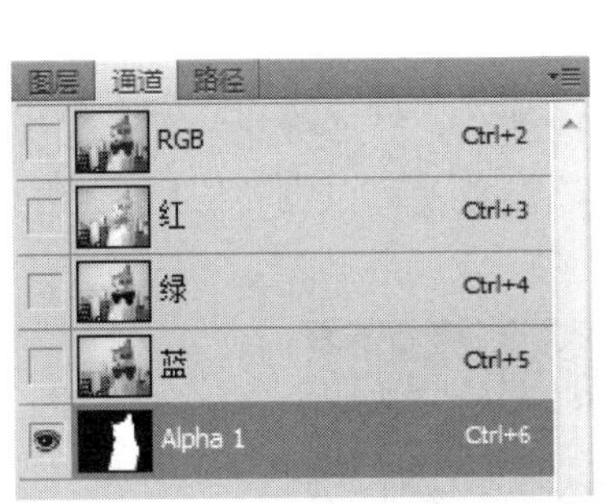


图 10-2

图 10-3

# 10.2　差异遮罩效果

在【键控】效果组中，用户可以通过矢量图像、明暗关系等因素来设置遮罩效果，比如亮度键、轨道遮罩键、差值遮罩等效果。本节将详细介绍有关差异遮罩效果的知识。

↑扫码看视频

## 10.2.1　Alpha 调整

【视频效果】下的【键控】特效组中的【Alpha 调整】效果的功能，是控制图像素材中的 Alpha 通道，通过影响 Alpha 通道实现调整影片效果的目的，其参数面板如图 10-4 所示。

- 【不透明度】选项：该选项能够控制 Alpha 通道的透明程度，因此在更改其参数值后会直接影响相应图像素材在屏幕画面上的表现效果。
- 【忽略 Alpha】复选框：勾选该复选框，序列将会忽略图像素材 Alpha 通道所定义的透明区域，并使用黑色像素填充这些透明区域。
- 【反转 Alpha】复选框：勾选该复选框，会反转 Alpha 通道所定义透明区域的范围。

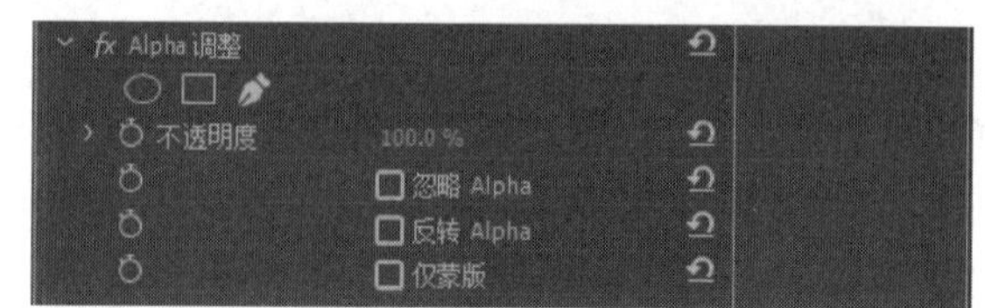


图 10-4

➢ 【仅蒙版】复选框：勾选该复选框，则图像素材在屏幕画面中的非透明区域将显示为通道画面，但透明区域不会受此影响。

## 10.2.2 亮度键

【亮度键】视频效果用于去除素材画面内较暗的部分，在【效果控件】面板内通过更改【亮度键】选项组中的【阈值】和【屏蔽度】选项参数就可以调整应用于素材剪辑后的效果，如图 10-5 所示。

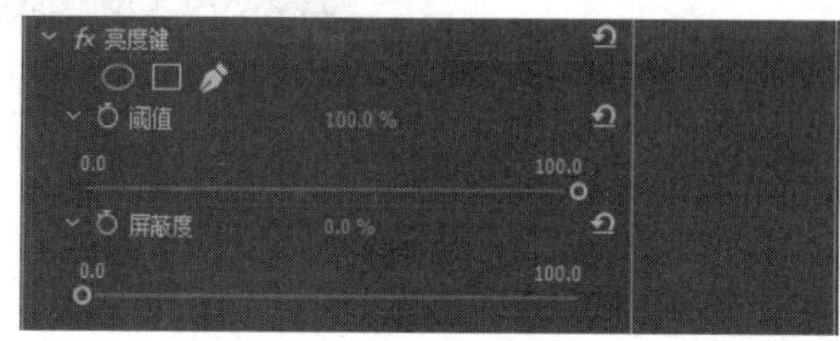


图 10-5

## 10.2.3 图像遮罩键

在 Premiere 中，遮罩是一种只包含黑、白、灰这 3 种不同色调的图像原色的特效，其功能是能够根据自身灰阶的不同，有选择地隐藏目标素材画面中的部分内容。下面详细介绍为素材添加【图像遮罩键】效果的方法。

**第 1 步** 将素材添加至时间轴上的 V1 和 V2 轨道内，如图 10-6 所示。

**第 2 步** 在【效果】面板的【视频特效】文件夹中，展开【键控】文件夹，将【图像遮罩键】效果拖曳到 V2 轨道中的素材上，如图 10-7 所示。

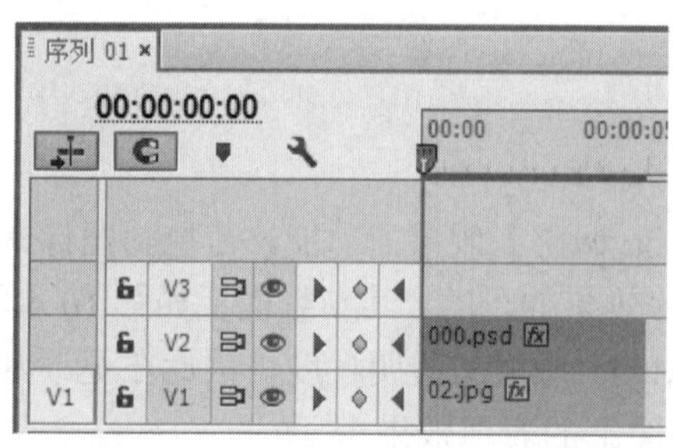


图 10-6

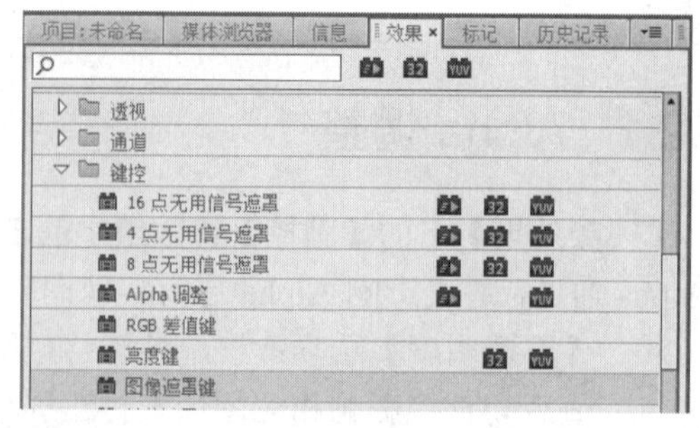


图 10-7

**第 3 步** 在【效果控件】面板内，单击【图像遮罩键】选项组中的【设置】按钮，如图 10-8 所示。

**第 4 步** 弹出【选择遮罩图像】对话框，1. 选择相应的遮罩图像，2. 单击【打开】按钮，如图 10-9 所示。

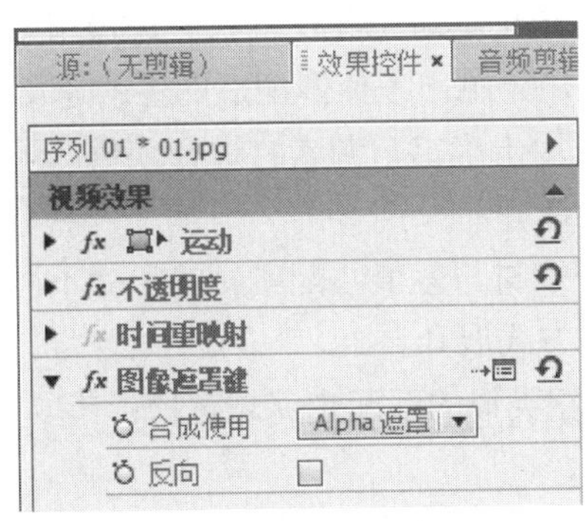


图 10-8

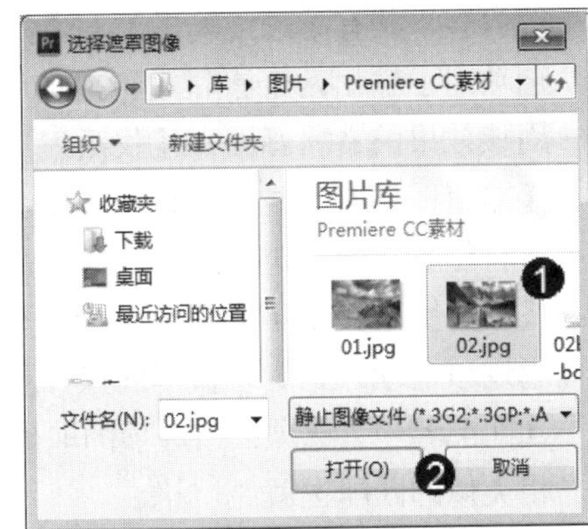


图 10-9

**第 5 步** 在【效果控件】面板内，在【图像遮罩键】选项组下的【合成使用】下拉列表框中选择【亮度遮罩】选项，如图 10-10 所示。

**第 6 步** 在【节目】面板内预览添加的图像遮罩键效果，如图 10-11 所示。

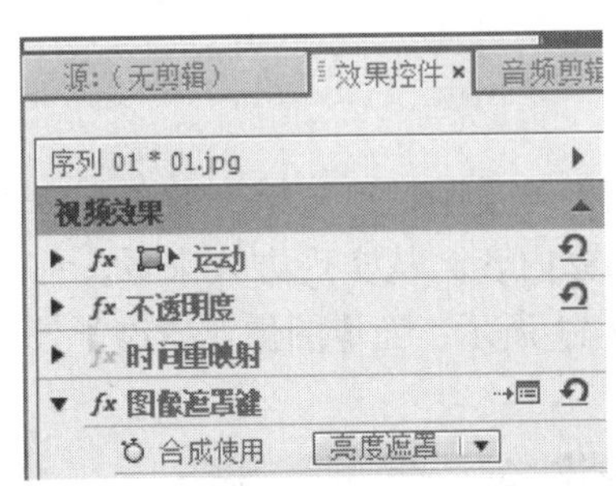


图 10-10

图 10-11

## 10.2.4　差值遮罩

【差值遮罩】视频效果的作用是对比两个相似的图像剪辑，并去除两个图像剪辑在屏幕画面上的相似部分，而只留下有差异的图像内容。因此，该视频特效在应用时对素材剪辑的内容要求较为严格，但在某些情况下，能够很轻易地将运动对象从静态背景中抠取出来，如图 10-12 所示。

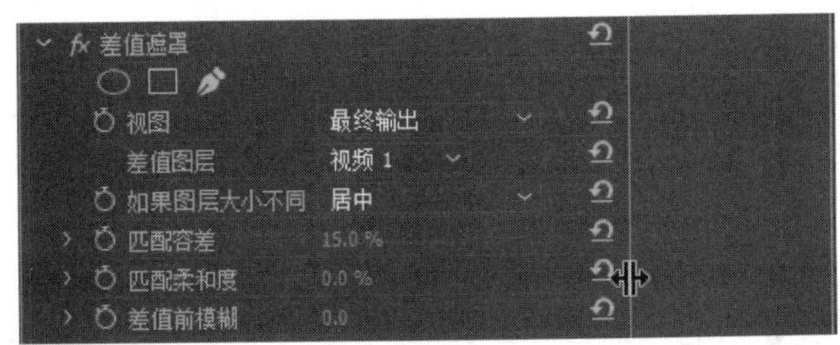


图 10-12

在【差值遮罩】视频效果的选项组中，各个选项的作用如下。

- 【视图】下拉列表框：该下拉列表框用于确定最终输出于【节目】面板中的画面的内容，共有【最终输出】、【仅限源】和【仅限遮罩】三个选项。【最终输出】选项用于输出两个素材进行差值匹配后的结果画面；【仅限源】选项用于输出应用该效果的素材画面；【仅限遮罩】选项用于输出差值匹配后产生的遮罩画面。
- 【差值图层】下拉列表框：该下拉列表框用于确定与源素材进行差值匹配操作的素材位置，即确定差值匹配素材所在的轨道。
- 【如果图层大小不同】下拉列表框：当源素材与差值匹配素材的尺寸不同时，可通过该选项来确定差值匹配操作将以何种方式展开。
- 【匹配容差】选项：该选项的取值越大，相类似的匹配也就越宽松；其取值越小，相类似的匹配也就越严格。
- 【匹配柔和度】选项：该选项会影响差值匹配结果的透明度，其取值越大，差值匹配结果的透明度也就越大；反之，则匹配结果的透明度也就越小。
- 【差值前模糊】选项：根据该选项取值的不同，Premiere 会在差值匹配操作前对匹配素材进行一定程度的模糊处理。因此，【差值前模糊】选项的取值将直接影响差值匹配的精确程度。

## 10.2.5 轨道遮罩键

从效果及实现原理来看，【轨道遮罩键】效果与【图像遮罩键】效果完全相同，都是将其他素材作为遮罩后隐藏或显示目标素材的部分内容。从实现方式来看，前者是将图像添加至时间轴上后，作为遮罩素材使用，如图 10-13 所示；而【图像遮罩键】效果则是直接将遮罩素材附加在目标素材上。

图 10-13

在【轨道遮罩键】效果的选项组中，各个选项的作用如下。

- 【遮罩】下拉列表框：该下拉列表框用于设置遮罩素材的位置。
- 【合成方式】下拉列表框：该下拉列表框用于确定遮罩素材将以怎样的方式来影响目标素材。当【合成方式】选项为【Alpha 遮罩】选项时，Premiere 将利用遮罩素材内的 Alpha 通道来隐藏目标素材；当【合成方式】选项为【亮度遮罩】选项时，Premiere 则会使用遮罩素材本身的视频画面来控制目标素材内容的显示与隐藏。
- 【反向】复选框：用于反转遮罩内的黑、白像素，从而显示原本透明的区域，并隐藏原本能够显示的内容。

# 10.3　颜色遮罩效果

在拍摄视频时，特别是用于后期合成的视频，通常情况下其背景是蓝色或者绿色布景，以方便后期的合成。而【键控】效果组中，准备了用于颜色遮罩的效果。本节将详细介绍有关颜色遮罩效果的知识。

↑扫码看视频

## 10.3.1　非红色键

【非红色键】视频效果的作用是去除画面内的蓝色和绿色部分，在广播电视制作领域内通常用于广播员与视频画面的拼合。此外，在利用一些视频格式的字幕时，也可起到去除字幕背景的作用，其选项组如图 10-14 所示。

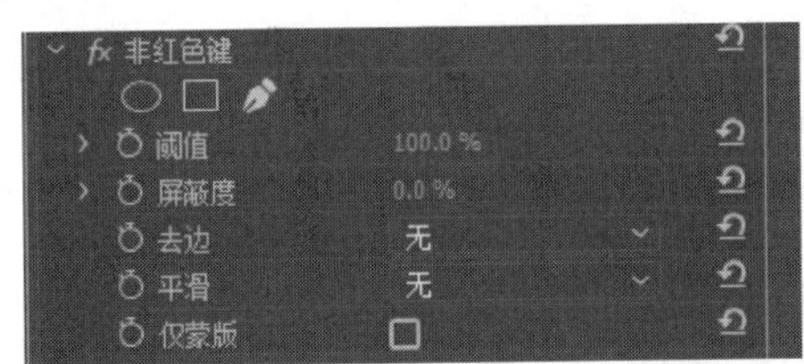


图 10-14

在【非红色键】选项组中，各个选项的作用如下。

➢ 【阈值】选项：减小该选项的数值，则能够去掉画面中更多的蓝色。
➢ 【屏蔽度】选项：用于控制非红色键的应用效果，参数值越小，去除背景效果越明显。
➢ 【平滑】下拉列表框：用于调整【非红色键】效果在消除锯齿时的能力，其原理是混合像素颜色，从而构成平滑的边缘。其中包含【高】、【低】和【无】三个选项，【高】选项平滑效果最好，【低】选项平滑效果略差，【无】选项则不进行平滑操作。
➢ 【仅蒙版】复选框：用于确定是否将效果应用于视频素材的 Alpha 通道。

## 10.3.2　颜色键

【颜色键】视频效果的作用是抠取屏幕画面内的指定色彩，因此多用于屏幕画面内包含大量色调相同或相近色彩的情况，其选项面板如图 10-15 所示。在【颜色键】选项组中，各个选项的作用如下。

- 【主要颜色】选项：用于指定目标素材内所要抠除的色彩。
- 【颜色容差】选项：该选项用于扩展所抠除色彩的范围，根据其选项参数的不同，部分与【主要颜色】选项相似的色彩也将被抠除。
- 【边缘细化】选项：该选项能够在图像色彩抠取结果的基础上，扩大或减小【主要颜色】所设定颜色的抠取范围。
- 【羽化边缘】选项：对抠取后的图像进行边缘羽化操作，其参数取值越大，羽化效果越明显。

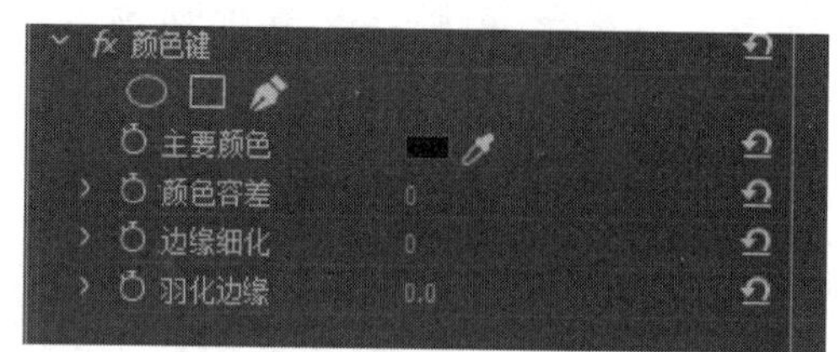


图 10-15

# 10.4 实践案例与上机指导

通过本章的学习，读者基本可以掌握合成与抠像的基本知识以及一些常见的操作方法，下面通过练习操作，以达到巩固学习、拓展提高的目的。

↑扫码看视频

## 10.4.1 制作望远镜画面效果

在影视作品中，往往会应用很多望远镜或其他类似设备进行观察，从而模拟第一人称视角的拍摄手法。事实上，这些效果大多是通过后期制作时的特殊处理来完成，下面将详细介绍制作望远镜画面效果的方法。

素材保存路径：配套素材\第 10 章

素材文件名称：效果-望远镜.prproj、“望远镜素材”文件夹

**第 1 步** 将“风景.avi”拖入【时间轴】面板上的 V1 轨道中，将“望远镜遮罩.psd”拖至 V2 轨道中，并将两个素材的持续时间调整为相等，如图 10-16 所示。

**第 2 步** 在时间轴上选中“风景.avi”，在【效果控件】面板内设置【运动】选项组中的【缩放】选项参数为 135，如图 10-17 所示。

**第 3 步** 在时间轴上选中“望远镜遮罩.psd”，在【效果控件】面板内设置【运动】选项组中的【缩放】选项参数为 141，如图 10-18 所示。

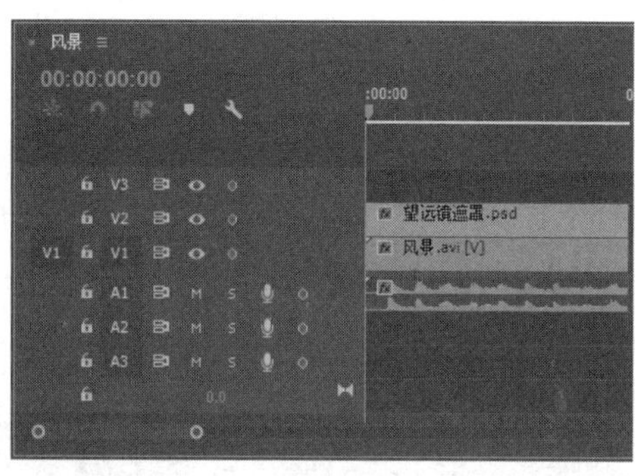


图 10-16

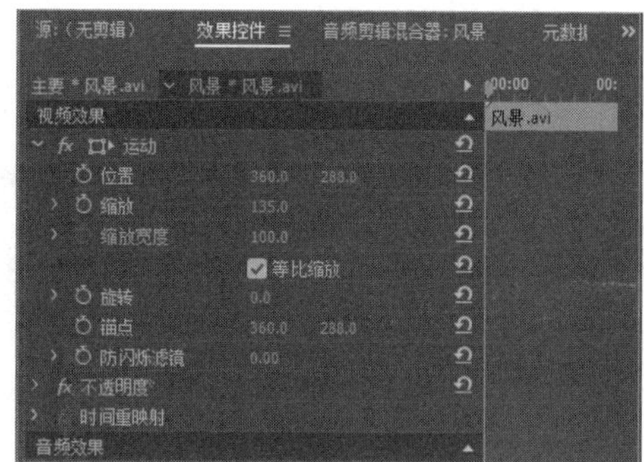


图 10-17

**第 4 步** 在【效果】面板的【视频效果】文件夹中，展开【键控】文件夹，将【轨道遮罩键】效果拖曳到时间轴中的“风景.avi”素材上，如图 10-19 所示。

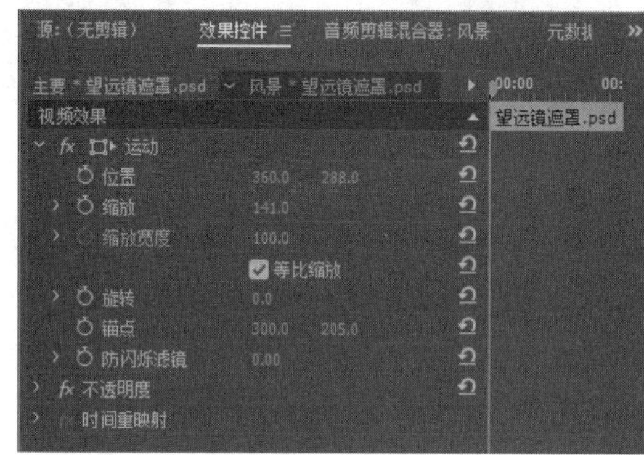


图 10-18

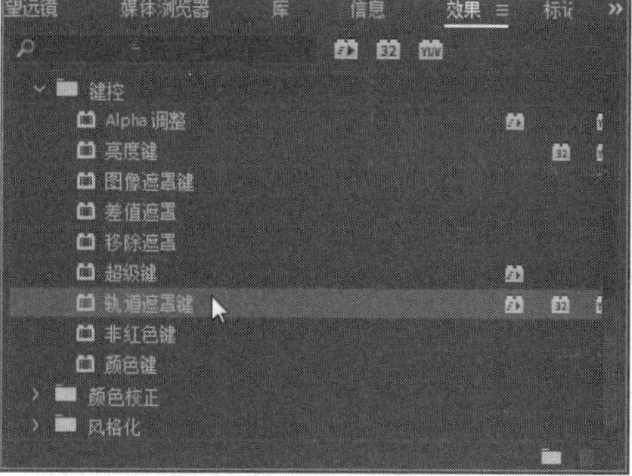


图 10-19

**第 5 步** 在【效果控件】面板中，*1.* 在【轨道遮罩键】效果选项组中的【遮罩】下拉列表框中选择【视频 2】选项，*2.* 在【合成方式】下拉列表框中选择【亮度遮罩】选项，如图 10-20 所示。

**第 6 步** 在时间轴上选中“望远镜遮罩.psd”，将【当前时间指示器】移至 00:00:02:07 处，单击【效果控件】面板内【运动】选项组的【位置】选项前的【切换动画】按钮，创建关键帧，如图 10-21 所示。

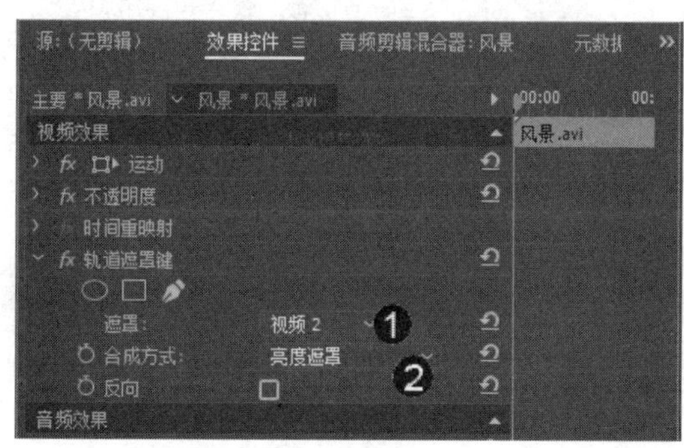


图 10-20

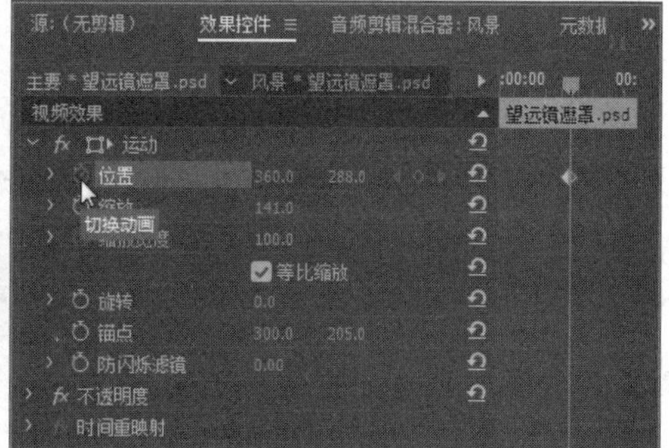


图 10-21

**第 7 步** 将【当前时间指示器】移至影片开始处，设置【位置】选项的参数为 185 和

124.1，如图 10-22 所示。

**第 8 步** 在【节目】面板中预览添加的望远镜视频效果，如图 10-23 所示。

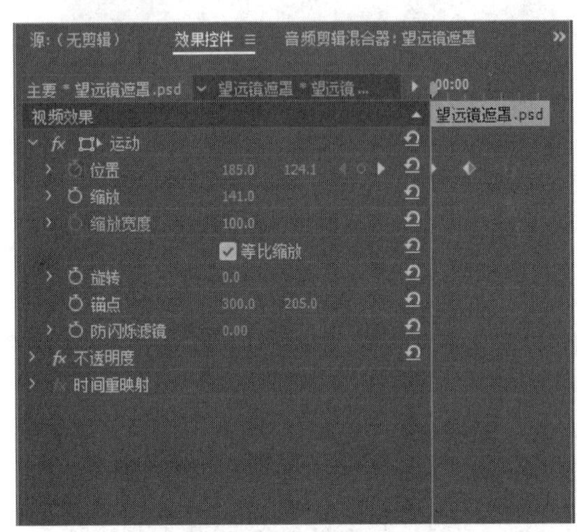


图 10-22

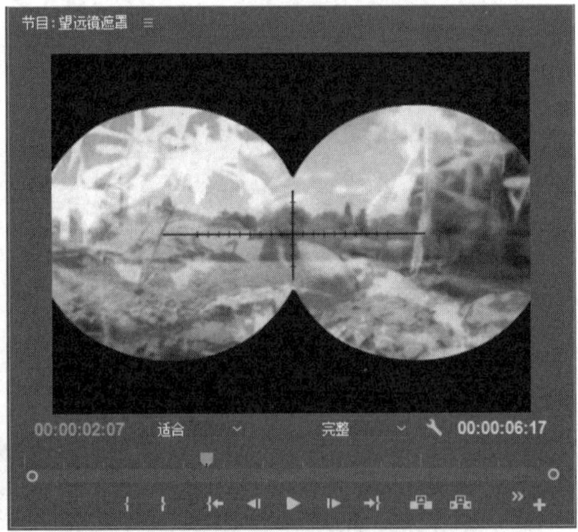


图 10-23

## 10.4.2 制作夕阳中的白塔

在拍摄风景视频时，拍摄设备很难拍摄出色彩丰富的夕阳风景。对于拍摄具有天空的风景视频，可以将蓝色的天空进行抠出，替换成具有夕阳效果的视频或者将图像进行合成，形成夕阳风景效果。下面将介绍制作夕阳中的白塔的方法。

素材保存路径：配套素材\第 10 章

素材文件名称：效果-白塔.prproj、“白塔素材”文件夹

**第 1 步** 将“北海白塔.avi”拖入【时间轴】面板上的 V2 轨道中，如图 10-24 所示。

**第 2 步** 选中视频素材，在【效果控件】面板中设置【运动】选项组中的【缩放】选项参数为 55，如图 10-25 所示。

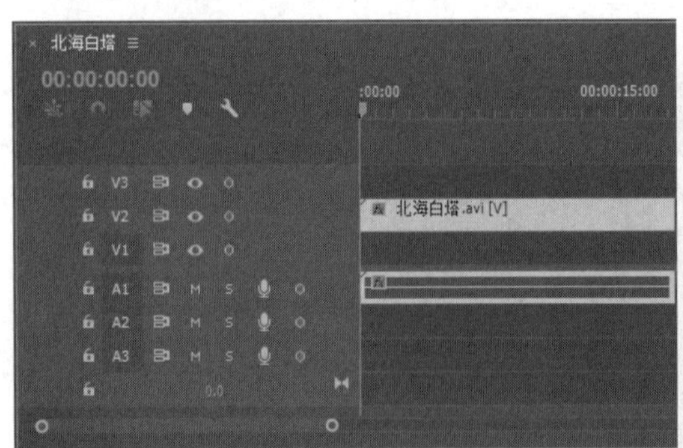


图 10-24

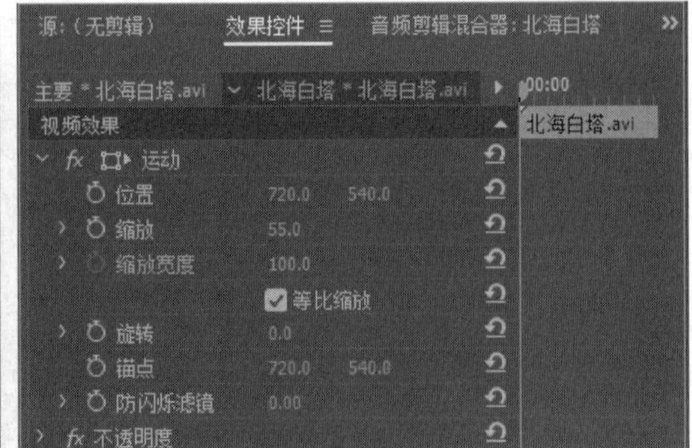


图 10-25

**第 3 步** 将【当前时间指示器】拖至 00:00:14:08 处，选择工具箱中的【剃刀工具】，在该位置单击切割视频，如图 10-26 所示。

**第 4 步** 将第一段视频删除，将右侧的视频向左移动至 00:00:00:00 处，如图 10-27 所示。

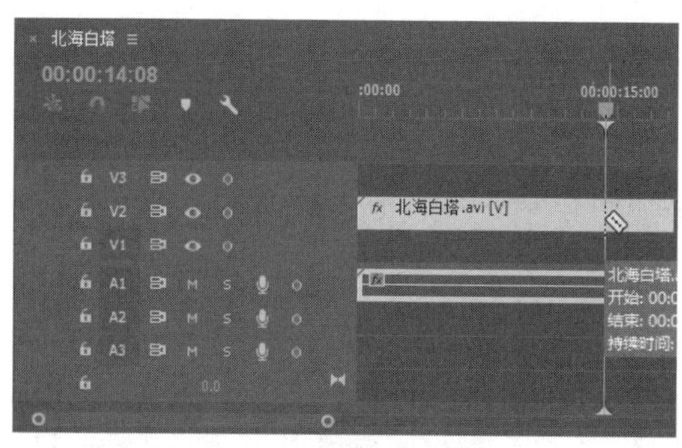


图 10-26

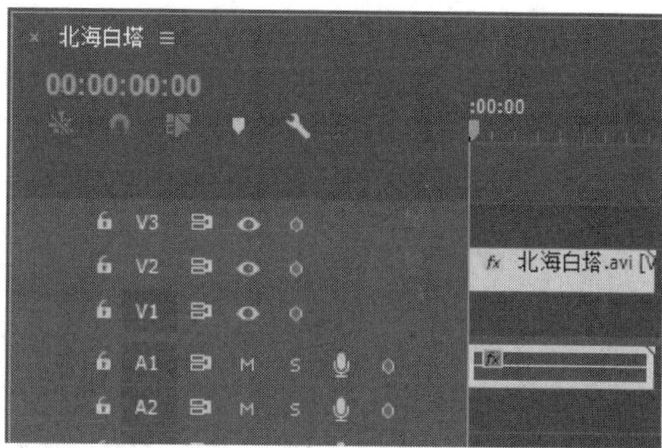


图 10-27

**第 5 步** 在【效果】面板内的【视频效果】文件夹中，展开【调整】文件夹，将【色阶】效果拖曳至视频上，如图 10-28 所示。

**第 6 步** 在【效果控件】面板中，**1.** 设置【(RGB)输入黑色阶】选项的参数为 23，**2.** 设置【(RGB)输入白色阶】选项的参数为 205，如图 10-29 所示。

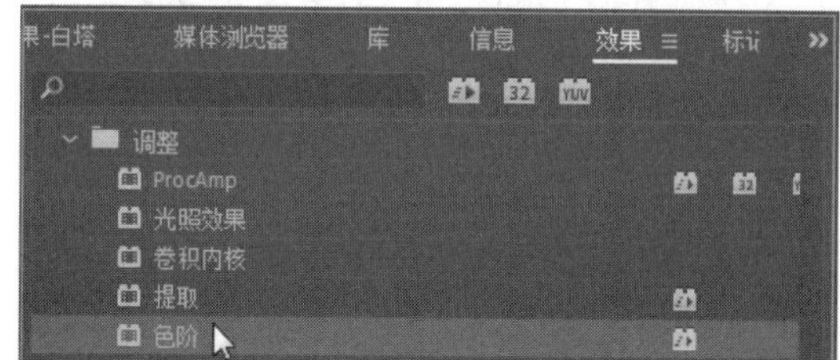


图 10-28

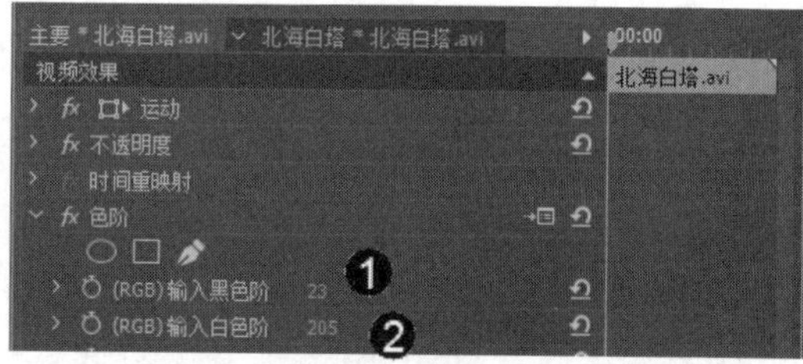


图 10-29

**第 7 步** 在【效果】面板内的【视频效果】文件夹中，展开【颜色校正】文件夹，将【颜色平衡】效果拖曳至视频上，如图 10-30 所示。

**第 8 步** 在【效果控件】面板中设置【颜色平衡】选项的参数，如图 10-31 所示。

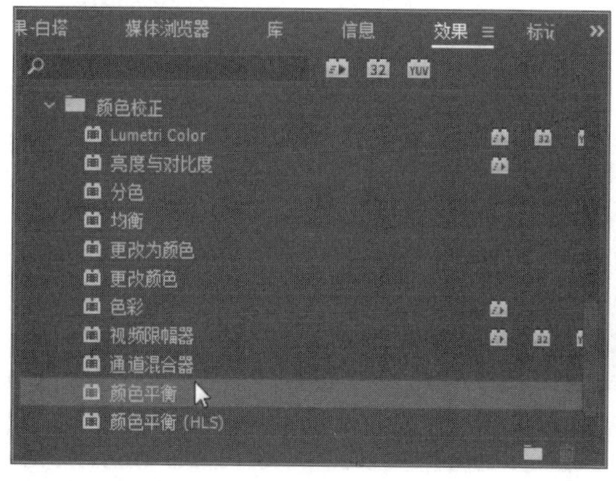


图 10-30

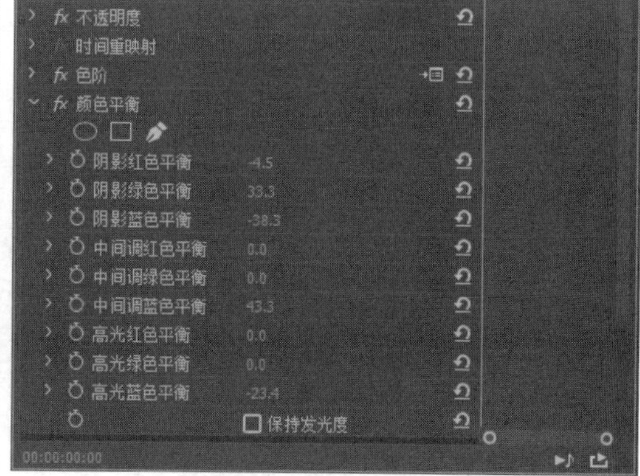


图 10-31

**第 9 步** 将“夕阳.jpg”添加到时间轴中的 V1 轨道上，并将两素材的时间调整相同，如图 10-32 所示。

**第 10 步** 在【效果】面板内的【视频效果】文件夹中，展开【键控】文件夹，将【非红色键】拖曳到 V2 素材上，如图 10-33 所示。

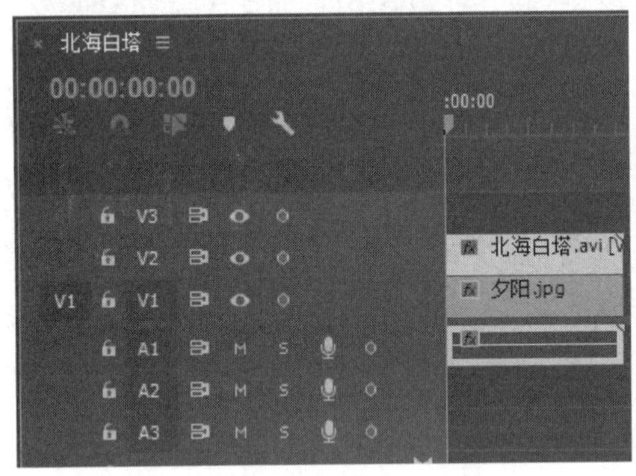


图 10-32

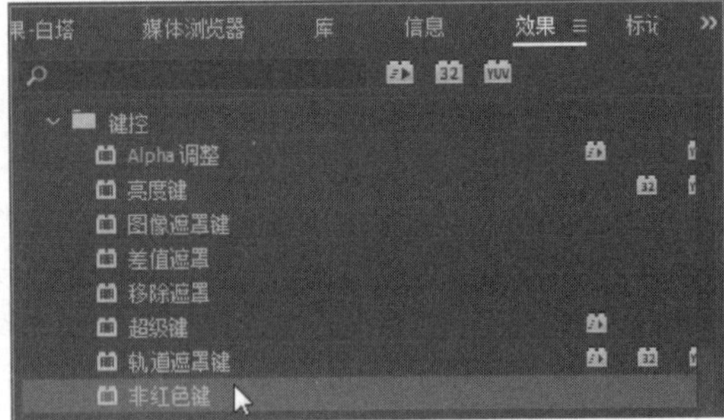


图 10-33

**第 11 步** 在【效果控件】面板中，设置【阈值】选项为 47.3%，如图 10-34 所示。

**第 12 步** 将【当前时间指示器】移至视频开始处，选中 V1 轨道中的素材，**1.** 在【效果控件】面板中设置【运动】选项组中【位置】选项为 690、820，**2.** 单击【位置】与【缩放】选项前的【切换动画】按钮，添加关键帧，如图 10-35 所示。

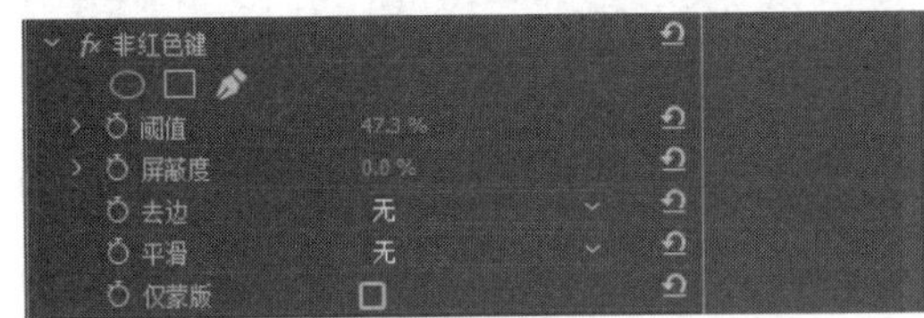


图 10-34

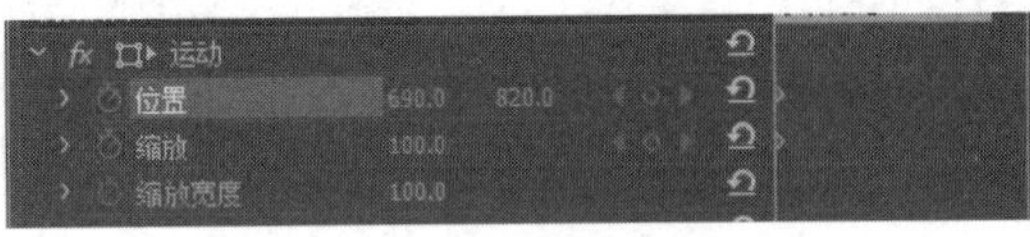


图 10-35

**第 13 步** 将【当前时间指示器】拖至 00:00:03:00 处，设置【缩放】为 62，【位置】为 340、373，如图 10-36 所示。

**第 14 步** 将【当前时间指示器】拖至 00:00:06:09 处，设置【位置】选项参数为 287.9、322.2，如图 10-37 所示。

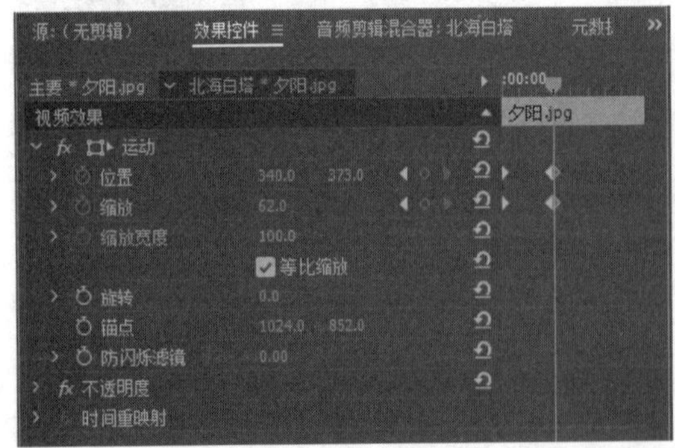


图 10-36

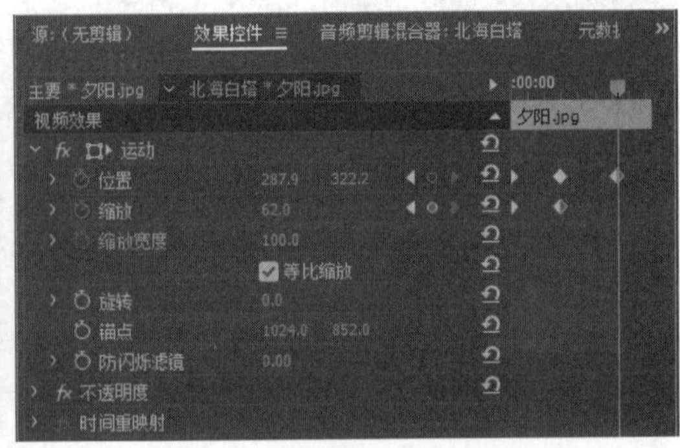


图 10-37

**第 15 步** 完成上述操作后，即可在【节目】面板中预览添加的效果，如图 10-38 所示。

图 10-38

### 10.4.3　制作彩色浮雕效果

制作彩色浮雕视频效果的方法非常简单，下面详细介绍制作彩色浮雕视频效果的操作方法。

素材保存路径：配套素材\第 10 章
素材文件名称：效果-彩色浮雕.prproj、夕阳.jpg

**第 1 步** 将“夕阳.jpg”添加到时间轴上的 V1 轨道中，如图 10-39 所示。

**第 2 步** 在【效果】面板中的【视频效果】文件夹中，展开【风格化】文件夹，将【彩色浮雕】效果拖曳到时间轴的素材上，如图 10-40 所示。

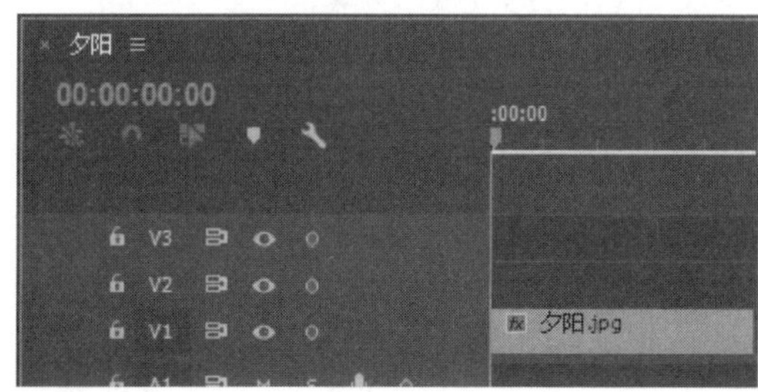


图 10-39

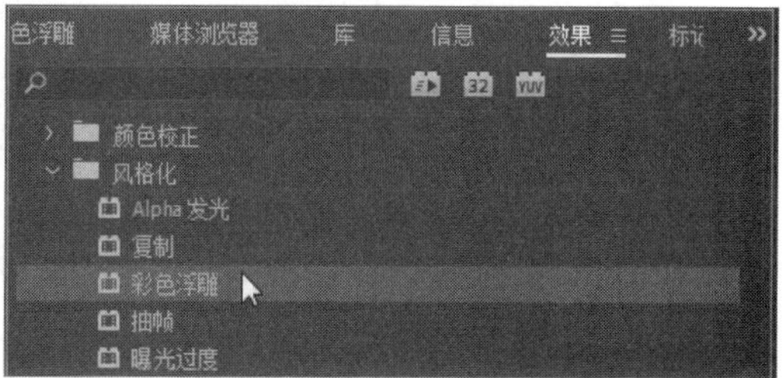


图 10-40

**第 3 步** 在【效果控件】面板中，设置【彩色浮雕】选项组中的【起伏】选项参数为 5.55，如图 10-41 所示。

**第 4 步** 完成以上操作后，在【节目】面板中预览添加的彩色浮雕效果，如图 10-42 所示。

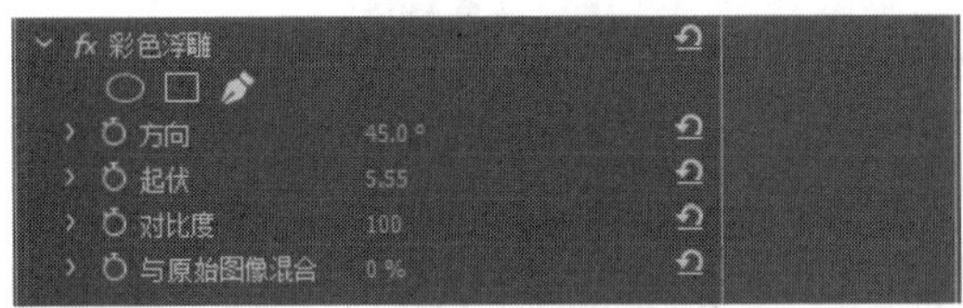


图 10-41

图 10-42

# 10.5 思考与练习

1. 填空题

(1) 所谓 Alpha 通道，是指图像额外的__________，其功能用于定义图形或者字幕的__________。

(2) 【非红色键】视频效果的作用是去除画面内的__________和__________部分。

2. 判断题

(1) 【亮度键】视频效果用于去除素材画面内较暗的部分。 (　　)

(2) 遮罩是一种只包含黑、白、灰这 3 种不同色调的图像原色的特效。 (　　)

3. 思考题

(1) 如何制作图像遮罩键效果？

(2) 如何制作彩色浮雕效果？

# 第 11 章

## 渲染与输出视频

### 本章要点

- 输出设置
- 常见的视频格式输出参数
- 输出视频文件

### 本章主要内容

本章主要介绍了输出设置与常见的视频格式输出参数方面的知识与技巧，同时讲解了如何输出视频文件，在本章的最后还针对实际的工作需求，讲解了输出 AAF 文件、输出 Final Cut Pro XML 文件和输出字幕的方法。通过本章的学习，读者可以掌握渲染与输出视频方面的知识，为深入学习 Premiere CC 知识奠定基础。

# 11.1 输 出 设 置

在完成整个影视项目的编辑操作后，就可以将项目内所用到的各种素材整合在一起输出为一个独立的、可直接播放的视频文件。在进行此类操作之前，还需要对影片输出时的各项参数进行设置。

↑ 扫码看视频

## 11.1.1 影片输出的基本流程

影片输出的基本流程非常简单，下面详细介绍影片输出的基本流程。

**第 1 步** 在主界面中单击【文件】主菜单，**1.** 在弹出的菜单中选择【导出】选项，**2.** 在弹出的子菜单中选择【媒体】选项，如图 11-1 所示。

**第 2 步** 弹出【导出设置】对话框，在该对话框中用户可以对视频的最终尺寸、文件格式和编辑方式等参数进行设置，设置完成后单击【导出】按钮即可进行导出操作，如图 11-2 所示。

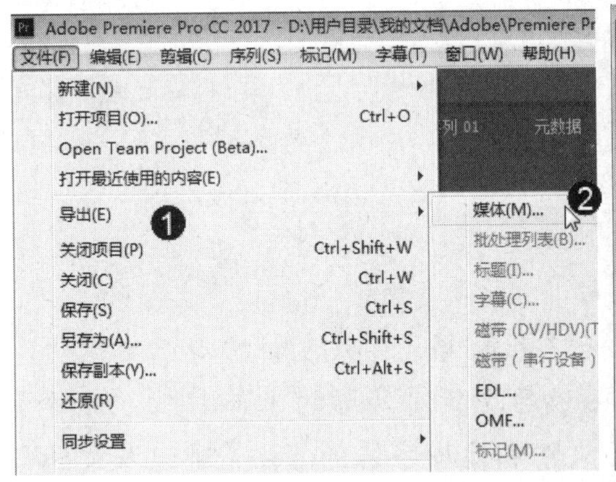


图 11-1

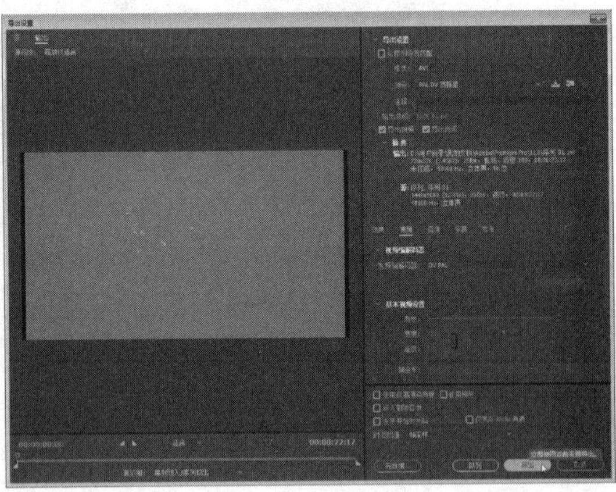

图 11-2

【导出设置】对话框的左半部分为视频预览区域，右半部分为参数设置区域。在左半部分的视频预览区域中，用户可以分别在【源】和【输出】选项卡内查看项目的最终编辑画面和最终输出为视频文件后的画面。在视频预览区域的底部，调整滑杆上的滑块可控制当前画面在整个影片中的位置，而调整滑杆下方的两个三角滑块则能够控制导出时的入点和出点，从而起到控制导出影片持续时间的作用，如图 11-3 所示。

图 11-3

在【导出设置】对话框中【源】选项卡下，单击【裁剪输出视频】按钮，可以在预览区域内通过拖动锚点，或者在【裁剪输出视频】按钮右侧直接调整相应参数的方法，更改画面的输出范围。

## 11.1.2　影片输出类型

影视编辑工作中需要各种各样格式的文件，在 Premiere Pro CC 中，支持输出成多种不同类型的文件，下面详细介绍可输出的所有不同类型的文件。

### 1. 可输出的视频格式

Premiere Pro CC 可以输出的视频格式包括以下几种。

(1) AVI 格式文件。AVI 英文全称为 Audio Video Interleaved，即音频视频交错格式，是将语音和影像同步组合在一起的文件格式。AVI 视频格式对视频文件采用了一种有损压缩方式。尽管画面质量不是太好，但应用范围却非常广泛，可以实现多平台兼容。AVI 文件主要应用在多媒体光盘上，用来保存电视、电影等各种影像信息。

(2) QuickTime 格式文件。QuickTime 影片格式即 MOV 格式文件，它是 Apple 公司开发的一种音频、视频文件格式，用于存储常用数字媒体类型。MOV 文件声画质量高，播出效果好，但跨平台性较差，很多播放器都不支持 MOV 格式影片的播放。

(3) MPEG4 格式文件。MPEG 是运动图像压缩算法的国际标准，现已被几乎所有计算机平台支持。其中 MPEG4 是一种新的压缩算法，使用该算法可将一部 120 分钟的电影压缩为 300MB 左右的视频流，便于输出和网络播出。

(4) FLV 格式文件。FLV 格式是 FLASH VIDEO 格式的简称，随着 Flash MX 的退出，Macromedia 公司开发了属于自己的流媒体视频格式——FLV 格式。FLV 流媒体格式是一种新的视频格式，由于它形成的文件极小，加载速度也极快，这就使得网络观看视频文件成为可能。目前国内外主流的视频网站都使用这种格式的视频在线观看。

(5) H.264 格式文件。H.264 被称作 AVC(Advanced Video Codec，先进视频编码)，是 MPEG4 标准的第 10 部分，用来取代之前 MPEG4 第 2 部分所指定的视频编码，因为 AVC 有着比 MPEG4 第 2 部分强很多的压缩效率。最常见的 MPEG4 的部分编码器有 divx 和 xvid，最常见的 AVC 编码器是 x264。

### 2. 可输出的音频格式

(1) MP3 格式文件。MP3 是一种音频压缩技术，其全称是动态影像专家压缩标准音频层面 3(Moving Picture Experts Group Audio Layer Ⅲ)，简称为 MP3，它被设计用来大幅度地降低音频数据量。利用 MPEG Audio Layer 3 的技术，将音乐以 1∶10 甚至 1∶12 的压缩率，压缩成容量较小的文件，而对于大多数用户来说重放的音质与最初的不压缩音频相比没有明显的下降。其优点是压缩后占用空间小，适用于移动设备的存储和使用。

(2) WAV 格式文件。WAV 波形，是微软和 IBM 共同开发的 PC 标准声音格式，文件后缀名为.wav，是一种通用的音频数据文件。通常使用 WAV 格式来保存一些没有压缩的音频，也就是经过 PC 编码后的音频，因此也称为波形文件，依照声音的波形进行存储，所以要占用较大的存储空间。

(3) AAC 音频格式文件。AAC 英文全称为 Advanced Audio Coding，中文称为高级音频编码。出现于 1997 年，是基于 MPEG-2 的音频编码技术。由诺基亚和苹果公司共同开发，目的是取代 MP3 格式。2000 年，MPEG-4 标准出现后，AAC 重新集成了其特性，加入了 SBR 技术和 PS 技术。

(4) Windows Media 格式文件。WMA 的全称是 Windows Media Audio，是微软力推的一种音频格式。WMA 格式是以减少数据流量但保持音质的方法来达到更高的压缩率目的，其压缩率一般可以达到 1∶18，生成的文件大小只有相应 MP3 文件的一半。

#### 3. 可输出的图像格式

(1) GIF 格式文件。GIF 英文全称为 Graphics Interchange Format，即图像互换格式，GIF 图像文件是以数据块为单位来存储图像的相关信息。该格式的文件数据是一种基于 LZW 算法的连续色调无损压缩格式，是网页中使用最广泛、最普遍的一种图像格式。

(2) BMP 格式文件。BMP 是 Windows 操作系统中的标准图像文件格式，可以分成两类：设备相关位图和设备无关位图，使用非常广泛。它采用位映射存储格式，除了图像深度可选以外，不采用其他任何压缩，因此 BMP 文件所占用的空间很大。由于 BMP 文件格式是 Windows 环境中交换与图有关数据的一种标准，因此在 Windows 环境中运行的图形图像软件都支持 BMP 图像格式。

(3) PNG 格式文件。PNG 英文全称为 Portable Network Graphic Format，中文翻译为可移植网络图形格式，是一种位图文件存储格式。PNG 的设计目的是试图替代 GIF 和 TIFF 文件格式，同时增加一些 GIF 文件格式所不具备的特性。该格式一般应用于 JAVA 程序、网页中，原因是它压缩比高，生成文件体积小。

(4) Targa 格式文件。TGA(Targa)格式是计算机上应用最广泛的图像格式。在兼顾了 BMP 图像质量的同时又兼顾了 JPEG 的体积优势。在 CG 领域常作为影视动画的序列输出格式，因为兼具体积小和效果清晰的特点。

### 11.1.3 视频设置选项

在【导出设置】对话框下的参数设置区域中，【视频】选项卡可以对导出文件的视频属性进行设置，包括视频编解码器、影像质量、影像画面尺寸、视频帧速率、场序、像素长宽比等。选中不同的导出文件格式，设置选项也不同，用户可以根据实际需要进行设置，或保持默认的选项设置进行输出，如图 11-4 所示。

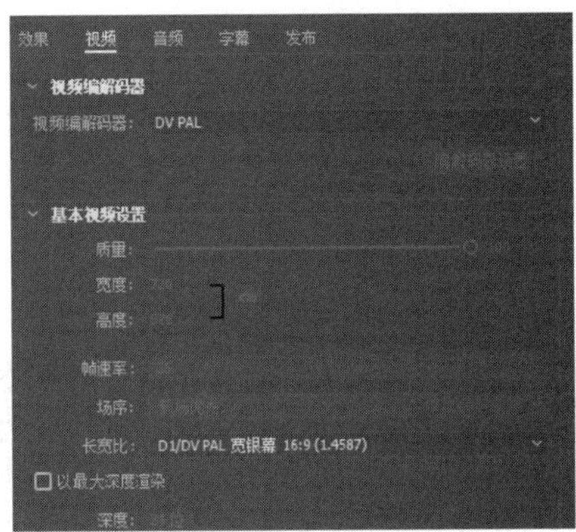


图 11-4

### 11.1.4　音频设置选项

【音频】选项卡中的选项可以对导出文件的音频属性进行设置，包括音频编解码器类型、采样率、声道格式等，如图 11-5 所示。

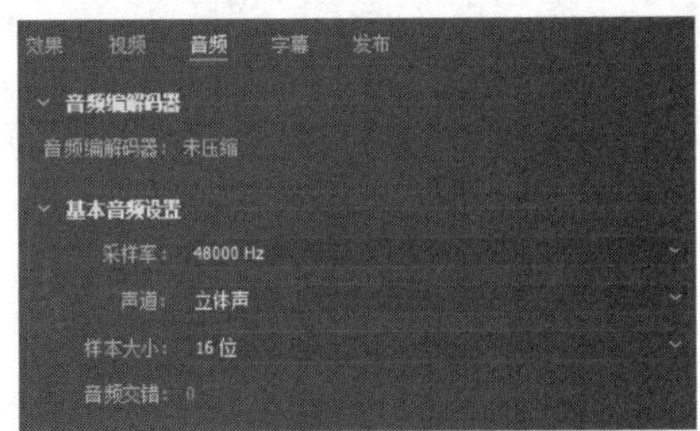


图 11-5

智慧锦囊

采用比源音频素材更高的品质进行输出时，并不会提升音频的播放音质，反而会增加文件的大小。

## 11.2　常见的视频格式输出参数

目前，视频文件的格式众多，在输出不同类型视频文件时的设置方法也不相同。因此，当用户在【导出设置】选项组内选择不同的输出文件后，Premiere 会根据所选文件的不同，调整不同的视频输出选项，以便用户更为快捷地调整视频文件的输出设置。

↑扫码看视频

## 11.2.1 输出 AVI 文件

如果要将视频编辑项目输出为 AVI 格式的视频文件，则应将【格式】下拉列表设置为 AVI 选项，此时相应的视频输出设置选项如图 11-6 所示。并不是所有的参数都需要调整。通常情况下，所需调整的部分选项功能和含义如下。

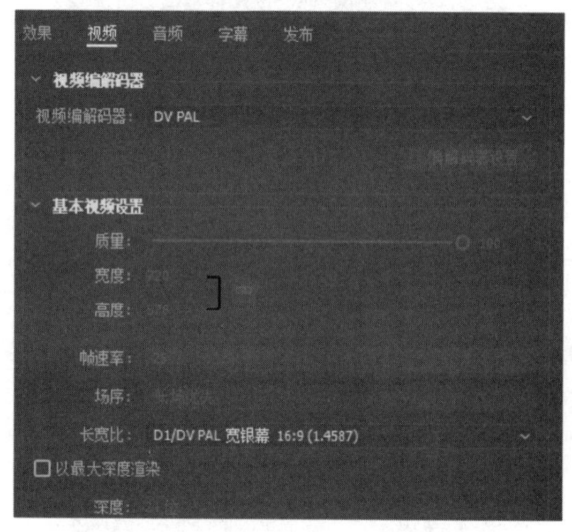


图 11-6

### 1. 视频编解码器

在输出视频文件时，压缩程序或者编解码器决定了计算机该如何准确地重构或者剔除数据，从而尽可能地缩小数字视频文件的体积。

### 2. 场序

该选项决定了所创建视频文件在播放时的扫描方式，即采用隔行扫描式的“高场优先”“低场优先”，还是采用逐行扫描进行播放的“逐行”。

## 11.2.2 输出 WMV 文件

在 Premiere Pro CC 中，如果要输出 WMV 格式的视频文件，首先应将【格式】设置为 Windows Media，此时其视频输出设置选项如图 11-7 所示。

### 1. 1 次编码时的参数设置

1 次编码是指在渲染 WMV 时，编解码器只对视频画面进行 1 次编码分析，优点是速度快，缺点是往往无法获得最为优化的编码设置。当选择 1 次编码时，【比特率编码】会提供【固定】和【可变品质】两种设置选项供用户选择。其中，【固定】模式是指整部影片从头至尾采用相同的比特率设置，优点是编码方式简单，文件渲染速度较快。【可变品质】模式则是在渲染视频文件时，允许 Premiere 根据视频画面的内容来随时调整编码比特率。这样一来，就可在画面简单时采用低比特率进行渲染，从而减小视频文件的体积；在画面复杂时采用高比特率进行渲染，从而提高视频文件的画面质量。

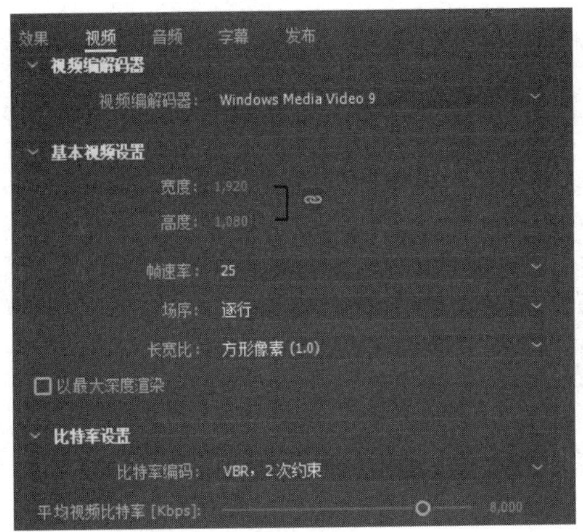


图 11-7

2. 2 次编码时的参数设置

与 1 次编码相比，2 次编码的优势在于能够通过第 1 次编码时所采集到的视频信息，在第 2 次编码时调整和优化编码设置，从而以最佳的编码设置来渲染视频文件。在使用 2 次编码渲染视频文件时，比特率编码将包含【CBR，1 次】、【VBR，1 次】、【CBR，2 次】、【VBR，2 次约束】与【VBR，2 次无约束】5 种不同模式，如图 11-8 所示。

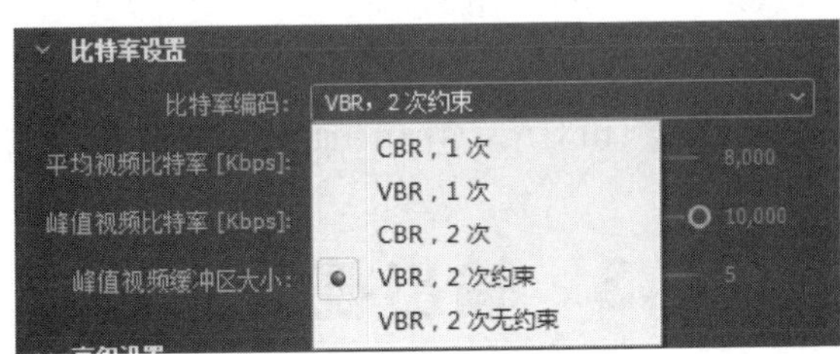


图 11-8

## 11.2.3　输出 MPEG 文件

下面将以目前最为流行的 MPEG2 Blu-ray 为例，简单介绍 MPEG 文件的输出设置。在【导出设置】选项组中，将【格式】设置为 MPEG2 Blu-ray，其视频设置选项如图 11-9 所示，部分常用选项的功能及含义如下。

1. 视频尺寸

设定画面尺寸，预置有 720×576、1280×720、1440×1080 和 1920×1080 4 种尺寸供用户选择。

2. 比特率编码

确定比特率的编码方式，共包括 CBR、【VBR，1 次】和【VBR，2 次】3 种模式。其中，CBR 指固定比特率编码，VBR 指可变比特率编码方式。此外，根据所采用编码方式的不同，编码时所采用比特率的设置方式也有所差别。

比特率设置
比特率编码：VBR，1 次
最小比特率 [Mbps]：4
目标比特率 [Mbps]：15
最大比特率 [Mbps]：18.5
GOP 设置
M 帧：3
N 帧：15
封闭 GOP 的间距：0
自动 GOP 放置

图 11-9

### 3. 比特率

仅当【比特率编码】选项为 CBR 时出现，用于确定比特率编码所采用的比特率。

### 4. 最小比特率

仅当【比特率编码】选项为【VBR，1 次】或【VBR，2 次】时出现，用于在可变比特率范围内限制比特率的最低值。

### 5. 最大比特率

该选项与【最小比特率】选项相对应，作用是设定比特率所采用的最大值。

# 11.3 输出视频文件

现今，一档高品质的影视节目往往需要多个软件共同协作才能完成。为此，Premiere CC 在为用户提供视频编辑功能的同时，还具备了输出多种交换文件的功能，以使用户能够方便地将 Premiere 编辑结果导入其他非线性编辑软件内。

↑扫码看视频

## 11.3.1 输出影片

使用 Premiere 输出影片的方法非常简单，下面详细介绍使用 Premiere 输出影片的操作方法。

**第 1 步** 将素材文件编辑完成后，**1.** 单击【文件】主菜单，**2.** 在弹出的菜单中选择

【导出】选项，3. 在弹出的子菜单中选择【媒体】选项，如图 11-10 所示。

**第 2 步** 弹出【导出设置】对话框，在左侧底部调整滑杆下方的两个三角滑块，设置入点和出点，如图 11-11 所示。

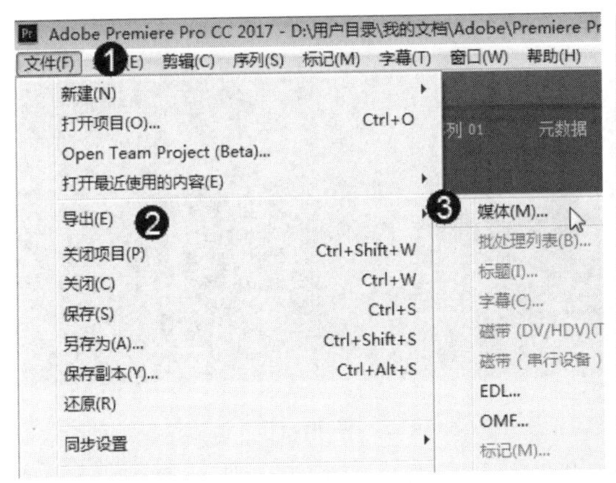


图 11-10

图 11-11

**第 3 步** 在对话框右侧的【导出设置】区域下的【格式】下拉列表框中，1. 选择 MPEG2 选项，2. 单击【导出】按钮，如图 11-12 所示。

**第 4 步** 弹出【编码 序列 01】对话框，在对话框中显示导出进度，如图 11-13 所示。

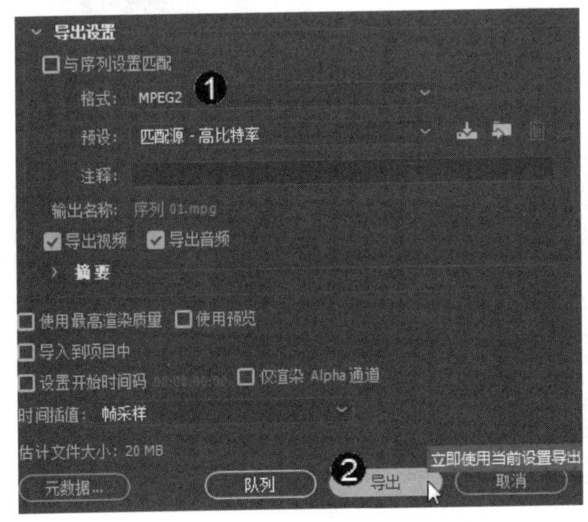


图 11-12

图 11-13

## 11.3.2　输出单帧图像

在实际编辑过程中，有时需要将影片中的某一帧画面作为单张静态的图像导出，Premiere 支持导出单帧图像。下面介绍输出单帧图像的方法。

**第 1 步** 在时间轴中将【当前时间指示器】移至 00:00:04:07 处，1. 单击【文件】主菜单，2. 在弹出的菜单中选择【导出】选项，3. 在弹出的子菜单中选择【媒体】选项，如图 11-14 所示。

**第 2 步** 弹出【导出设置】对话框，在【导出设置】区域下的【格式】下拉列表框中选择 TIFF 选项，如图 11-15 所示。

图 11-14

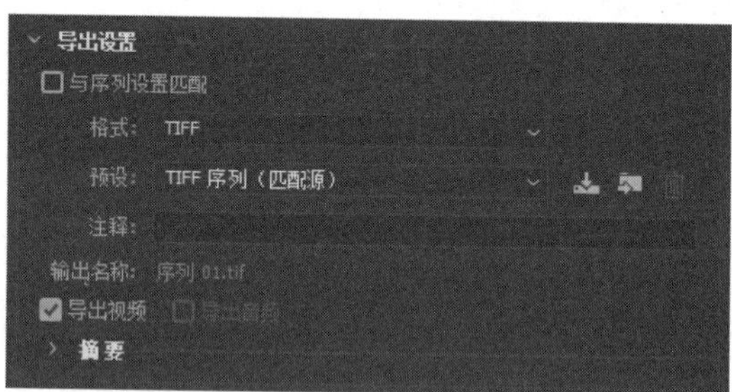


图 11-15

**第 3 步** 选择【视频】选项卡，**1.** 在【基本设置】区域设置参数，**2.** 单击【导出】按钮，如图 11-16 所示。

**第 4 步** 弹出【编码 序列 01】对话框，在该对话框中显示导出进度，通过以上步骤即可完成导出单帧图像的操作，如图 11-17 所示。

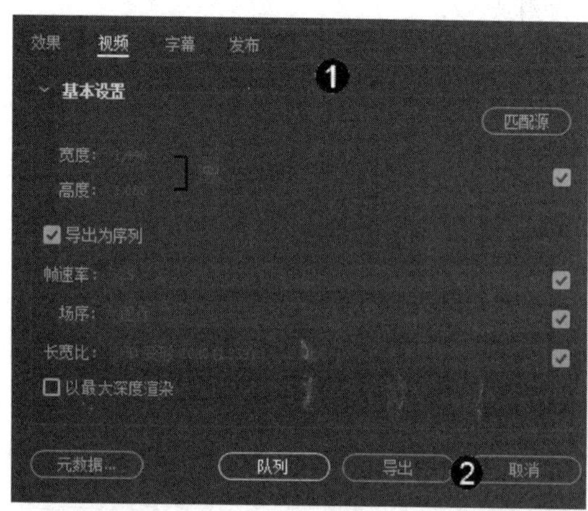


图 11-16

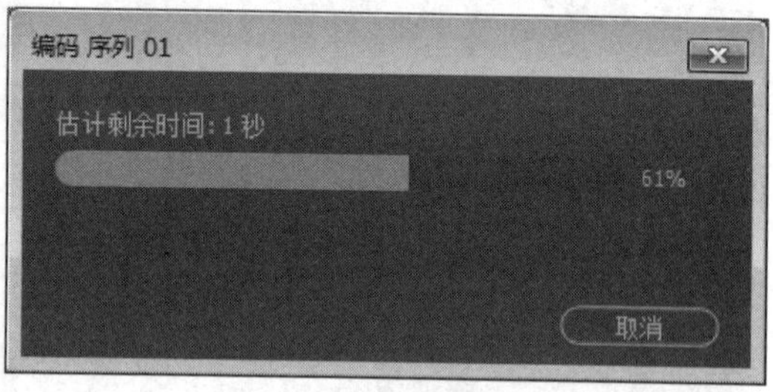

图 11-17

## 11.3.3 输出 EDL 文件

EDL(Edit Decision List)是一种广泛应用于视频编辑领域的编辑交换文件，其作用是记录用户对素材的各种编辑操作。下面介绍使用 Premiere 输出 EDL 文件的方法。

**第 1 步** **1.** 单击【文件】主菜单，**2.** 在弹出的菜单中选择【导出】选项，**3.** 在子菜单中选择 EDL 选项，如图 11-18 所示。

**第 2 步** 弹出 EDL 导出设置对话框，**1.** 调整 EDL 所要记录的信息范围，**2.** 单击【确定】按钮，如图 11-19 所示。

**第 3 步** 弹出【将序列另存为 EDL】对话框，**1.** 在【文件名】文本框中输入名称，**2.** 单击【保存】按钮即可完成操作，如图 11-20 所示。

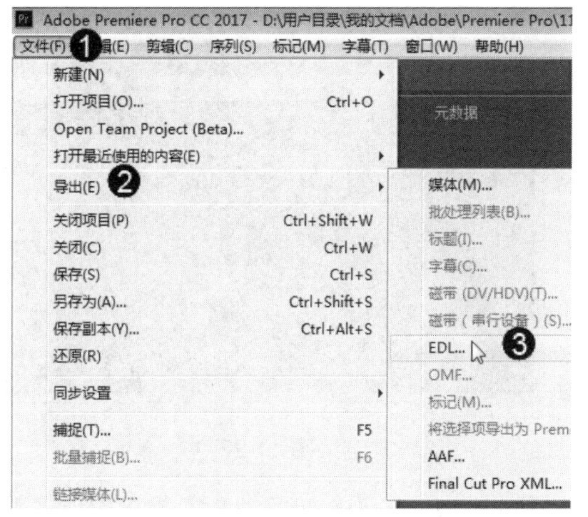


图 11-18

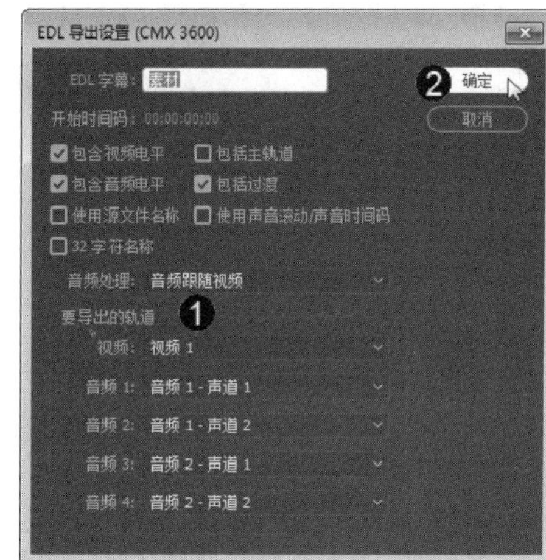


图 11-19

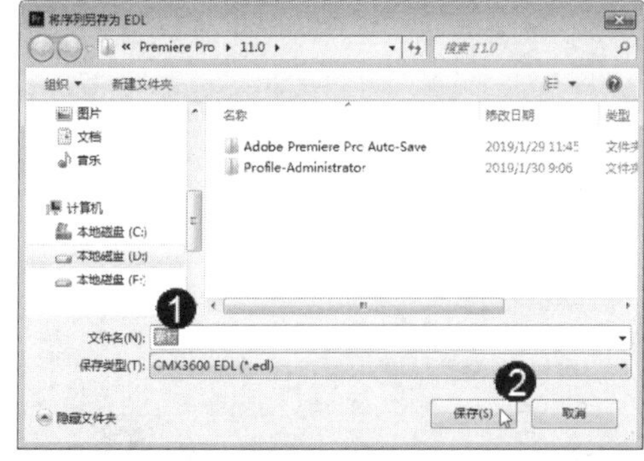


图 11-20

**智慧锦囊**

EDL 最初源自于线性编辑系统的离线编辑操作，这是一种用源素材复制替代源素材进行初次编辑，而在成品编辑时使用源素材进行输出，从而保证影片输出质量的编辑方法。

## 11.3.4　输出 OMF 文件

OMF 的英文全称为 Open Media Framework，翻译成中文是公开媒体框架，指的是一种要求数字化音频视频工作站把关于同一音段的所有重要资料制成同类格式便于其他系统阅读的文本交换协议。OMF 的特点是可以在一套完全不同的系统中打开并编辑音频或者视频段落。下面详细介绍输出 OMF 文件的操作方法。

**第 1 步**　***1.*** 单击【文件】主菜单，***2.*** 在弹出的菜单中选择【导出】选项，***3.*** 在子菜单中选择 OMF 选项，如图 11-21 所示。

**第 2 步**　弹出【OMF 导出设置】对话框，***1.*** 在【OMF 字幕】文本框中输入名称，***2.*** 设置 OMF 参数，***3.*** 单击【确定】按钮，如图 11-22 所示。

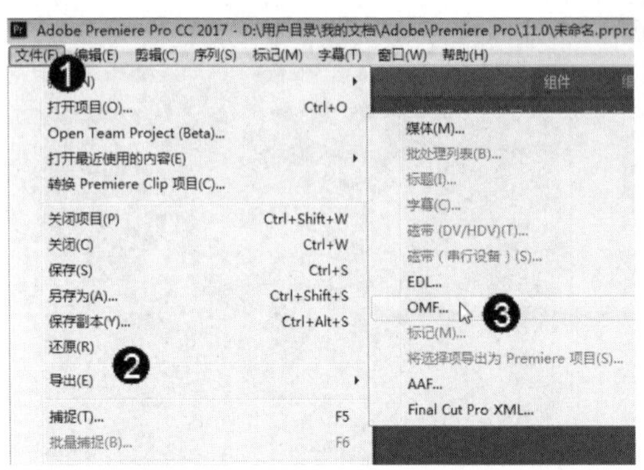


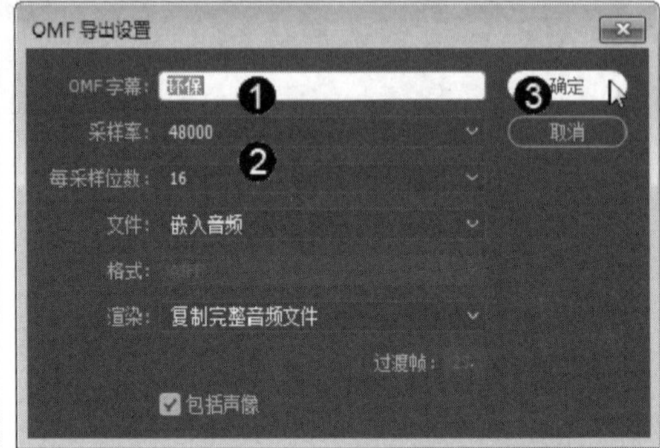


图 11-21　　　　图 11-22

**第 3 步** 弹出【将序列另存为 OMF】对话框，*1.* 在【文件名】文本框中输入名称，*2.* 单击【保存】按钮即可完成操作，如图 11-23 所示。

图 11-23

**智慧锦囊**

OMF 托管文件机制相当于是一个批处理。当用户在建立数据文件的时候，只要输入一个命令，系统就会自动根据一定的规则来创建数据文件。

# 11.4　实践案例与上机指导

通过本章的学习，读者基本可以掌握渲染与输出视频的基本知识以及一些常见的操作方法。下面通过练习操作，以达到巩固学习、拓展提高的目的。

↑扫码看视频

## 11.4.1　输出 AAF 文件

AAF 英文全称为 Advanced Authoring Format，中文翻译为高级制作格式，是一种用于多媒体创作及后期制作、面向企业的制作标准。下面详细介绍输出 AAF 文件的方法。

素材保存路径：配套素材\第 11 章

素材文件名称：环保.avi

**第 1 步** 1. 单击【文件】主菜单，2. 在弹出的菜单中选择【导出】选项，3. 在弹出的子菜单中选择 AAF 选项，如图 11-24 所示。

**第 2 步** 弹出【AAF 导出设置】对话框，1. 勾选【混音视频】复选框，2. 单击【确定】按钮，如图 11-25 所示。

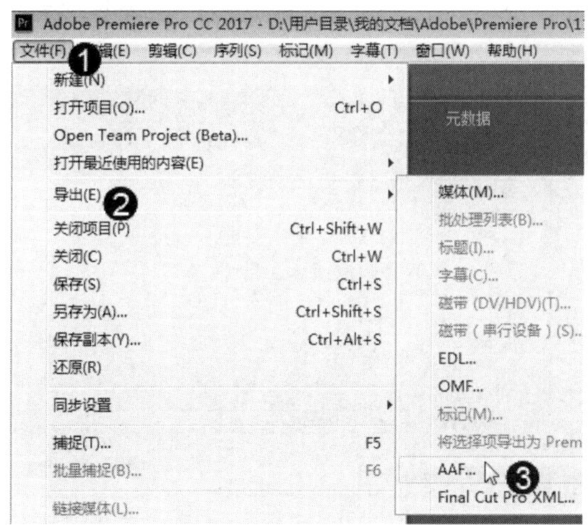


图 11-24

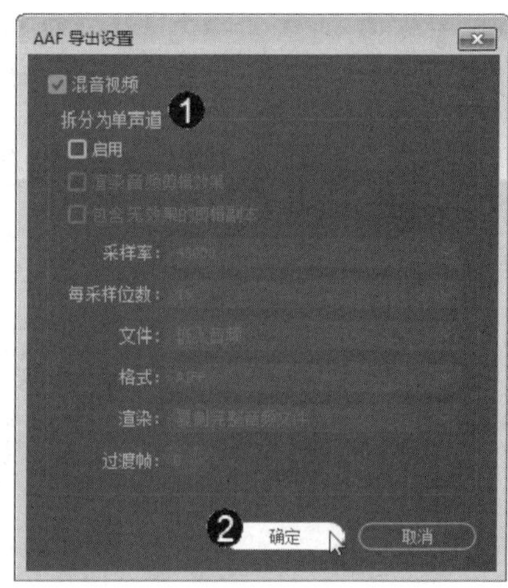


图 11-25

**第 3 步** 弹出【将转换的序列另存为-AFF】对话框，单击【保存】按钮即可完成输出 AFF 文件的操作，如图 11-26 所示。

图 11-26

## 11.4.2 输出 Final Cut Pro XML 文件

使用 Premiere 输出 Final Cut Pro XML 文件的方法非常简单。下面详细介绍输出 Final Cut Pro XML 文件的操作方法。

素材保存路径：配套素材\第 11 章

素材文件名称：环保.avi

**第 1 步** 1. 单击【文件】主菜单，2. 在弹出的菜单中选择【导出】选项，3. 在弹出的子菜单中选择 Final Cut Pro XML 选项，如图 11-27 所示。

**第 2 步** 弹出【将转换的序列另存为-Final Cut Pro XML】对话框，单击【保存】按钮即可完成输出 Final Cut Pro XML 文件的操作，如图 11-28 所示。

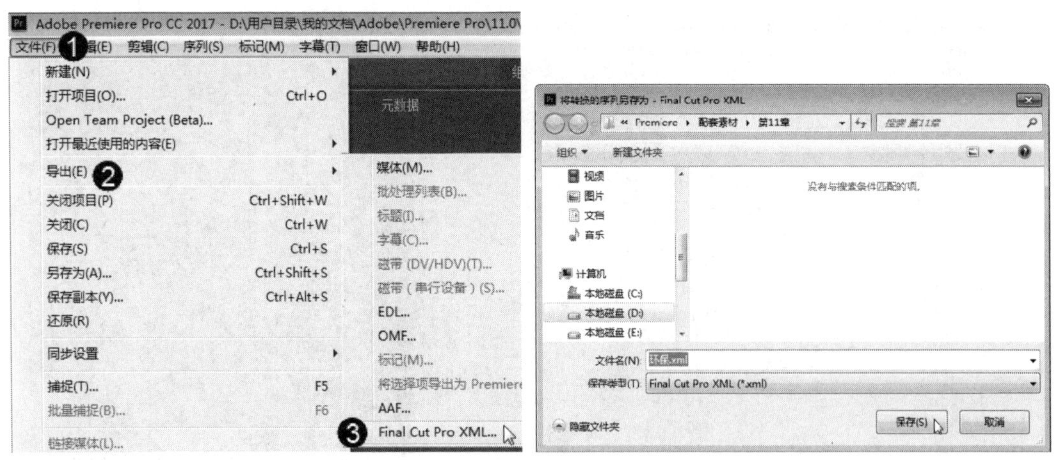


图 11-27　　图 11-28

## 11.4.3 输出字幕

使用 Premiere 输出字幕的方法与输出 Final Cut Pro XML 文件的方法类似。下面详细介绍输出字幕文件的操作方法。

素材保存路径：配套素材\第 11 章

素材文件名称：环保.avi

**第 1 步** 在【项目】面板中选中要输出的字幕文件，1. 单击【文件】主菜单，2. 在弹出的菜单中选择【导出】选项，3. 在弹出的子菜单中选择【字幕】选项，如图 11-29 所示。

**第 2 步** 弹出【保存字幕】对话框，单击【保存】按钮即可完成输出字幕的操作，如图 11-30 所示。

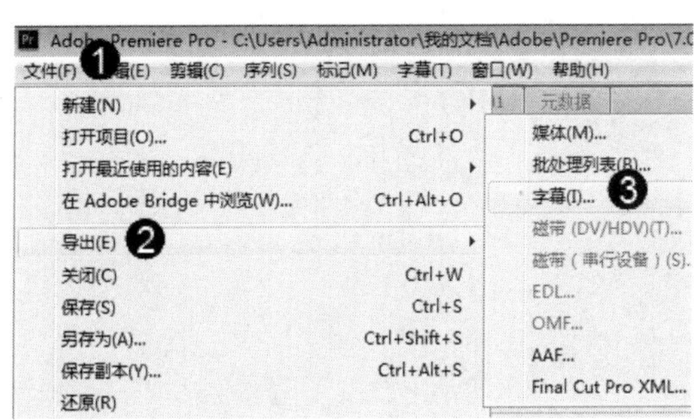


图 11-29

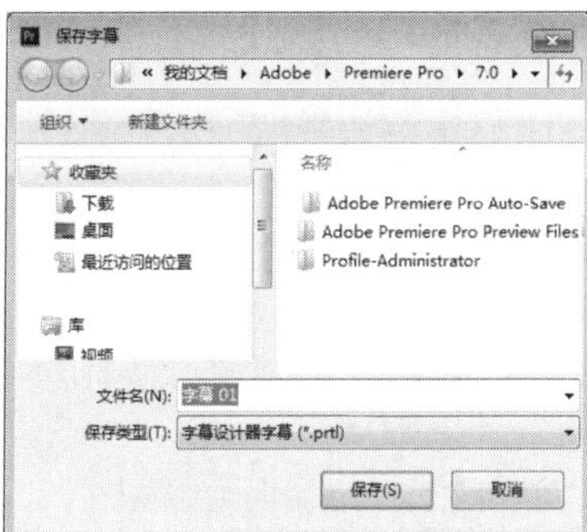


图 11-30

# 11.5　思考与练习

### 1. 填空题

(1) 在 Premiere Pro CC 中，可以输出的视频格式包括__________、QuickTime 格式文件、________、FLV 格式文件和__________。

(2) 在 Premiere Pro CC 中，可以输出的图像格式包括 GIF 格式文件、________、PNG 格式文件、________。

### 2. 判断题

(1) Premiere Pro CC 不能输出 MP3 格式的文件。 (　　)

(2) FLV 格式是 FLASH VIDEO 格式的简称，随着 Flash MX 的退出，Macromedia 公司开发了属于自己的流媒体视频格式——FLV 格式。FLV 流媒体格式是一种新的视频格式，由于它形成的文件极小，加载速度也极快，这就使得网络观看视频文件成为可能。 (　　)

### 3. 思考题

(1) 如何输出 OMF 文件？

(2) 如何输出字幕？

# 第 12 章

## 综合案例——制作网络微视频

### 本章要点

- 新建项目与导入素材
- 设计动画
- 导出项目

### 本章主要内容

本章将运用前面所介绍的知识制作一个环保宣传微视频。由于本例是以宣传环保为主题，因此可以使用环境图片展示和字幕介绍相结合的画面，并添加一些宣传口号，节奏效果由快到慢。本章主要通过介绍新建项目与导入素材、设计动画以及导出项目三大部分来完成案例。

# 12.1 新建项目与导入素材

本案例主要讲解环保宣传短片的制作。本节将对项目的新建、素材的导入方式、音频轨道参数的设置、静止持续时间参数的设置、字幕的创建、基于字幕新建字幕以及图形字幕设置等操作进行详细介绍。

↑ 扫码看视频

## 12.1.1 新建项目并设置音频轨道参数

首先需要做的是新建一个项目文件，并根据需要对该文件的音频轨道参数进行详细的设置。

**第 1 步** 启动 Premiere CC 程序，将新建项目命名为“微视频.prproj”，在【新建序列】对话框中设置项目序列参数，如图 12-1 所示。

**第 2 步** 在【新建序列】对话框中打开【轨道】选项卡，在其中设置轨道参数，如图 12-2 所示。

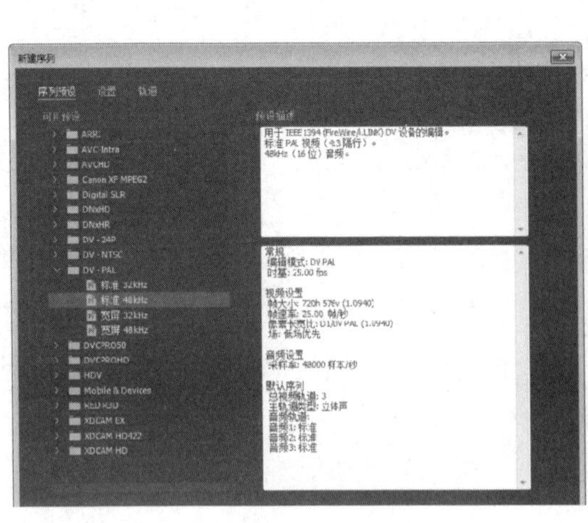

图 12-1

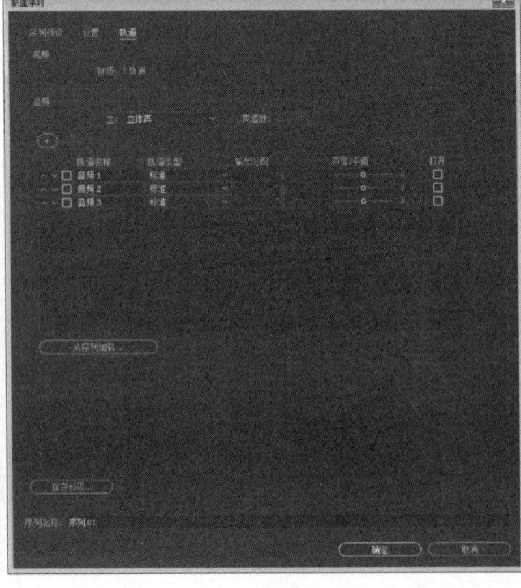

图 12-2

## 12.1.2 设置静止持续时间

新建项目与序列后，就可以进一步设置静止持续时间参数了，下面详细介绍设置静止持续时间参数的方法。

**第 1 步** 依次执行【编辑】→【首选项】→【常规】命令，如图 12-3 所示。

**第 2 步** 打开【首选项】对话框，切换至【常规】选项卡，设置【静止图像默认持续时间】参数为 125 帧，如图 12-4 所示。

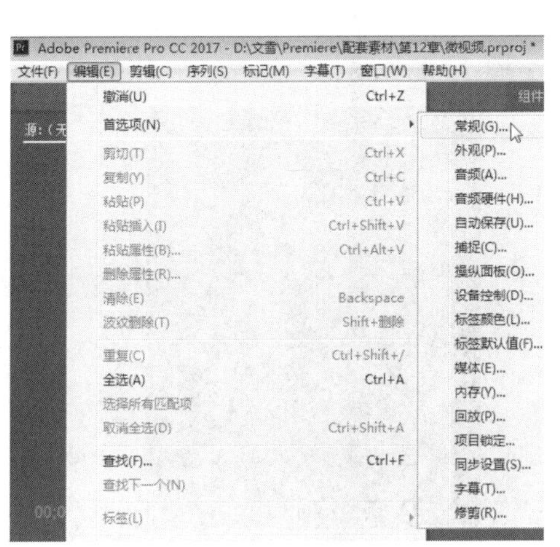


图 12-3

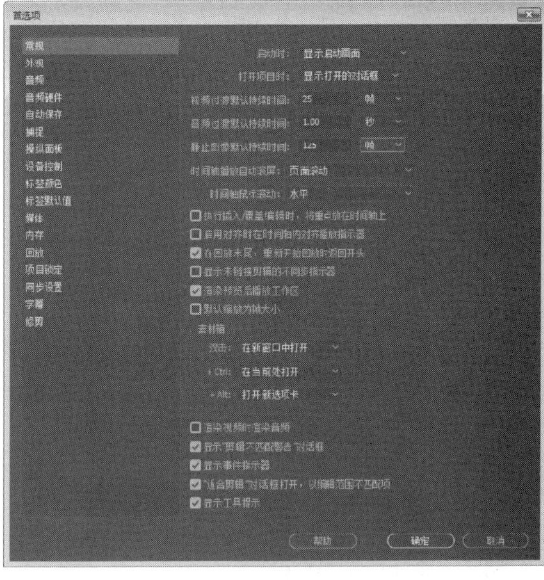


图 12-4

## 12.1.3　导入素材

各种参数都设置完成后，就可以开始微视频的制作了，首先，需要将素材导入项目中来。

**第 1 步** 在【项目】面板中鼠标右键单击面板空白处，在弹出的快捷菜单中选择【导入】命令，如图 12-5 所示。

**第 2 步** 弹出【导入】对话框，从中选择“第 12 章”文件夹中的所有素材，单击【打开】按钮，将选择的素材导入【项目】面板中，如图 12-6 所示。

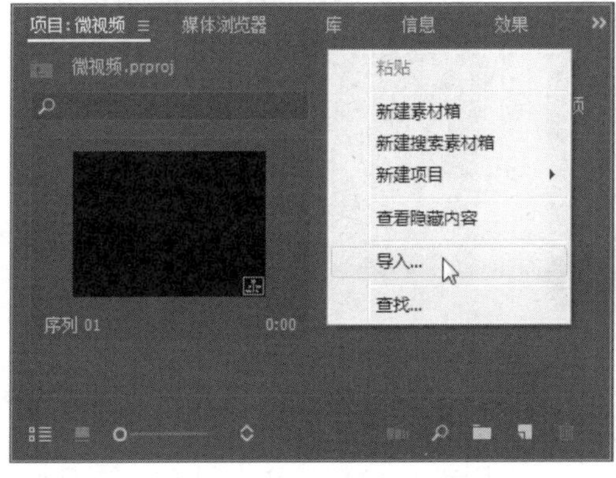


图 12-5

图 12-6

## 12.1.4 创建字幕

接下来进行创建字幕、基于字幕新建字幕以及创建图形字幕等操作。

**第 1 步** 按 Ctrl+T 组合键，弹出【新建字幕】对话框，在其中设置参数，设置名称为“字幕 01”，设置完成后单击【确定】按钮，如图 12-7 所示。

**第 2 步** 打开“字幕 01”的【字幕设计器】面板，输入“环境日益恶化 物种濒临灭绝”文字，在【字幕属性】面板中设置各项参数，如图 12-8 所示。

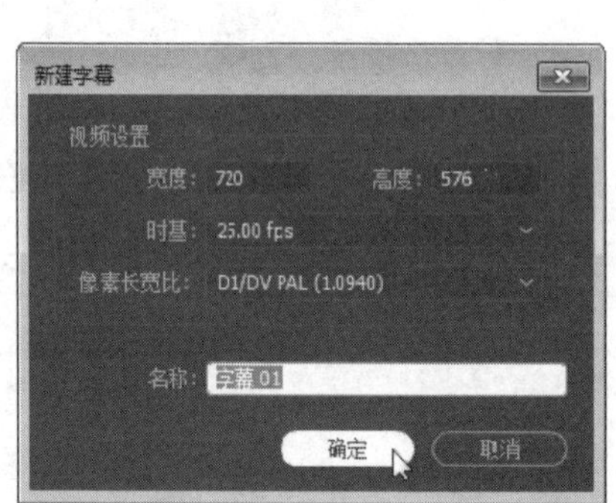


图 12-7

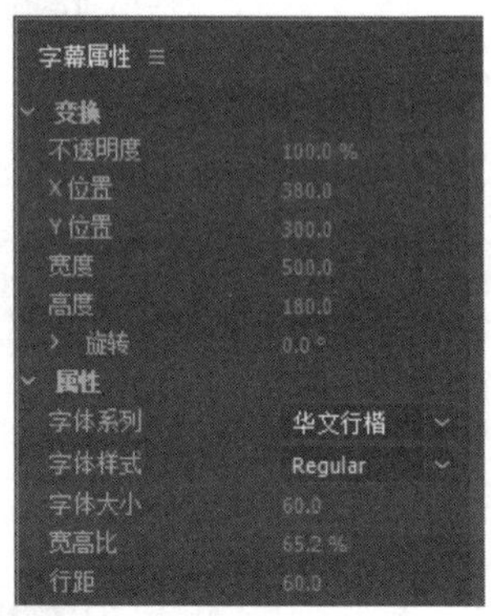


图 12-8

**第 3 步** 执行上述操作后，在工作区中显示字幕效果，如图 12-9 所示。

**第 4 步** 按 Ctrl+T 组合键，新建“字幕 02”，选择【椭圆工具】，在【字幕设计器】面板中绘制一个椭圆，在【字幕属性】面板中设置各项参数，如图 12-10 所示。

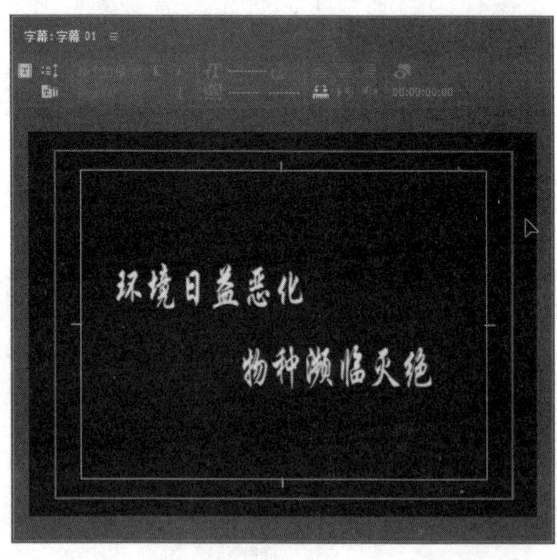


图 12-9

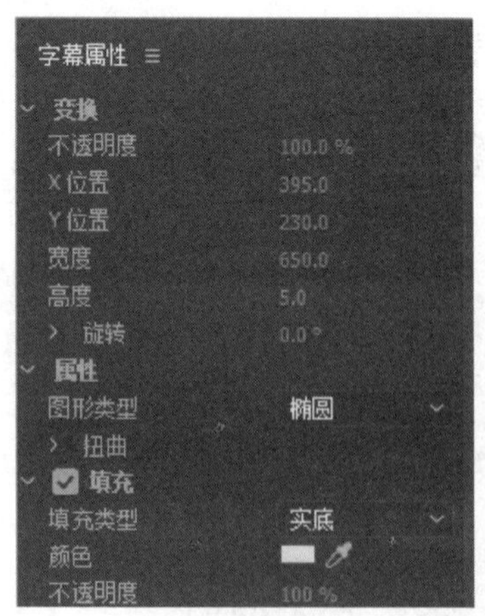


图 12-10

**第 5 步** 执行上述操作后，在工作区中显示效果，如图 12-11 所示。

**第 6 步** 按 Ctrl+C 组合键复制“字幕 02”，按 Ctrl+V 组合键进行粘贴，在面板中调整位置，如图 12-12 所示。

**第 7 步** 用同样方法新建字幕“土壤破坏”，如图 12-13 所示。

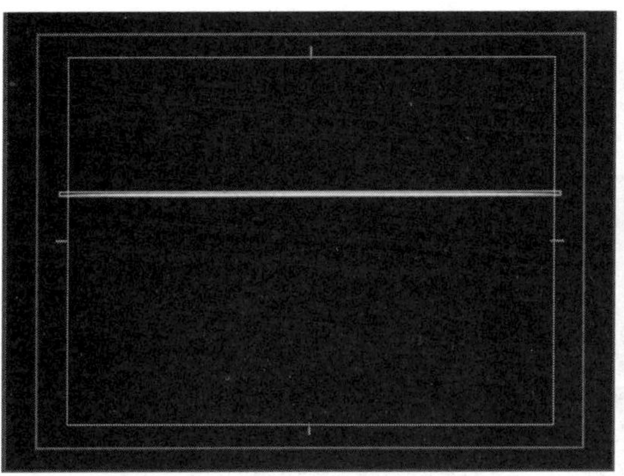

图 12-11

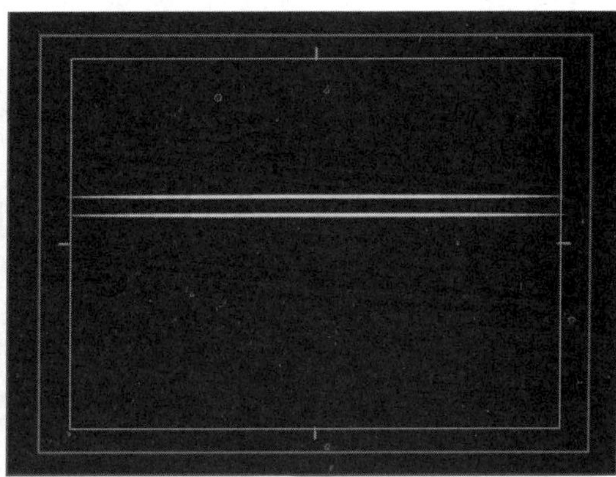

图 12-12

**第 8 步** 在弹出的【字幕设计器】面板中使用【椭圆工具】绘制正圆，并设置各项参数，如图 12-14 所示。

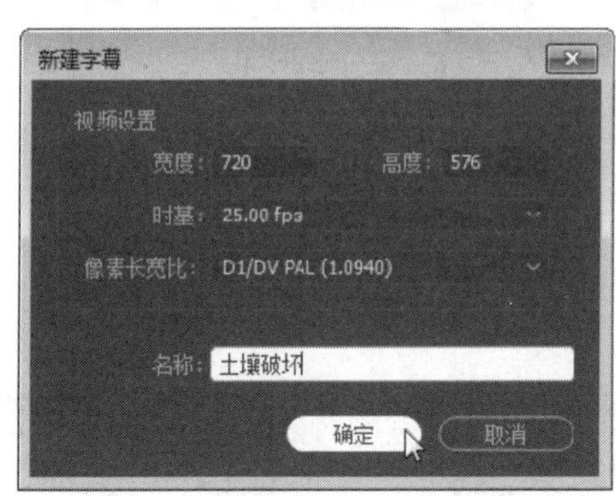


图 12-13

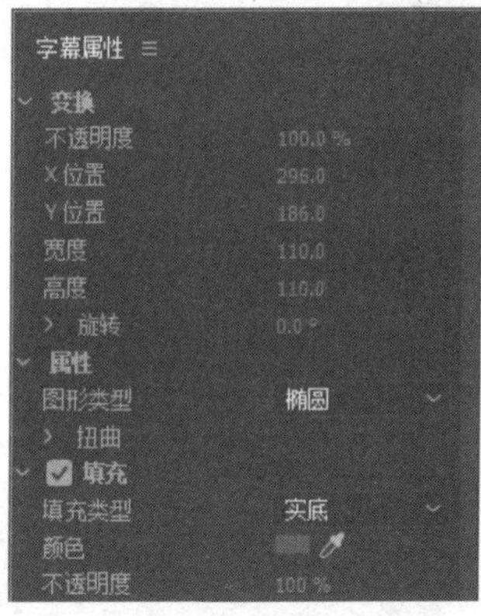


图 12-14

**第 9 步** 在【字幕】面板中选择【文字工具】输入“土壤破坏”，并设置其属性参数，如图 12-15 所示。

**第 10 步** 执行上述操作后，在工作区中显示字幕效果，如图 12-16 所示。

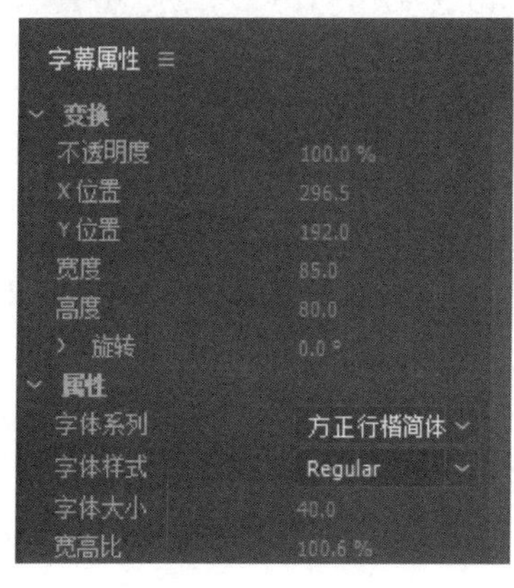


图 12-15

图 12-16

**第 11 步** 单击【基于当前字幕新建字幕】按钮，新建字幕“乱砍滥伐”，如图 12-17 所示。

**第 12 步** 在【字幕设计器】面板中选中正圆，设置字幕属性参数，如图 12-18 所示。

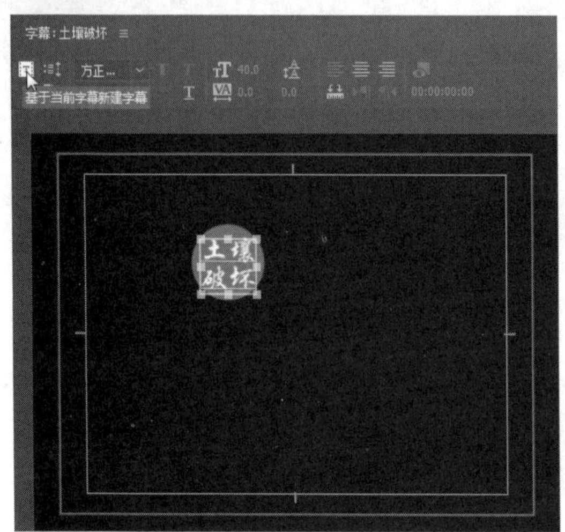


图 12-17

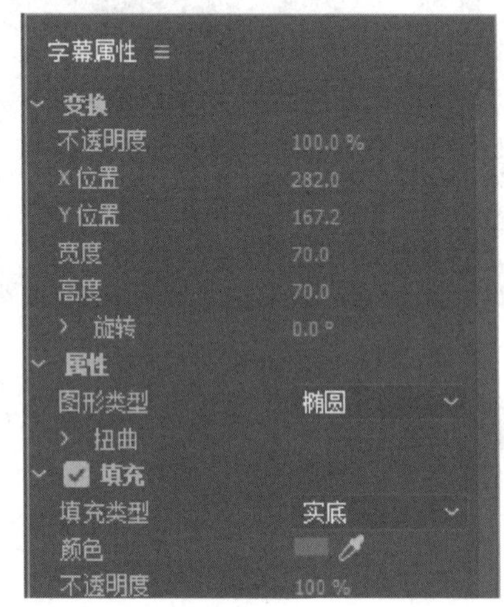


图 12-18

**第 13 步** 使用【文字工具】将文字“土壤破坏”更改为“乱砍滥伐”，在【字幕属性】面板中设置参数，如图 12-19 所示。

**第 14 步** 执行上述操作后，在工作区中显示字幕效果，如图 12-20 所示。

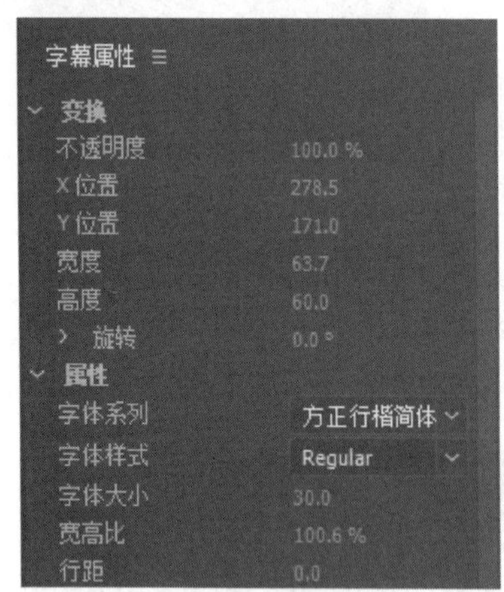


图 12-19

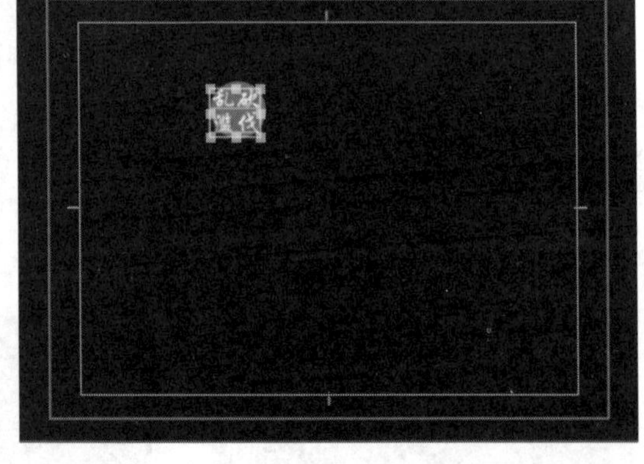


图 12-20

**第 15 步** 使用同样方法，新建字幕“污水排放”，在【字幕设计器】面板中选中正圆，设置属性参数，如图 12-21 所示。

**第 16 步** 将文字“乱砍滥伐”更改为“污水排放”，在【字幕属性】面板中设置参数，如图 12-22 所示。

**第 17 步** 使用同样方法，新建字幕“汽车尾气”，在【字幕设计器】面板中选中正圆，设置属性参数，如图 12-23 所示。

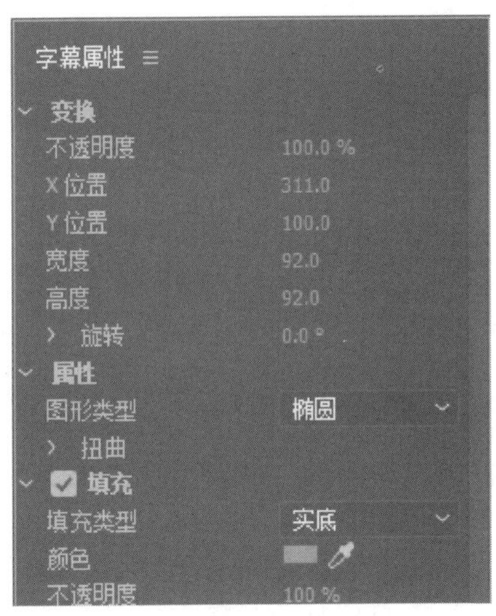


图 12-21

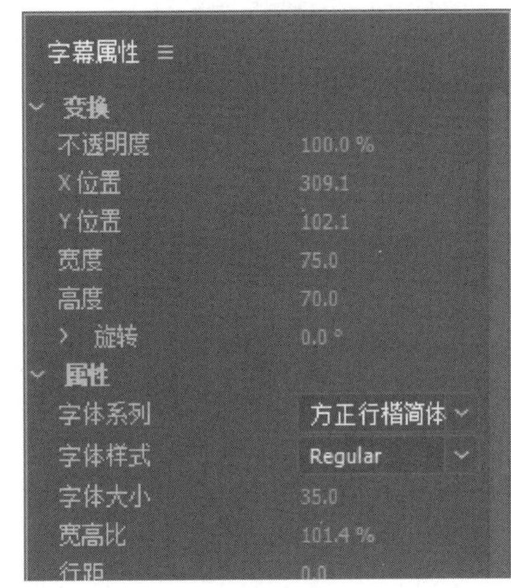


图 12-22

**第 18 步** 将文字“污水排放”更改为“汽车尾气”，在【字幕属性】面板中设置参数，如图 12-24 所示。

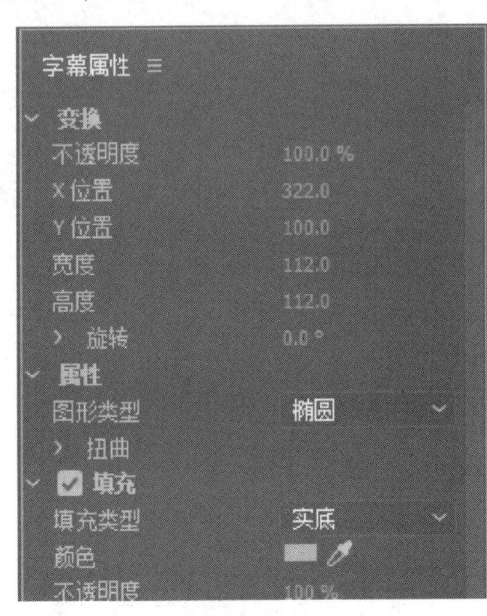


图 12-23

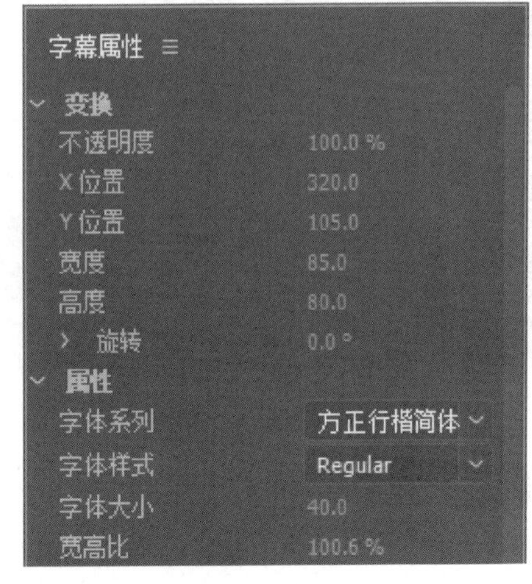


图 12-24

**第 19 步** 使用同样方法，新建字幕“空气污染”，在【字幕设计器】面板中选中正圆，设置属性参数，如图 12-25 所示。

**第 20 步** 将文字“汽车尾气”更改为“空气污染”，在【字幕属性】面板中设置参数，如图 12-26 所示。

**第 21 步** 按 Ctrl+T 组合键，新建字幕“宣传语 1”，在弹出的【字幕设计器】面板中输入文字，如图 12-27 所示。

**第 22 步** 在【字幕属性】面板中设置“宣传语 1”字幕参数，如图 12-28 所示。

**第 23 步** 使用同样方法新建字幕“宣传语 2”，在【字幕设计器】面板中输入文字，如图 12-29 所示。

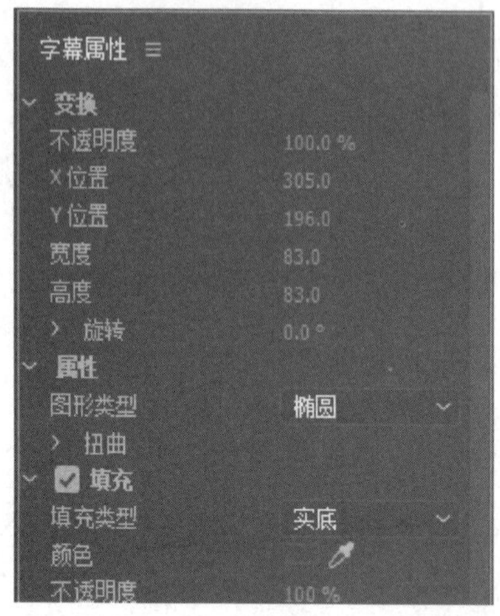


图 12-25

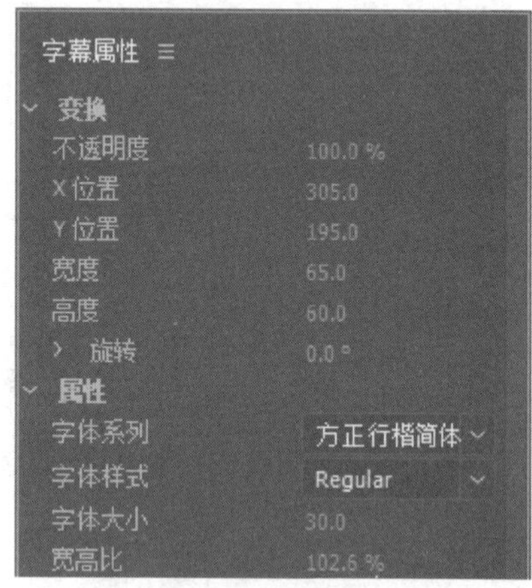


图 12-26

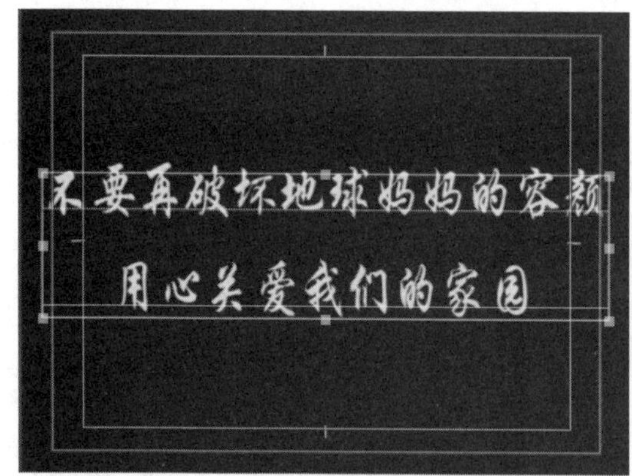


图 12-27

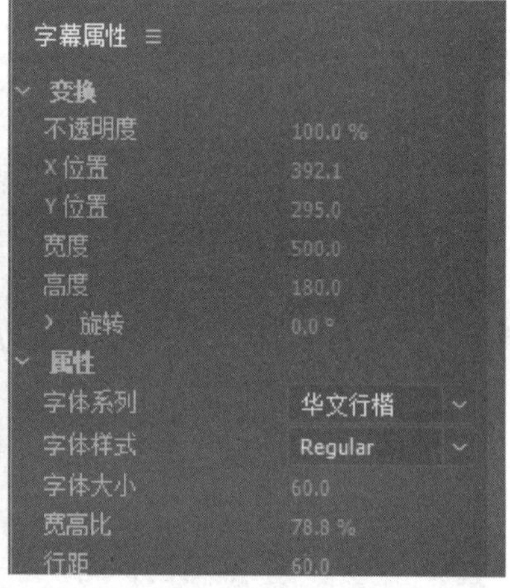


图 12-28

**第 24 步** 在【字幕属性】面板中设置“宣传语 2”字幕参数，如图 12-30 所示。

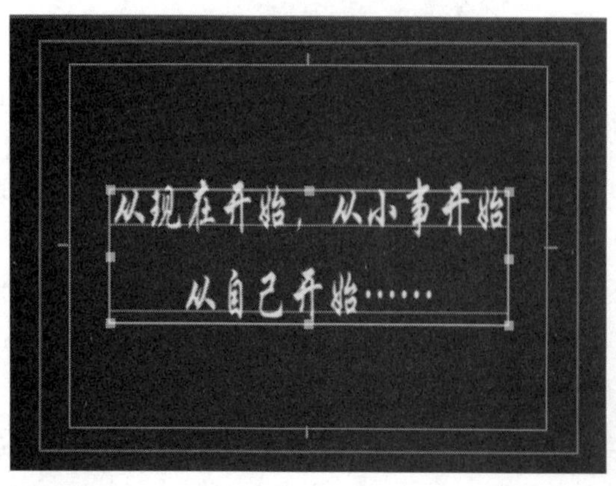


图 12-29

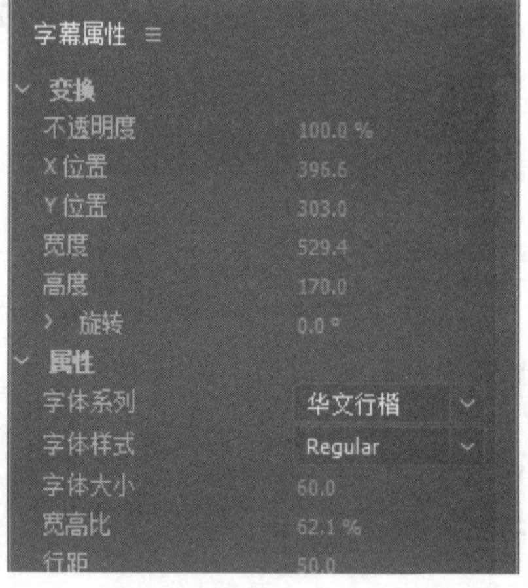


图 12-30

# 12.2 设计动画

本节将对视频效果的运用、视频专场效果的设置、关键帧的运用以及视频播放速度设置等操作进行详细的介绍。

↑扫码看视频

## 12.2.1 添加片头素材并设置转换效果

字幕素材都制作完成后，就可以开始在【时间轴】面板上添加素材并设置效果了。

**第 1 步** 在【项目】面板中选择“字幕 02”素材文件，如图 12-31 所示。

**第 2 步** 将“字幕 02”插入到“序列 01”的 V1 轨道中，如图 12-32 所示。

图 12-31

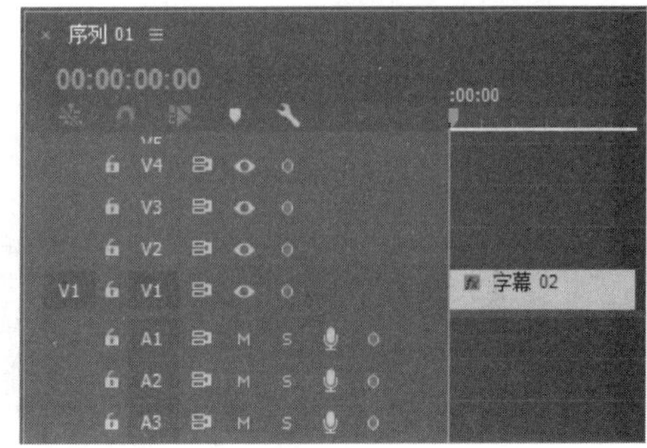


图 12-32

**第 3 步** 在【效果控件】面板中设置【位置】参数为 360、330，如图 12-33 所示。

**第 4 步** 在【效果】面板中展开【视频过渡】→【页面剥落】文件夹，选择【翻页】过渡效果，如图 12-34 所示。

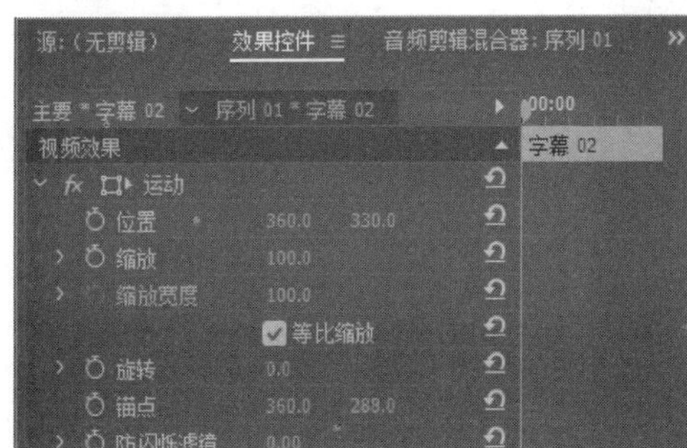


图 12-33

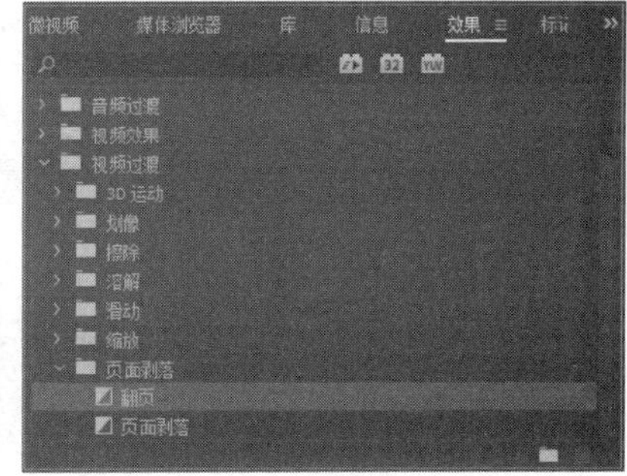


图 12-34

**第 5 步** 将【翻页】效果添加到“字幕 02”的开始位置，设置【自东北向西南】运动，【持续时间】为 00:00:02:00，如图 12-35 所示。

**第 6 步** 执行上述操作后，在【节目】面板中可查看效果，如图 12-36 所示。

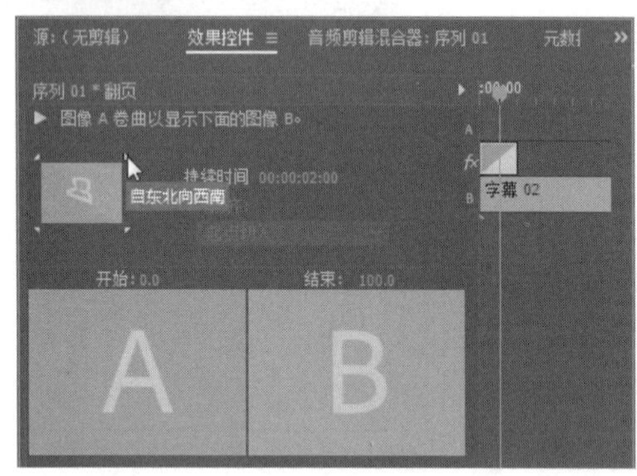


图 12-35

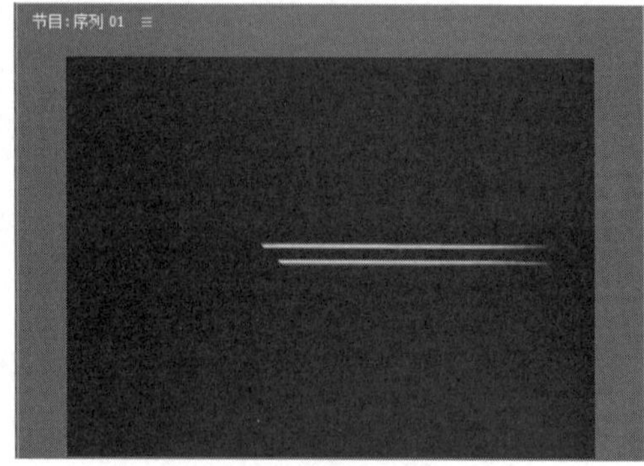


图 12-36

**第 7 步** 使用同样方法在 V2 轨道上添加“字幕 02”素材，并添加【翻页】效果，如图 12-37 所示。

**第 8 步** 执行上述操作后，在【节目】面板中可查看效果，如图 12-38 所示。

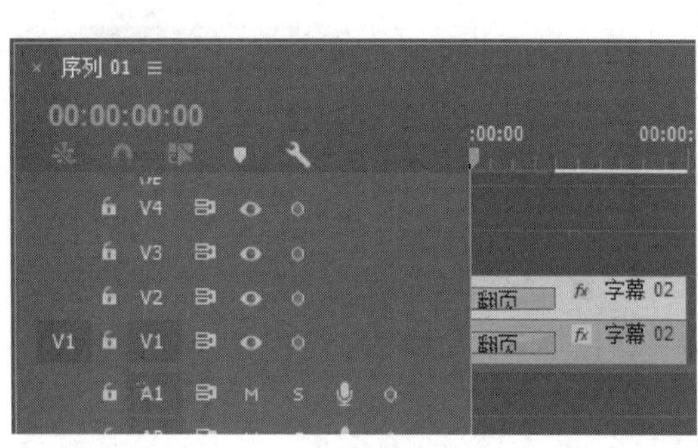


图 12-37

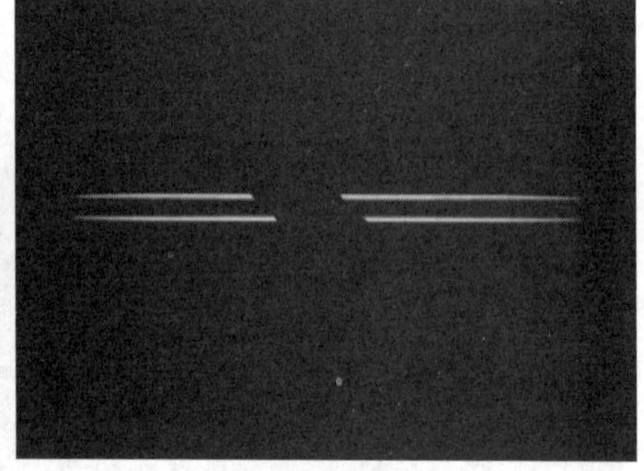

图 12-38

**第 9 步** 在【项目】面板中选中“字幕 01”素材，并将其拖曳至 V3 轨道上，如图 12-39 所示。

**第 10 步** 设置“字幕 01”的持续时间为 00:00:03:00，如图 12-40 所示。

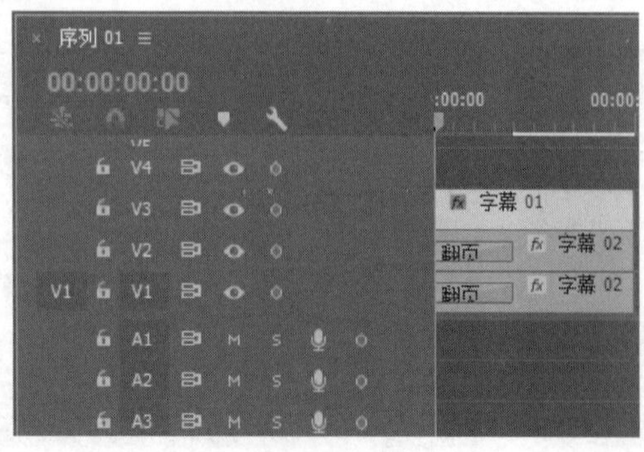


图 12-39

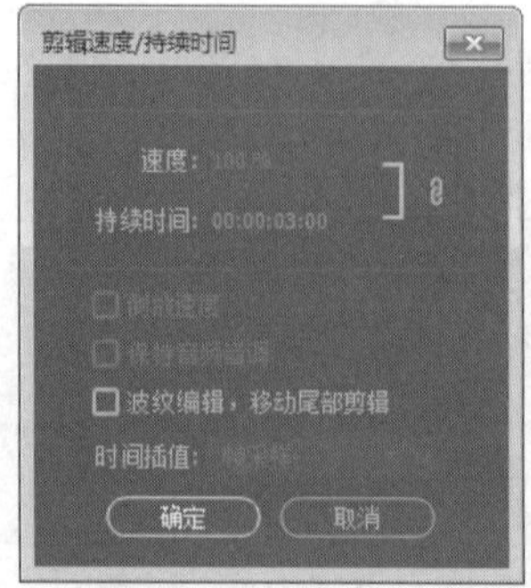


图 12-40

**第 11 步** 在【效果】面板中展开【视频过渡】→【溶解】文件夹，选择【交叉溶解】过渡效果，添加到“字幕 01”开始处，如图 12-41 所示。

**第 12 步** 设置“字幕 01”的持续时间为 00:00:02:00，如图 12-42 所示。

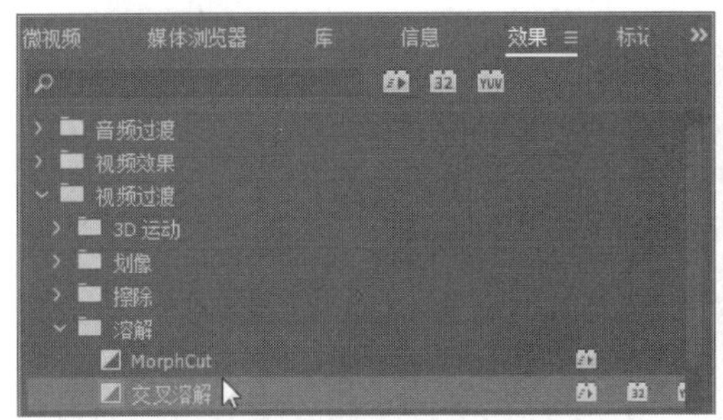

图 12-41

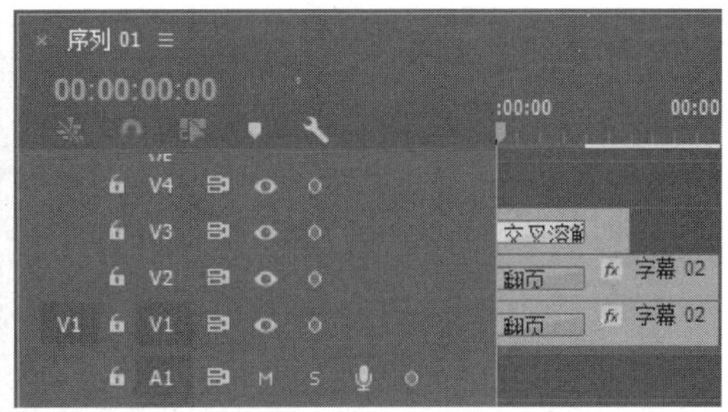

图 12-42

**第 13 步** 将时间指示器拖至 00:00:00:10 位置，在【项目】面板中选中“大象.jpg”，并将其拖曳至 V4 轨道上，如图 12-43 所示。

**第 14 步** 将“大象.jpg”拖到与“字幕 02”时间线对齐，如图 12-44 所示。

图 12-43

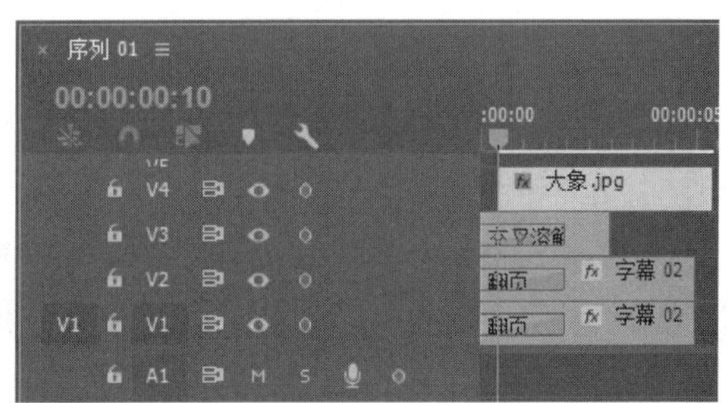

图 12-44

**第 15 步** 打开【效果控件】面板，在 00:00:02:00 处添加关键帧，设置【位置】为 360、90，【缩放】为 0；在 00:00:03:00 处添加关键帧，设置【位置】为 360、75，【缩放】为 30；在 00:00:04:00 处添加关键帧，设置【位置】为 360、430，如图 12-45 所示。

**第 16 步** 执行上述操作后，在【节目】面板中显示效果，如图 12-46 所示。

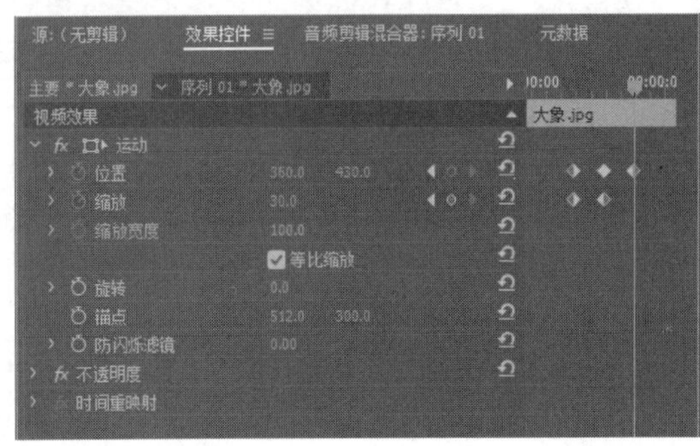

图 12-45

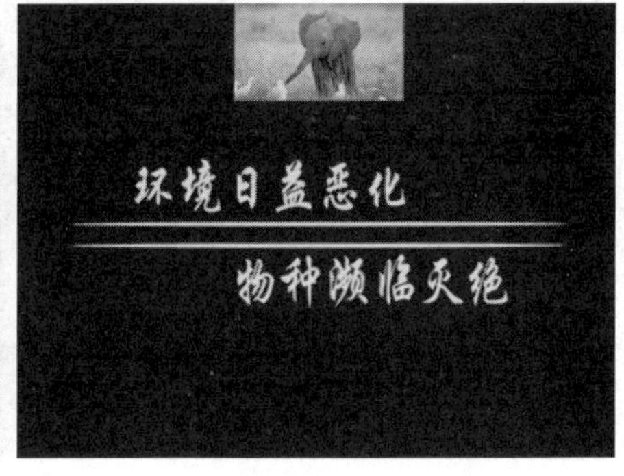


图 12-46

**第 17 步** 在【效果】面板中展开【视频效果】→【图像控制】文件夹，选择【黑白】过渡效果，添加到“大象.jpg”上，如图 12-47 所示。

**第 18 步** 执行上述操作后，在【节目】面板中显示效果，如图 12-48 所示。

图 12-47

图 12-48

**第 19 步** 用同样的方法将“森林.jpg”拖到 V5 轨道的 00:00:02:00 处，并使其和“大象.jpg”的时间线对齐，如图 12-49 所示。

**第 20 步** 用同样方法在 00:00:03:00 处添加关键帧，设置【位置】为 360、-90，【缩放】为 0；在 00:00:04:00 处添加关键帧，设置【位置】为 360、140，【缩放】为 30，如图 12-50 所示。

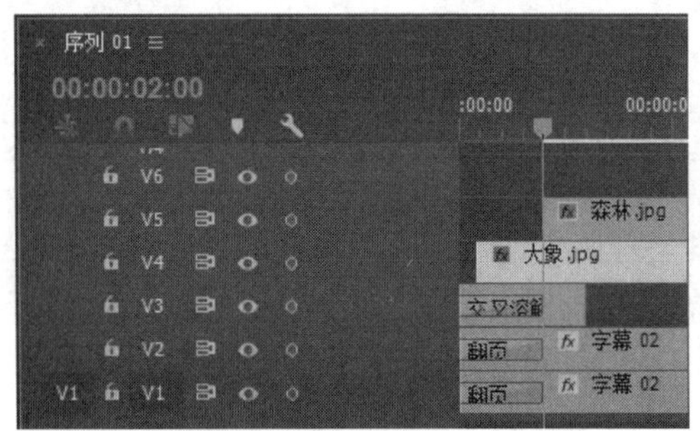


图 12-49

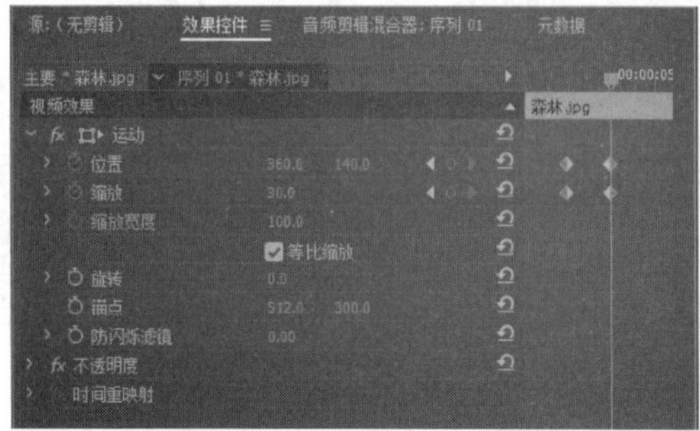


图 12-50

**第 21 步** 执行上述操作后，在【节目】面板中显示效果，如图 12-51 所示。

**第 22 步** 用同样方法给“森林.jpg”添加【黑白】视频过渡效果，如图 12-52 所示。

图 12-51

图 12-52

## 12.2.2　添加主体素材并设置转换效果

片头素材添加完成后，接下来就可以添加主体素材并为这些素材设置转换效果了。

**第 1 步**　将时间指示器拖至 00:00:05:00 位置，将“小草.jpg”添加到 V1 轨道上时间指示器的位置，设置持续时间为 00:00:10:00，如图 12-53 所示。

**第 2 步**　在【效果】面板中展开【视频过渡】→【擦除】文件夹，选择【油漆飞溅】过渡效果，添加到“小草.jpg”开始处，打开【效果控件】面板并设置持续时间为 00:00:00:10，如图 12-54 所示。

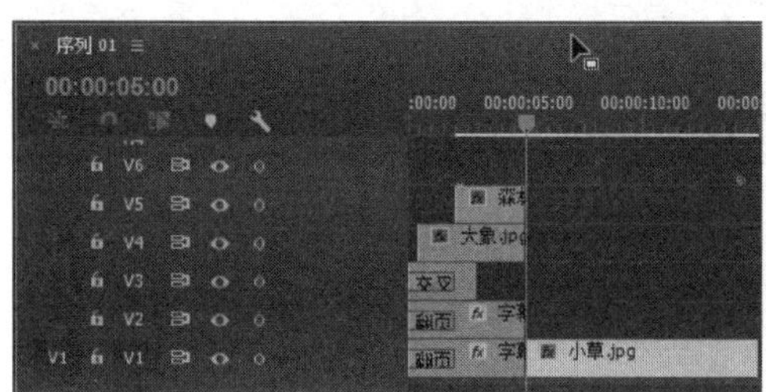


图 12-53

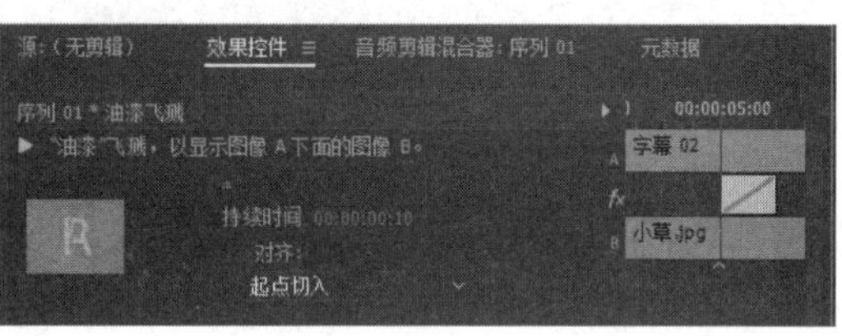


图 12-54

**第 3 步**　执行上述操作后，在【节目】面板中显示效果，如图 12-55 所示。

**第 4 步**　在【效果】面板中展开【视频效果】→【颜色校正】文件夹，选择【色彩】过渡效果，添加到“小草.jpg”上，如图 12-56 所示。

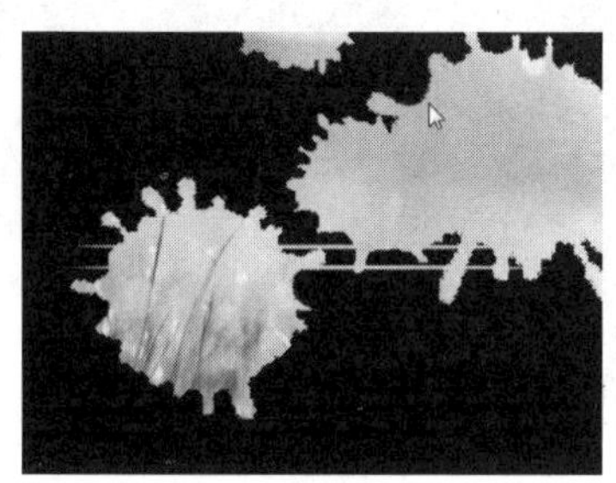

图 12-55

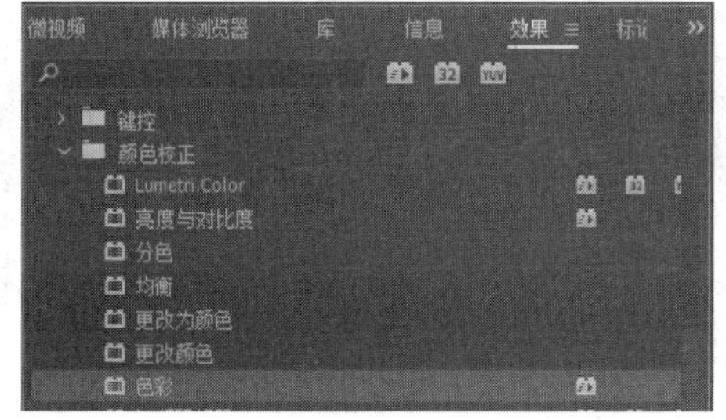


图 12-56

**第 5 步**　打开【效果控件】面板，在 00:00:15:00 处添加关键帧，设置【着色量】为 0；在 00:00:08:00 处添加关键帧，设置【着色量】为 100%，如图 12-57 所示。

**第 6 步**　执行上述操作后，在【节目】面板中显示效果，如图 12-58 所示。

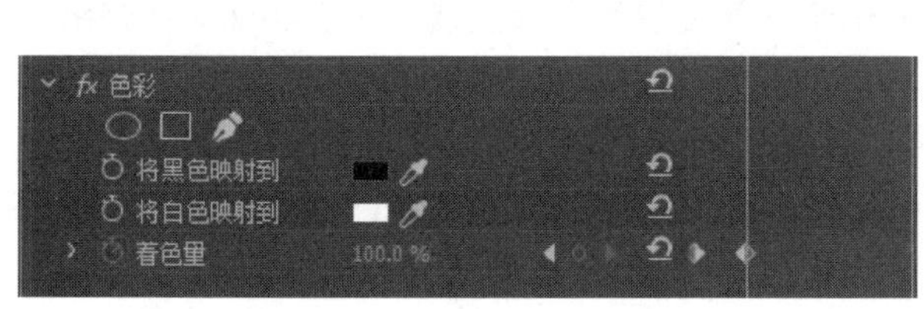


图 12-57

图 12-58

**第 7 步** 将“土壤破坏.jpg”“乱砍滥伐.jpg”“污水排放.jpg”“尾气排放.jpg”“空气污染.jpg”依次添加到 V1 轨道上“小草.jpg”文件后，如图 12-59 所示。

**第 8 步** 将时间指示器拖至 00:00:05:10 位置，将“土壤破坏”字幕素材添加到 V2 轨道上时间指示器所在位置，设置持续时间为 00:00:24:15，如图 12-60 所示。

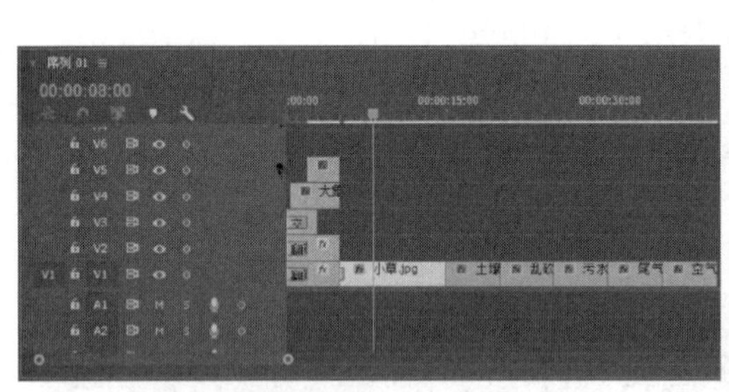

图 12-59

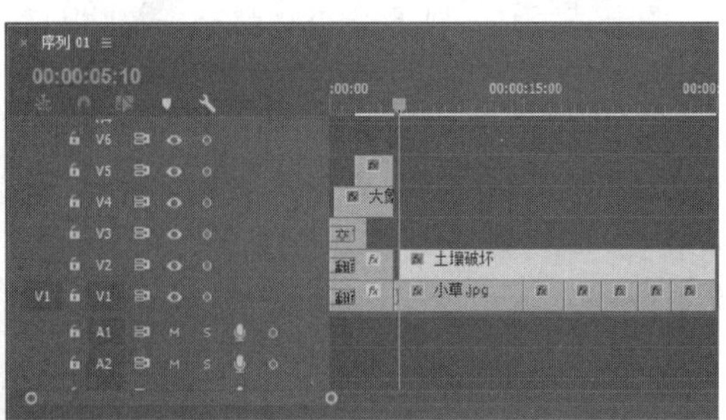

图 12-60

**第 9 步** 打开【效果控件】面板，在 00:00:05:10 处添加关键帧，设置【位置】为 650、450，【缩放】为 50，【不透明度】为 0；在 00:00:06:10 处添加关键帧，设置【位置】为 390、220，【缩放】为 100，不透明度为 100%，如图 12-61 所示。

**第 10 步** 在 00:00:11:10 处添加关键帧，设置【位置】为 390、220，【缩放】为 100；在 00:00:14:10 处添加关键帧，设置【位置】为 120、580，【缩放】为 70，如图 12-62 所示。

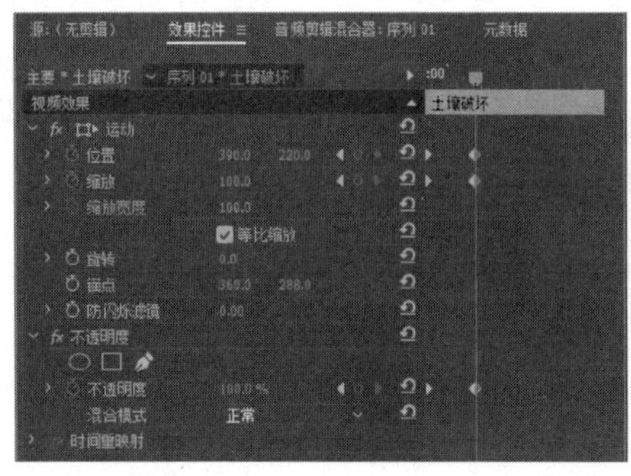

图 12-61

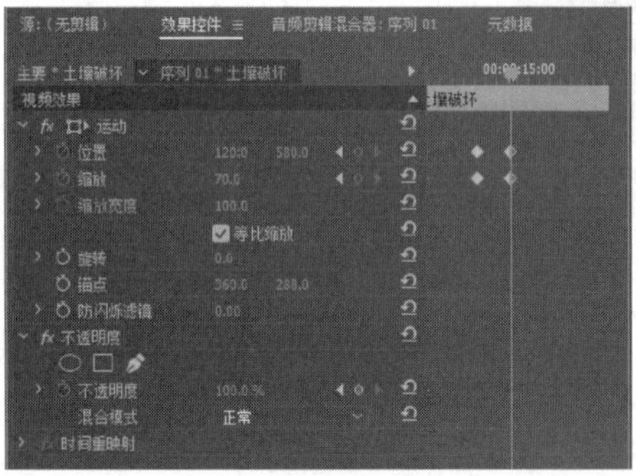

图 12-62

**第 11 步** 在 00:00:15:00 处添加关键帧，设置【缩放】为 95；在 00:00:15:20 处添加关键帧，设置【缩放】为 70，如图 12-63 所示。

**第 12 步** 执行上述操作后，在【节目】面板中显示效果，如图 12-64 所示。

**第 13 步** 用同样方法将“乱砍滥伐”字幕素材添加到 V3 轨道上，并拖至与“土壤破坏”字幕素材对齐，如图 12-65 所示。

**第 14 步** 用同样方法在 00:00:06:10 处添加关键帧，设置【位置】为 650、450，【缩放】为 100，【不透明度】为 0；在 00:00:07:10 处添加关键帧，设置【位置】为 720、210，【缩放】为 50，【不透明度】为 100%，如图 12-66 所示。

**第 15 步** 在 00:00:11:10 处添加关键帧，设置【位置】为 720、210，【缩放】为 100；在 00:00:14:10 处添加关键帧，设置【位置】为 250、635，【缩放】为 110，如图 12-67 所示。

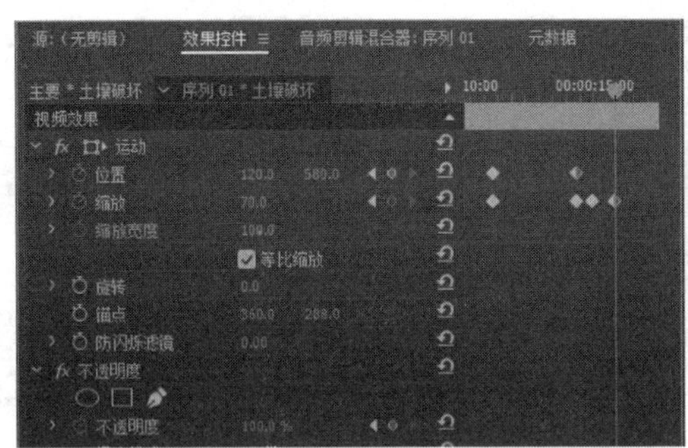


图 12-63

图 12-64

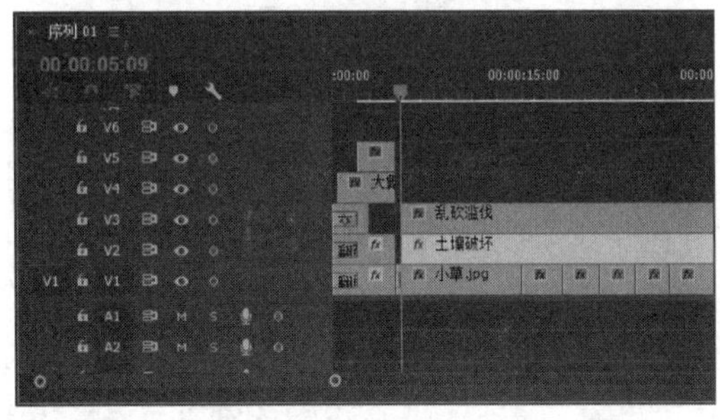


图 12-65

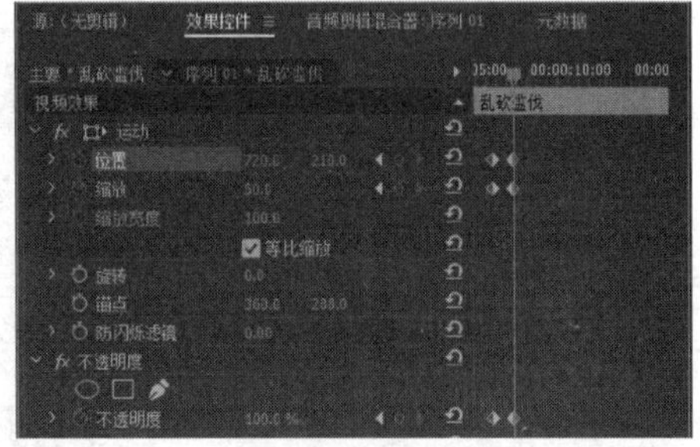


图 12-66

**第 16 步** 用同样方法在 00:00:17:10 处添加关键帧，设置【缩放】为 110；在 00:00:18:00 处添加关键帧，设置【缩放】为 50；在 00:00:18:20 处添加关键帧，设置【缩放】为 110，如图 12-68 所示。

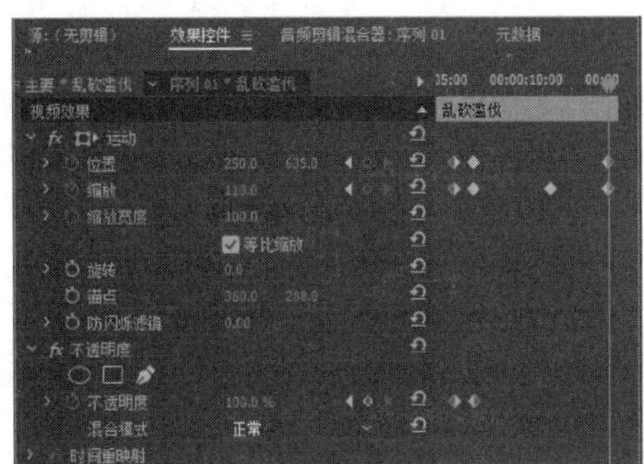


图 12-67

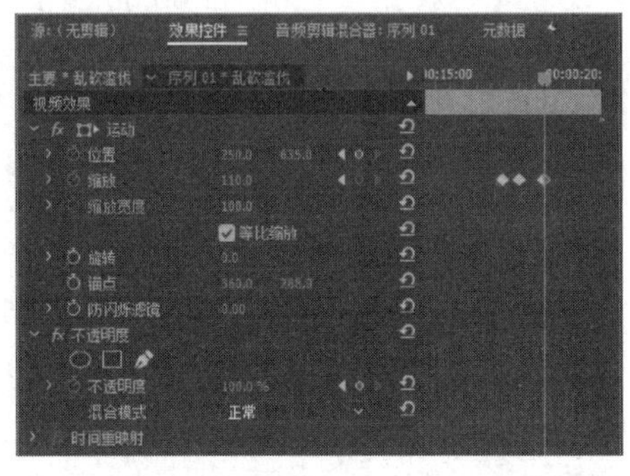


图 12-68

**第 17 步** 执行上述操作后，在【节目】面板中显示效果，如图 12-69 所示。

**第 18 步** 用同样方法将“污水排放”字幕素材添加到 V4 轨道上，并拖至与“土壤破坏”字幕素材对齐，如图 12-70 所示。

**第 19 步** 用同样方法在 00:00:07:10 处添加关键帧，设置【位置】为 650、450，【缩放】为 50，【不透明度】为 0；在 00:00:08:10 处添加关键帧，设置【位置】为 160、220，【缩放】为 100，【不透明度】为 100%，如图 12-71 所示。

**第 20 步** 在 00:00:11:10 处添加关键帧，设置【位置】为 160、220，【缩放】为 100；在 00:00:14:10 处添加关键帧，设置【位置】为 305、600，【缩放】为 85，如图 12-72 所示。

图 12-69

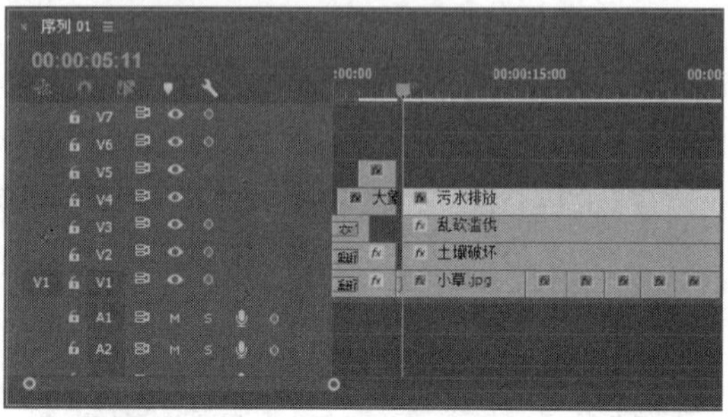

图 12-70

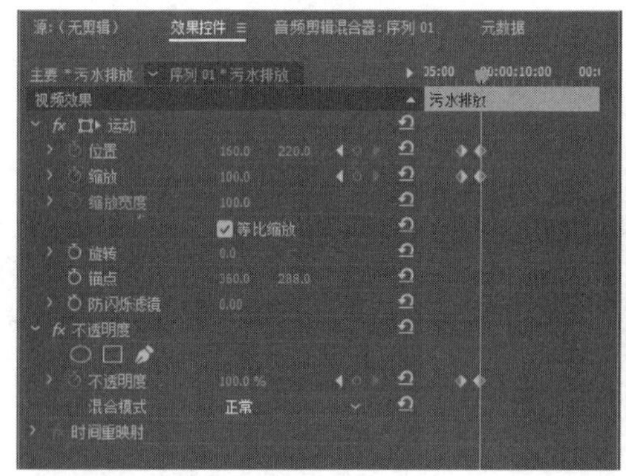

图 12-71

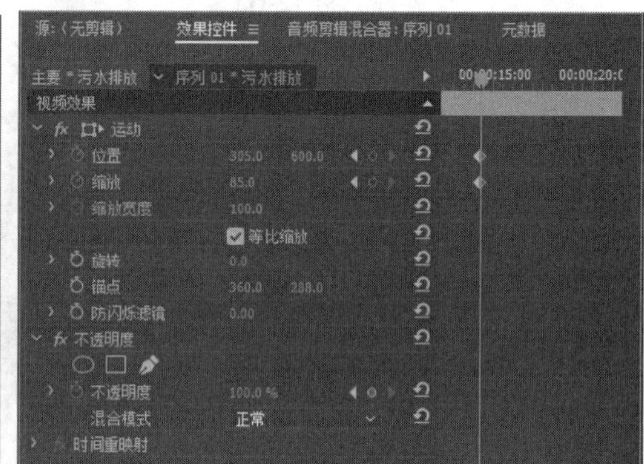

图 12-72

**第 21 步** 在 00:00:20:10 处添加关键帧，设置【缩放】为 85；在 00:00:21:00 处添加关键帧，设置【缩放】为 120；在 00:00:21:20 处添加关键帧，设置【缩放】为 85，如图 12-73 所示。

**第 22 步** 执行上述操作后，在【节目】面板中显示效果，如图 12-74 所示。

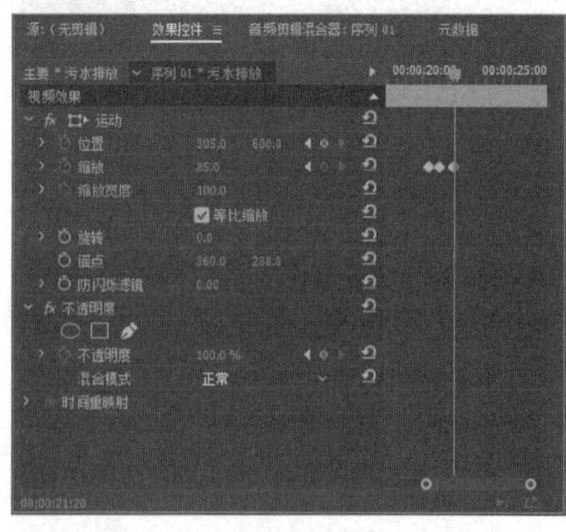

图 12-73

图 12-74

**第 23 步** 用同样方法将“汽车尾气”字幕素材添加到 V5 轨道上，并拖至与“土壤破坏”字幕素材对齐，如图 12-75 所示。

**第 24 步** 用同样方法在 00:00:08:10 处添加关键帧，设置【位置】为 650、450，【缩放】为 50，【不透明度】为 0；在 00:00:09:10 处添加关键帧，设置【位置】为 280、360，

【缩放】为 100，【不透明度】为 100%，如图 12-76 所示。

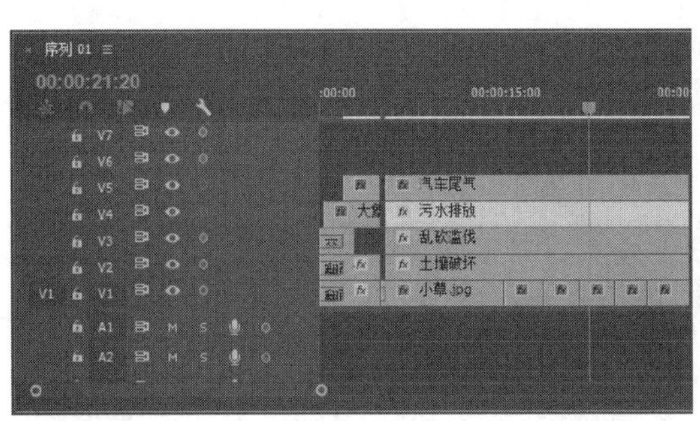


图 12-75

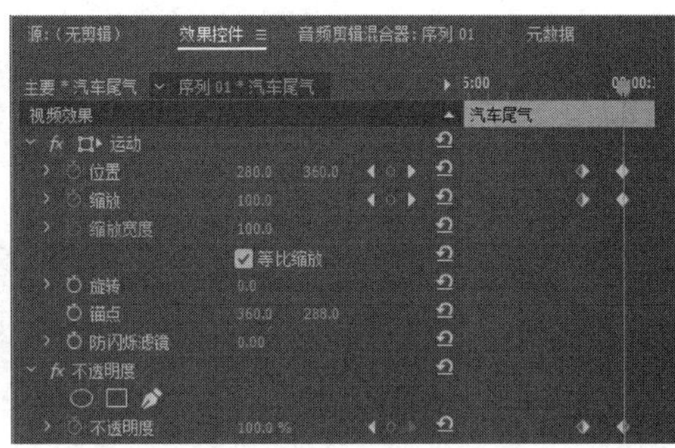

图 12-76

**第 25 步** 在 00:00:11:10 处添加关键帧，设置【位置】为 280、360，【缩放】为 100；在 00:00:14:10 处添加关键帧，设置【位置】为 375、670，【缩放】为 75，如图 12-77 所示。

**第 26 步** 在 00:00:23:10 处添加关键帧，设置【缩放】为 75，【不透明度】为 0；在 00:00:24:00 处添加关键帧，设置【缩放】为 110；在 00:00:24:20 处添加关键帧，设置【缩放】为 75，如图 12-78 所示。

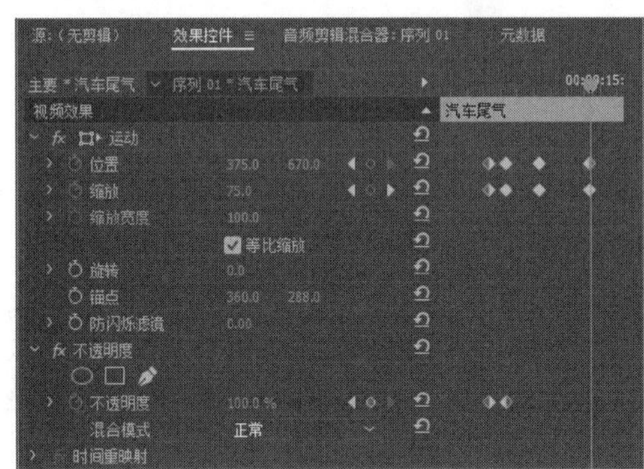

图 12-77

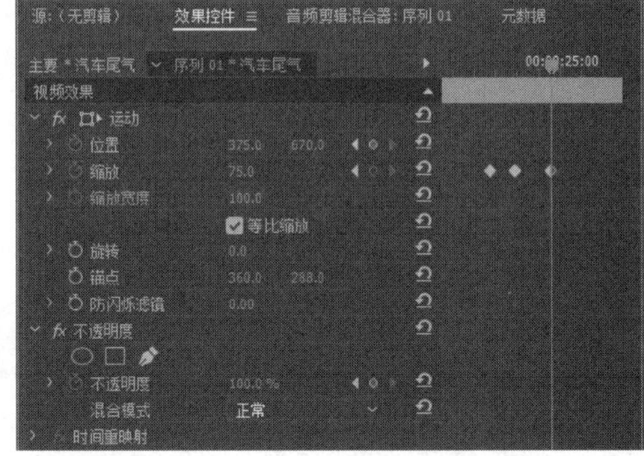

图 12-78

**第 27 步** 执行上述操作后，在【节目】面板中显示效果，如图 12-79 所示。

**第 28 步** 用同样方法将“空气污染”字幕素材添加到 V6 轨道上，并拖至与“土壤破坏”字幕素材对齐，如图 12-80 所示。

图 12-79

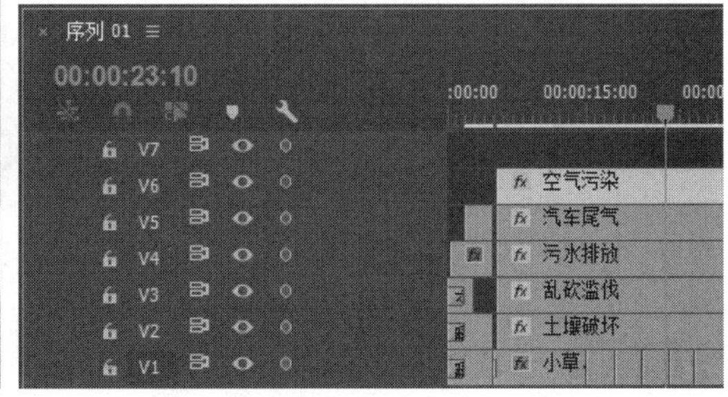


图 12-80

**第 29 步** 在 00:00:09:10 处添加关键帧，设置【位置】为 650、450，【缩放】为 50，【不透明度】为 0；在 00:00:10:10 处添加关键帧，设置【位置】为 600、300，【缩放】为 100，【不透明度】为 100%，如图 12-81 所示。

**第 30 步** 在 00:00:11:10 处添加关键帧，设置【位置】为 600、300，【缩放】为 100；在 00:00:14:10 处添加关键帧，设置【位置】为 490、620，【缩放】为 99，如图 12-82 所示。

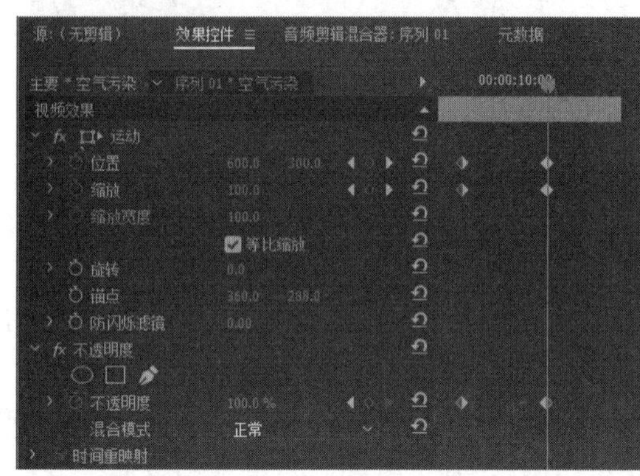

图 12-81

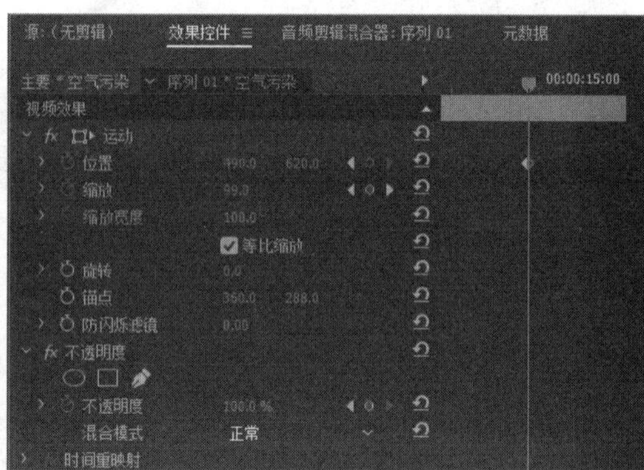

图 12-82

**第 31 步** 在 00:00:26:10 处添加关键帧，设置【缩放】为 95；在 00:00:27:00 处添加关键帧，设置【缩放】为 130；在 00:00:27:20 处添加关键帧，设置【缩放】为 100，如图 12-83 所示。

**第 32 步** 执行上述操作后，在【节目】面板中显示效果，如图 12-84 所示。

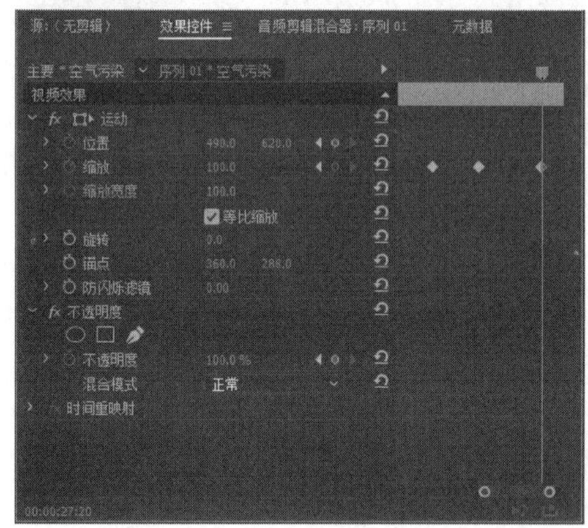

图 12-83

图 12-84

## 12.2.3 添加片尾素材并设置转换效果

主体素材添加完成后，就可以为视频添加片尾部分的素材了，并为片尾素材设置转换效果。

**第 1 步** 在【项目】面板中选择“宣传语 1”字幕文件，将其拖曳至 V1 轨道中“空气污染.jpg”素材后，如图 12-85 所示。

**第 2 步** 在【效果】面板中展开【视频过渡】→【溶解】文件夹，选择【胶片溶解】过渡效果，如图 12-86 所示。

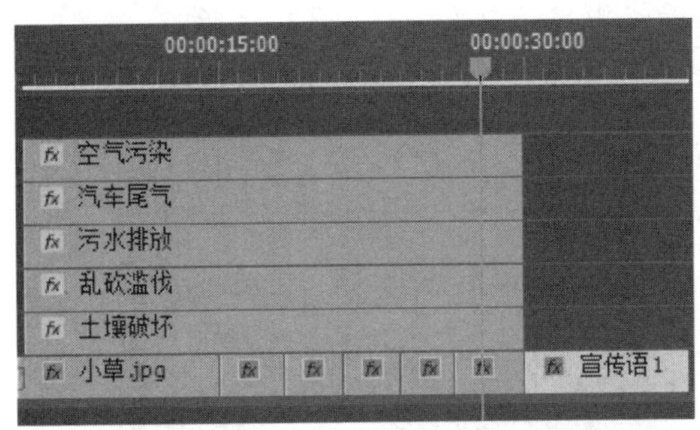


图 12-85

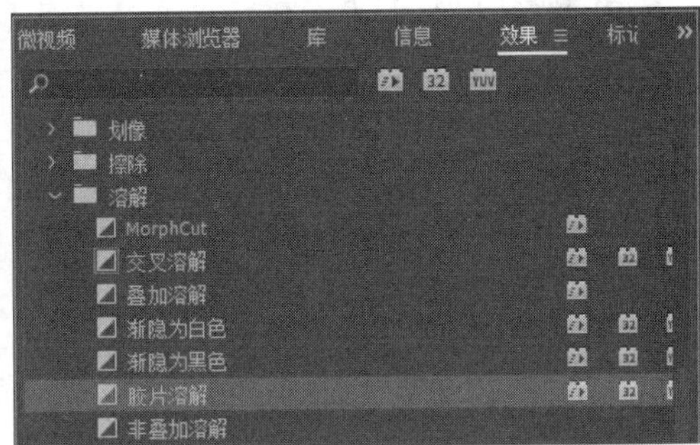


图 12-86

**第 3 步** 将“胶片溶解”视频过渡效果添加到“宣传语 1”字幕文件的开始位置，设置持续时间为 00:00:02:00，如图 12-87 所示。

**第 4 步** 执行上述操作后，在【节目】面板中显示效果，如图 12-88 所示。

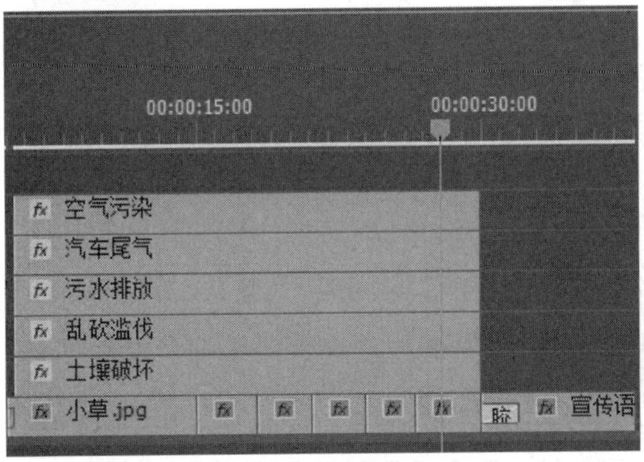

图 12-87

图 12-88

**第 5 步** 在【项目】面板中选择“环保.avi”视频文件，将其拖曳至 V1 轨道“宣传语 1”字幕后，如图 12-89 所示。

**第 6 步** 设置播放速度为 70%，如图 12-90 所示。

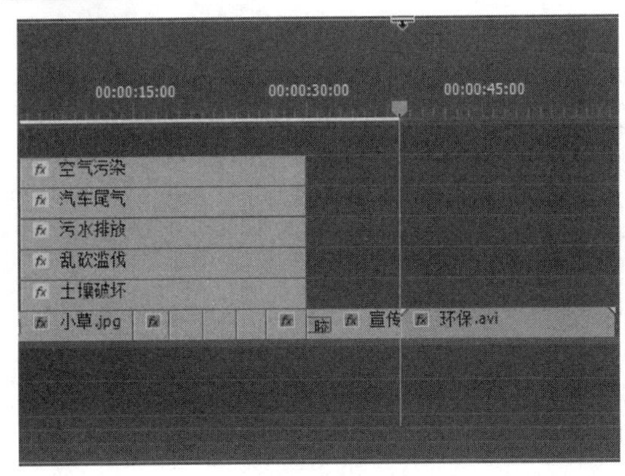


图 12-89

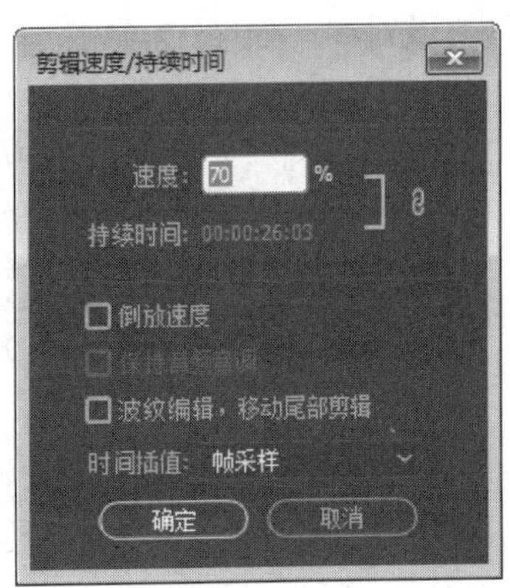


图 12-90

**第 7 步** 在【项目】面板中选择“宣传语 2”字幕文件，将其拖曳至 V1 轨道“环保.avi”视频后，如图 12-91 所示。

**第 8 步** 执行上述操作后，在【节目】面板中显示效果，如图 12-92 所示。

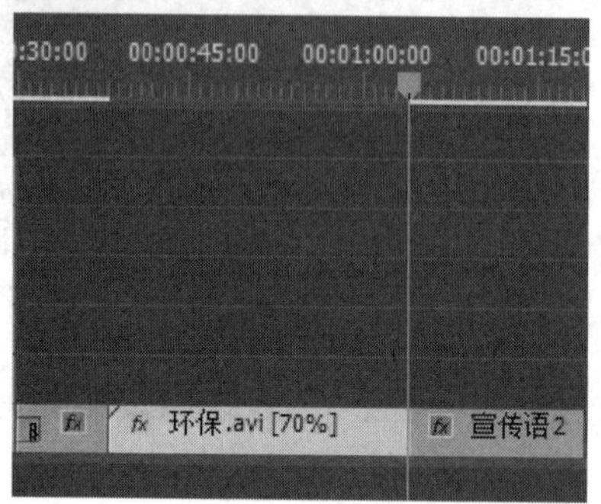

图 12-91

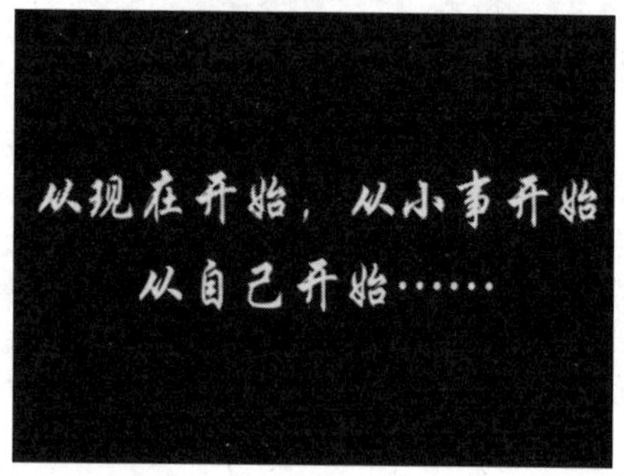


图 12-92

# 12.3 导出项目

环境是人类生存和发展的基本前提，为我们的生活发展提供必需的资源和条件。随着社会经济的发展，环境遭受到了前所未有的破坏，环境问题已成为一个不可回避的重要问题。本节我们将详细介绍给制作完成的环境问题视频添加背景音乐、导出影片、导出格式的设置等内容。

↑扫码看视频

## 12.3.1 添加背景音乐

视频主体制作完成后，就可以给视频添加背景音乐了，下面详细介绍给视频添加背景音乐的方法。将“背景音乐.mp3”文件拖入 A1 轨道，并使用【剃刀工具】裁剪使其时间线与视频轨道对齐，如图 12-93 所示。

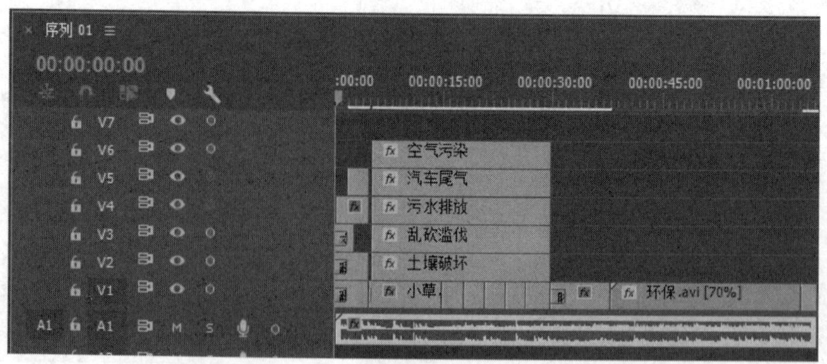


图 12-93

## 12.3.2　导出视频

添加完背景音乐后，整个视频就制作完成了，下面就可以将视频导出。

**第 1 步**　按 Ctrl+M 组合键，弹出【导出设置】对话框，设置【格式】为 AVI，【输出名称】为“效果-环保宣传”，如图 12-94 所示。

**第 2 步**　在对话框右下角单击【导出】按钮，如图 12-95 所示。

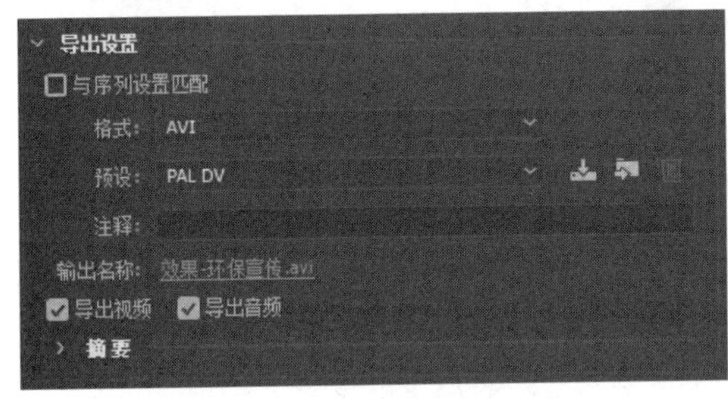


图 12-94

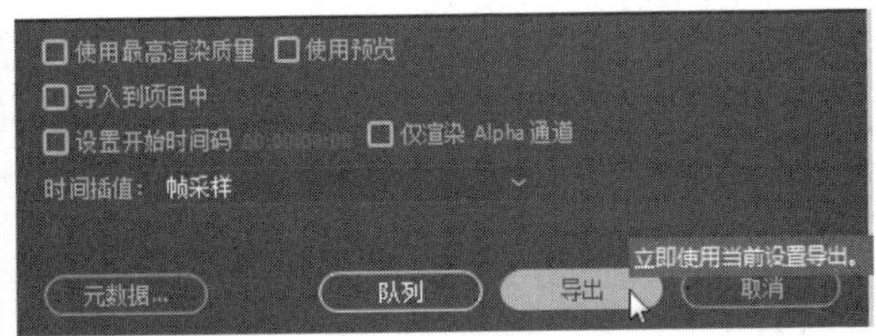


图 12-95

**第 3 步**　弹出【渲染所需音频文件】对话框，需要等待一段时间，如图 12-96 所示。

**第 4 步**　打开导出视频所在的文件夹，即可查看视频，如图 12-97 所示。

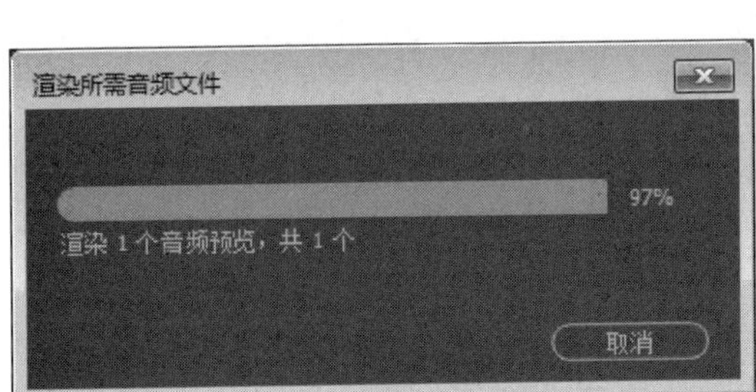


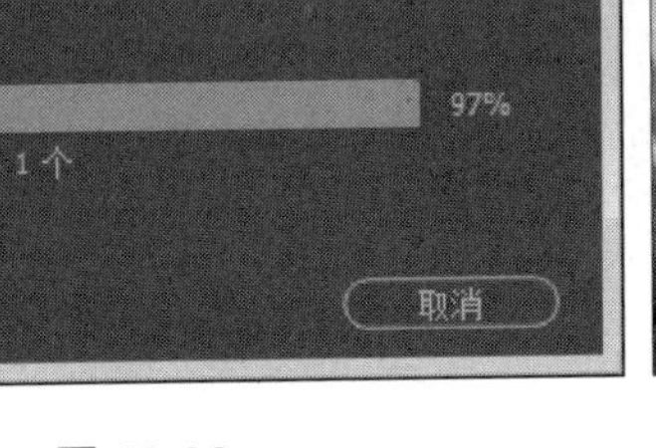

图 12-96

图 12-97

# 思考与练习答案

## 第 1 章

1. 填空题

(1) 素材编辑　字幕添加

(2) PAL　SECAM　PAL

2. 判断题

(1) 错

(2) 对

3. 思考题

(1) 从软件上看，非线性编辑系统主要由非线性编辑软件、二维动画软件、三维动画软件、图像处理软件和音频处理软件等外围软件构成。

(2) 非线性编辑系统实质上是一个扩展的计算机系统，简单地说，一台高性能多媒体计算机，配以专用的视频图像压缩解压缩卡、IEEE1394 卡，以及其他专用板卡和外围设备就组成了一套完整的非线性编辑系统。

## 第 2 章

1. 填空题

(1) 文件　剪辑　标记

(2) 设置项目参数　编辑素材

2. 判断题

(1) 对

(2) 错

3. 思考题

(1) 启动 Premiere CC 程序，单击【窗口】主菜单，在弹出的菜单中选择【工作区】选项，在弹出的子菜单中选择【颜色】选项，通过以上步骤即可进入颜色模式工作界面。

(2) 启动 Premiere CC 程序，单击【文件】主菜单，在弹出的菜单中选择【打开项目】选项，弹出【打开项目】对话框，选择项目所在位置，选中要打开的项目，单击【打开】按钮，通过以上步骤即可完成打开项目文件的操作。

# 第 3 章

1. 填空题

(1) 采集数字视频　采集模拟视频
(2) AV 复合输入端子

2. 判断题

(1) 对
(2) 错

3. 思考题

(1) 启动 Premiere CC 程序，单击【文件】主菜单，在弹出的菜单中选择【导入】选项，弹出【导入】对话框，选择素材所在位置，选中素材，单击【打开】按钮，通过以上步骤即可完成利用菜单导入素材的操作。

(2) 在【项目】面板中用鼠标右键单击素材，在弹出的快捷菜单中选择【修改】命令，在弹出的子菜单中选择【解释素材】选项，弹出【修改剪辑】对话框，用户可以在其中进行设置，设置完成后单击【确定】按钮即可。

# 第 4 章

1. 填空题

(1) 预览和修剪素材
(2) 精确地控制时间

2. 判断题

(1) 对
(2) 对

3. 思考题

(1) 在【项目】面板下方，单击【新建项】按钮，在弹出的菜单中选择【调整图层】选项，弹出【调整图层】对话框，在其中设置参数，设置完成后单击【确定】按钮，通过上述步骤即可完成创建调整图层素材的操作。

(2) 用鼠标右键单击时间轴上的素材，在弹出的快捷菜单中选择【场选项】命令，弹出【场选项】对话框，在其中设置场参数，单击【确定】按钮即可完成场设置的操作。

# 第 5 章

1. 填空题

(1) 交叠的部分　额外帧

(2) 【持续时间】　越长　越短

(3) “起点切入”“自定义起点”

2. 判断题

(1) 对

(2) 对

(3) 错

3. 思考题

(1) 将素材文件依次拖曳到时间轴中的 V1 轨道上，在【效果】面板中，将【视频过渡】→【擦除】卷展栏下的【渐变擦除】过渡效果拖曳到两个素材的中间，弹出【渐变擦除设置】对话框，在【柔和度】文本框中输入数值，单击【确定】按钮，在【效果控件】面板中的【持续时间】文本框中设置时间，在【节目】面板中可浏览该特效的视频过渡变化效果，通过以上步骤即可完成设置渐变擦除过渡效果的操作。

(2) 将素材文件依次拖曳到时间轴中的 V1 轨道上，在【效果】面板中，将【视频过渡】→【擦除】卷展栏下的【百叶窗】过渡效果拖曳到两个素材中间，在【效果控件】面板中的左上角单击【自东向西】三角箭头，选择过渡效果开始的位置，在【节目】面板中可浏览该特效的视频过渡变化效果，通过以上步骤即可完成制作百叶窗视频过渡效果的操作。

(3) 将素材文件依次拖曳到时间轴中的 V1 轨道上，在【效果】面板中，将【视频过渡】→【溶解】卷展栏下的【叠加溶解】过渡效果拖曳到两个素材中间，在【效果控件】面板中的【对齐】下拉列表中选择【终点切入】选项，在【节目】面板中可浏览该特效的视频过渡变化效果，通过以上步骤即可完成制作叠加溶解视频过渡效果的操作。

# 第 6 章

1. 填空题

(1) 默认静态字幕　默认滚动字幕

(2) 大小　颜色

2. 判断题

(1) 对

(2) 对

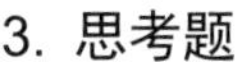



3. 思考题

(1) 鼠标右键单击字幕编辑窗口区域，在弹出的快捷菜单中选择【图形】命令，在弹出的子菜单中选择【插入图形】选项，弹出【导入图形】对话框，选择图形所在位置，选中要添加的图形文件，单击【打开】按钮，可以看到字幕中已经插入了标记，通过以上步骤即可完成插入标记的操作。

(2) 完成字幕素材的设置后，在【字幕样式】面板内单击【面板菜单】按钮，在弹出的快捷菜单中选择【新建样式】命令，弹出【新建样式】对话框，在【名称】文本框中输入名称，单击【确定】按钮，通过以上步骤即可完成创建新字幕样式的操作。

# 第 7 章

1. 填空题

(1) 左、右声道　左、右环绕声道　6　20～120Hz

(2) 淡化处理　关键帧

(3) 调节音频素材　调节音频轨道

2. 判断题

(1) 错

(2) 对

(3) 错

3. 思考题

(1) 在【项目】面板的空白处双击鼠标，弹出【导入】对话框，选择音频素材，单击【打开】按钮，将导入的音频素材添加至【时间轴】面板中的音频 1 轨道内，在音频 1 轨道对应的效果列表内单击任意一个【效果选择】下拉列表，在弹出的菜单中选择【延迟与回声】选项，在弹出的子菜单中选择【多功能延迟】选项，在该音频效果对应的参数控件中，将【延迟 1】的参数设置为 1 秒，在该音频效果对应的参数控件中，将【反馈 1】的参数设置为 10%，在该音频效果对应的参数控件中，将【混合】的参数设置为 60%，依次将【延迟 2】、【延迟 3】和【延迟 4】的参数设置为 1.5 秒、1.8 秒和 2 秒，将音频 1 轨道的音量调节按钮移至 1 的位置即可完成设置山谷回声的操作。

(2) 在【项目】面板的空白处双击鼠标，弹出【导入】对话框，选择素材文件，单击【打开】按钮，将导入的音频素材添加至【时间轴】面板中，在【效果】面板下的【音频效果】卷展栏中，选择【低通】音频特效，并将其拖曳到时间轴的素材上，在【效果控件】面板中，单击【屏蔽度】选项左侧的【切换动画】按钮，添加第一个关键帧，拖曳时间指示器到 00:01:00:00 处，添加一个关键帧，设置屏蔽度为 500Hz，通过以上步骤即可完成设置超重低音效果的操作。

# 第 8 章

1. 填空题

(1) 关键帧　过渡帧

(2) 【清除】

2. 判断题

(1) 对

(2) 对

3. 思考题

(1)在【效果】面板的【视频效果】选项下的【变换】效果组中，将【羽化边缘】效果拖曳到时间线的素材上，在【效果控件】面板中，单击【羽化边缘】栏下的【数量】选项左侧的【切换动画】按钮，添加第一个关键帧，移动【当前时间指示器】至其他位置，更改数量参数，添加第二个关键帧，这样即可完成给素材添加【变换】效果组中的【羽化边缘】效果的操作。

(2) 在【效果】面板中的【视频效果】选项下的【扭曲】效果组中，将【波形变形】效果拖曳到时间线的素材上，通过以上步骤即可完成给素材添加波形变形效果的操作。

# 第 9 章

1. 填空题

(1) 【颜色过滤】　【黑白】

(2) 亮度　饱和度

2. 判断题

(1) 对

(2) 错

3. 思考题

(1) 将素材文件导入【项目】面板，单击【新建项】按钮，在弹出的菜单中选择【通用倒计时片头】选项，弹出【新建通用倒计时片头】对话框，单击【确定】按钮，弹出【通用倒计时设置】对话框，勾选【音频】组中的【在每秒都响提示音】复选框，单击【确定】按钮，将通用倒计时片头和“素材.avi”文件都添加到时间轴的 V1 轨道中，在【效果】面板下的【视频效果】文件夹中，展开【调整】文件夹，将【提取】效果拖曳到时间轴中的“素材.avi”文件上；在【效果控件】面板中，设置【提取】效果的【输入黑色阶】、【输入白色阶】和【柔和度】选项的参数，勾选【反转】复选框，在【节目】面板中预览添加的视频特效。

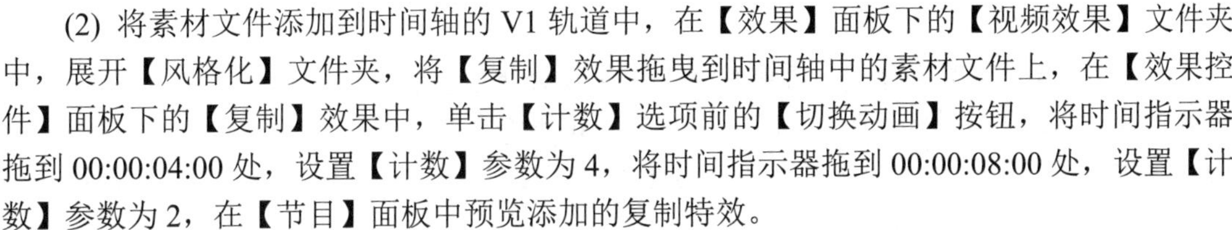

(2) 将素材文件添加到时间轴的 V1 轨道中，在【效果】面板下的【视频效果】文件夹中，展开【风格化】文件夹，将【复制】效果拖曳到时间轴中的素材文件上，在【效果控件】面板下的【复制】效果中，单击【计数】选项前的【切换动画】按钮，将时间指示器拖到 00:00:04:00 处，设置【计数】参数为 4，将时间指示器拖到 00:00:08:00 处，设置【计数】参数为 2，在【节目】面板中预览添加的复制特效。

# 第 10 章

1. 填空题

(1) 灰度图层　透明区域

(2) 蓝色　绿色

2. 判断题

(1) 对

(2) 对

3. 思考题

(1) 将素材添加至时间轴上的 V1 和 V2 轨道内，在【效果】面板内展开【视频特效】文件夹，展开【键控】文件夹，将【图像遮罩键】效果拖曳到 V2 轨道中的素材上，在【效果控件】面板内，单击【图像遮罩键】选项组中的【设置】按钮，弹出【选择遮罩图像】对话框，选择相应的遮罩图像，单击【打开】按钮，在【效果控件】面板内，在【图像遮罩键】选项组下的【合成使用】下拉列表框中选择【亮度遮罩】选项，在【节目】面板内预览添加的图像遮罩键效果。

(2) 将素材文件添加到时间轴上的 V1 轨道中，在【效果】面板中的【视频效果】文件夹中，展开【风格化】文件夹，将【彩色浮雕】效果拖曳到时间轴的素材上，在【效果控件】面板中，设置【彩色浮雕】选项组中的【起伏】选项参数为 5.55，完成以上操作后，在【节目】面板中预览添加的彩色浮雕效果。

# 第 11 章

1. 填空题

(1) AVI 格式文件　MPEG4 格式文件　H.264 格式文件

(2) BMP 格式文件　Targa 格式文件

2. 判断题

(1) 错

(2) 对

3. 思考题

(1) 单击【文件】主菜单，在弹出的菜单中选择【导出】选项，在子菜单中选择 OMF 选项，弹出【OMF 导出设置】对话框，在【OMF 字幕】文本框中输入名称，设置 OMF 参数，单击【确定】按钮，弹出【将序列另存为 OMF】对话框，在【文件名】文本框输入名称，单击【保存】按钮即可完成操作。

(2) 在【项目】面板中选中要输出的字幕文件，单击【文件】主菜单，在弹出的菜单中选择【导出】选项，在弹出的子菜单中选择【字幕】选项，弹出【保存字幕】对话框，单击【保存】按钮即可完成输出字幕的操作。